Ulrich Dehner, Renate Dehner

Transaktionsanalyse im Coaching

Coachings professionalisieren mit Konzepten, Modellen und Techniken aus der Transaktionsanalyse

managerSeminare Verlags GmbH, Edition Training aktuell

Ulrich Dehner, Renate Dehner
Transaktionsanalyse im Coaching
Coachings professionalisieren mit Konzepten, Modellen und Techniken aus der Transaktionsanalyse

5. Auflage 2023
Endenicher Str. 41, D-53115 Bonn
Tel: 0228-977910
info@managerseminare.de
www.managerseminare.de/shop

Printed in Germany

ISBN: 978-3-941965-56-0

Herausgeber der Edition Training aktuell:
Ralf Muskatewitz, Jürgen Graf, Nicole Bußmann

Lektorat: Jürgen Graf, Vera Sleeking
Cover: © OJO Images
Druck: Druckkontor Emden, Emden

Klimaneutral
Druckprodukt
ClimatePartner.com/14153-2102-1001

Inhalt

Einleitung 7

1. Die Ich-Zustände 13

Das Konzept der Ich-Zustände 15
Das Strukturmodell der Ich-Zustände 16
Das funktionale Modell der Ich-Zustände 22
Die inneren Haltungen in den Ich-Zuständen 30

Das Energie-Modell der Transaktionsanalyse 37

Transaktionen – die drei Regeln der Kommunikation 41
Parallele Transaktionen 41
Gekreuzte Transaktionen 43
Verdeckte Transaktionen 47
Tangentiale Transaktionen 51

Die Prozessgestaltung unter Berücksichtigung der Ich-Zustände und der Transaktionen 54
Das „Wie" ist immer stärker als das „Was" 59

Ich-Zustände stärken 64
Mit Extrem-Training Handlungsspielräume erweitern 67

Das Egogramm 71
Klassische Egogramme 78
– Die „Normalverteilung" 78
– Der „Radfahrer" 81
– Der „Rabiate" 83

- Der „ZDF-Typ" 86
Egogramm und Job-Wahl 88

Das Psychogramm 90

II. Der Bezugsrahmen 97

Das Modell des Bezugsrahmens 99
Glaubenssätze 103
Werte 106

Interventionen auf Ebene des Bezugsrahmens 108
Das Problem umdefinieren 109
Reframing 111
Für Verwirrung sorgen 112
Die 180-Grad-Wende 115
Unangenehme Konsequenzen ableiten 117
Gezielte Provokation 119

III. Skript 123

Grundlegendes zum Skript 125
Skript kann mehr als eine Ursache haben 128

Die Einschärfungen 133
Sei nicht 133
Sei nicht du 136
Fühl nicht 139
Zeig keinen Ärger 141
Sei nicht wichtig 144
Sei nicht erfolgreich 149
Die Check-your-Mind-Methode im Umgang mit Einschärfungen .. 155
Der „innere Erfolgsfilm" als mentales Training 158
Sei kein Kind 160
Werd nicht erwachsen 162
Denk nicht 164
Sei nicht nah 166
Gehör nicht dazu 169
Sei nicht gesund 172

Die Antreiber ... 173
Sei perfekt ... 174
Mach's anderen Recht – Sei gefällig ... 180
Streng dich an ... 186
Sei stark ... 189
Beeil dich ... 193

IntrovisionCoaching ... 196
Die Theorie hinter den Alarmen ... 198
Wie gehen Menschen üblicherweise mit Alarmen um? ... 200
Wie können Alarme gelöscht werden? ... 201
Wie IntrovisionCoaching wirkt – Ein Praxisbeispiel ... 203

IV. Psychologische Spiele ... 207

Zum Wesen Psychologischer Spiele ... 209
Die Spielformel ... 214
Die Eskalationsstufen bei Psychologischen Spielen ... 221
Das Drama-Dreieck ... 224
Ich bin nicht o.k. und du bist es auch nicht – die Grundhaltungen im Spiel ... 229
Spiele und das Egogramm ... 232

Psychologische Spiele im Coaching ... 235
Spiele des Klienten ... 235
Spiele, die der Coach spielt ... 241
Spiele am Arbeitsplatz des Klienten ... 243
Coaching als Teil des Spiels ... 251

Der Ausstieg aus den Rollen ... 253

Zum Schluss ... 257

Anhang

– Antreiberfragebogen ... 262
– Übung Ich-Zustände ... 266
– Gameplan nach Frank Ernst ... 269
Stichwortverzeichnis ... 270

Einleitung

Das Know-how der Transaktionsanalyse bietet dem Coach einen echten Wettbewerbsvorteil.

Die Transaktionsanalyse stellt ein hervorragendes Grundgerüst psychologischen Wissens dar, auf dem jeder Coach ein Coaching sicher aufbauen kann. Wer über das verfügen kann, was die Transaktionsanalyse zu bieten hat, hat eine ganz wesentliche Fähigkeit gewonnen: Er kann seinem potenziellen Klienten schon beim ersten Kennenlernen deutlich machen, dass er sein Handwerk beherrscht. Denn die Modelle der Transaktionsanalyse zu Persönlichkeit und Kommunikation ermöglichen ihm, schnell die richtigen Fragen zu stellen und nicht irgendwie und irgendwo herumzustochern, sondern den Kern zu treffen. Das versetzt ihn in die Lage, sich aus der Masse der anderen Coachs hervorzuheben – ein wichtiger Wettbewerbsvorteil!

Das Angebot an Coachs ist groß. Es gibt sehr viele freiberufliche und eine ganze Reihe innerbetrieblicher Coachs. Große Unternehmen verfügen über jeweils eigene Coaching-Pools. So können jedem Mitarbeiter, der gecoacht werden soll, zwei oder drei geeignete Coachs vorgestellt werden, zwischen denen der Klient wählen kann. Diese Coaching-Pools sind von den Personalabteilungen sorgfältig zusammengestellt. Ein Coach, der seine Kompetenz nicht unter Beweis stellen kann, findet für gewöhnlich gar nicht erst den Weg dorthin bzw. da hinein. Auch die Aufgabe, eine Vor-Auswahl an passenden Coachs zu treffen, wird von den Personalentwicklern sehr gut gelöst. Sie sind inzwischen gut ausgebildet für diese Aufgabe und haben in der Regel ein gutes Gespür dafür, welcher Coach für welchen Klienten der Richtige sein könnte, sowohl was die Persönlichkeit als auch was die zu behandelnden Inhalte betrifft.

So werden in der Regel drei gute Coachs Vorgespräche mit einem zukünftigen Klienten führen, von denen jedoch nur einer den Auftrag erhalten wird. Die Aufgabe für den Coach lautet daher: Um seine wertvolle Arbeitszeit – die ja seine Lebensgrundlage darstellt

Ein Coach muss seine Kompetenz schon im ersten Gespräch unter Beweis stellen können.

– nicht immer wieder mit letztlich fruchtlosen Vorgesprächen zu verbringen, ist es für ihn äußerst wichtig, in dieser kurzen Phase des Kennenlernens zu erreichen, dass der Klient sich für ihn entscheidet. Leichter gesagt als getan, schließlich sind seine Konkurrenten ebenfalls gute Leute, die kompetent und erfahren sind. Dass die Entscheidung zu seinen Gunsten ausgeht, gelingt ihm nur, wenn er innerhalb der kurzen Zeit eines Vorgesprächs für den Klienten bedeutsam wird. Und bedeutsam heißt in diesem Zusammenhang, dass der Klient ihm zutraut, ihn richtig zu verstehen und zur Lösung seines Problems fähig zu sein.

Wie lässt sich das erreichen? Üblicherweise wird sich der Coach einen ersten Überblick über das Problem des Klienten verschaffen. Er wird etwas über sich und seinen beruflichen Hintergrund erzählen und außerdem vermutlich auch etwas über sein Coaching-Verständnis sagen. Das Wichtigste jedoch wird sein, erste wirklich gute Fragen zu stellen oder erste neue Sichtweisen aufzuzeigen, die das Problem für den Klienten in einen anderen Blickwinkel stellen. Wenn der Klient etwas hört, das ihm bis jetzt noch kein anderer gesagt hat, etwas, das ein anderes Licht auf seine Schwierigkeit wirft, ihn zum Nachdenken bringt oder ein Aha-Erlebnis auslöst, wird sein Interesse an diesem Coach schlagartig wachsen.

Aber auch, wenn ein Klient nicht auf Empfehlung der Personalabteilung, sondern auf eigene Initiative einen Termin mit einem Coach vereinbart, ist es ein schlechter Start für das Coaching, wenn der Klient nach dem Gespräch zur Auftragsklärung mit dem Gefühl nach Hause geht, dass das zwar jetzt eine angenehme und interessante Unterhaltung war, sie sich aber nicht wesentlich von einem guten Gespräch zwischen Freunden oder Kollegen unterschieden hat. Ein Coach sollte also am besten schon bei der Auftragsklärung Bedeutsamkeit gewinnen – zum Beispiel, indem er Fragen stellt, die dem Klienten zeigen, dass ihm jemand gegenübersitzt, der zu einem tiefen Verständnis seines Problems imstande ist. Diese Fähigkeit – und damit seine Bedeutsamkeit für den Klienten – kann der Coach auch unter Beweis stellen, wenn er das Problem von einer ganz anderen Seite her betrachtet oder es überhaupt ganz neu definiert und diese neue Sicht oder Definition zu seiner Lösbarkeit beiträgt.

Hierfür benötigt der Coach das richtige Hintergrundwissen. Hintergrundwissen, das es ihm ermöglicht, sehr schnell grob einschätzen zu können, was die Ursachen für das Problem des Klienten sind, und das ihm unter Umständen auch erlaubt, das Problem völlig neu zu definieren. Mit diesem Wissen gelingt es ihm auch, Fragen zu stellen, die den Klienten verblüffen, weil sie ihm bisher noch von niemandem gestellt wurden, die ihn aber zu neuen Denkansätzen führen. Ein Coach, der mehr ins Blaue hinein fragt, weil er mangels geeigneter Hypothesen gar nicht weiß, wonach genau er fragen soll, wird im Vergleich dazu immer als „schwächer" wahrgenommen werden.

Die Transaktionsanalyse ermöglicht es, vernünftige Hypothesen zu bilden, um schnell die richtigen Fragen zu stellen.

Bei der Suche nach Modellen, die das leisten können – dem Coach das Rüstzeug in die Hand zu geben, in kurzer Zeit vernünftige, belastbare Hypothesen zu bilden, anhand derer er seine Fragen gezielt stellen kann –, landet man schnell bei der Transaktionsanalyse. Nach über 20 Jahren Erfahrung im Coaching und nach Auseinandersetzung mit und Ausbildung in vielen verschiedenen Schulen (Systemische Firmenberatung, Ressourcenorientierte Ansätze nach Erickson, NLP und noch einiges mehr) ist die Transaktionsanalyse in unseren Augen ein hervorragendes und eigentlich unverzichtbares Werkzeug im Coaching. Denn mit ihrer Hilfe erhält der Coach sehr schnell eine Idee, um was es bei diesem Klienten geht, und er kann sich daraus leicht ableiten, wie der Klient mit seinem Problem umgeht und wie er sich vermutlich in anderen Situationen verhält. Hat er dem Klienten schon treffend geschildert, wie sich bestimmte Situationen bei ihm abspielen – im Team, in Konflikten oder in seinem Privatleben –, noch bevor der Klient diese überhaupt erwähnt hat, muss der Coach nicht mehr viel Überzeugungsarbeit leisten, um seine Kompetenz unter Beweis zu stellen.

Mit der Transaktions- zur Problemanalyse.

Mit der Transaktionsanalyse hat man ein Instrument an der Hand, das es erlaubt, eine schnelle Problemanalyse durchzuführen – ein wichtiger Faktor besonders dann, wenn dem Klienten nur fünf oder sechs Coaching-Sitzungen genehmigt wurden. Je schneller der Coach in diesem Fall eine brauchbare Diagnose zur Verfügung hat, desto frühzeitiger kann er intervenieren, um zu einer Lösung zu kommen.

Ein weiterer Vorteil der Transaktionsanalyse ist, dass sie die Möglichkeit bietet, recht schnell und schlüssig lebensgeschichtliche

Zusammenhänge herzustellen. Wenn der Klient erkennt, welche Zusammenhänge es zwischen früher gemachten Erfahrungen und seinen jetzigen Schwierigkeiten gibt, bewirkt das für gewöhnlich eine Klärung, die zur Problemlösung beiträgt. Dieser Punkt ist besonders in Fällen wichtig, in denen der Klient sein eigenes Verhalten überhaupt nicht versteht und seine Situation dadurch verschärft, dass er sich selbst negativ zensiert: „Wie kann man nur so idiotisch sein, immer wieder den gleichen Fehler zu machen!" oder „Ich kenne mich selbst nicht mehr – hinterher könnte ich mich jedes Mal ohrfeigen, aber es passiert mir immer wieder!" Sobald der Klient aus seiner Lebensgeschichte heraus verstehen kann, wie dieses Verhaltensmuster entstanden ist – und dass es eine Zeit gab, in der dieses Verhalten sinnvoll und möglicherweise überlebenswichtig war –, hat er sehr viel bessere Zugangswege, sein Verhalten zu verändern.

Versteht der Klient die Gründe für sein Verhalten, kann er aus stetig wiederkehrenden Verhaltenskreisläufen ausbrechen.

Transaktionsanalyse und systemische Ansätze.

Systemische Ansätze, die zweifellos hervorragende Tools liefern, wenn das Problem systemischer Natur ist, haben gegenüber der Transaktionsanalyse den Nachteil, dass sie kein so leicht nachvollziehbares und „stimmiges" Persönlichkeitsmodell besitzen wie diese. Dass systemische Ansätze trotzdem so große Wertschätzung erfahren, mag auch damit zu tun haben, dass Unternehmen sich bereits mit Umorganisationen und Change-Prozessen beschäftigt haben, noch bevor Business-Coaching überhaupt ein Thema wurde. In diesen Fällen bieten systemische Ansätze mit Sicherheit die besten Denkmodelle, die auch zu den besten Ergebnissen führen. Systemischen Ansätzen traut man zu, neue interessante Sichtweisen zu generieren und gute Veränderungsprozesse in Gang zu setzen – weshalb sie einen großen Vertrauensvorschuss in den Firmen besitzen. Macht man als Coach eine rein systemische Ausbildung, fehlt jedoch ein wichtiger Aspekt: das System Mensch. Wenn das Problem, um das es im Coaching geht, nicht systembedingt ist, sondern am „Subsystem Mensch" hängt, kommt man mit systemischen Ansätzen alleine nicht weiter.

Werden Probleme maßgeblich vom Individuum hervorgerufen, helfen systemische Ansätze alleine nicht weiter.

Ist ein Problem in einem Team oder einer Abteilung schlagartig behoben, nachdem die Führungskraft ausgetauscht wurde, aber erlebt der alte Chef in seinem neuen Team wieder ganz ähnliche Schwierigkeiten, ist die Ursache ganz sicher nicht systemisch. Dann ist die Ursache darin zu suchen, dass der Mensch an einer Hürde steht, die er offenbar nicht bewältigen kann. Für diese gar nicht seltenen Fälle braucht der Coach ein Modell, das erklärt, was mit diesem Menschen los ist. Warum und auf welche Weise steht diese Person sich selbst im Weg? Auf genau diese Frage liefert keine andere Schule bessere Antworten als die Transaktionsanalyse, denn sie erfasst das „System Mensch" so stimmig und profund, dass man mit ihrer Hilfe schon mit wenigen Informationen brauchbare Hinweise darauf bekommt, „wo der Hund begraben liegt". Ein Klient, der bereits während des Kennenlerngesprächs merkt, dass der Coach nicht im Nebel stochert, sondern genau weiß, wonach er fragen muss, wird großes Interesse daran haben, mit diesem weiter zusammenzuarbeiten.

Eine Anmerkung vorab: Um den Lesefluss nicht unnötig zu erschweren, sprechen wir in diesem Buch durchgehend vom „Coach". Wir betrachten diesen Begriff als geschlechtsneutral, angesprochen sind selbstverständlich immer weibliche wie männliche Coachs.

Kapitel 1

Die Ich-Zustände

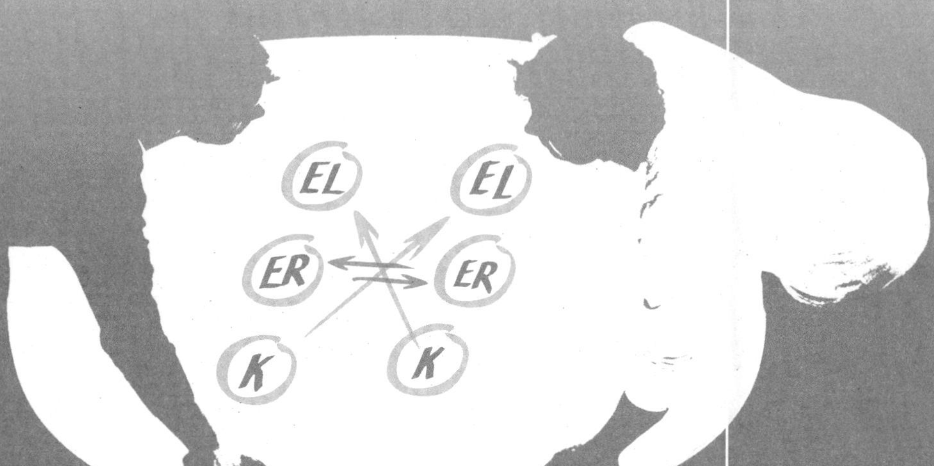

Im ersten Kapitel lesen Sie:

▶ **Das Konzept der Ich-Zustände:** Wie stellen sich die sogenannten Ich-Zustände dar und was lässt sich daraus über das allgemeine Verhalten schließen? Was bedeutet es, wenn ein Ich-Zustand zu stark oder zu wenig vertreten ist? Welche belastbaren Aussagen lassen sich aus den Ich-Zuständen ableiten und wie kann der Coach von Beginn an mit diesem Konzept arbeiten? .... S. 15

▶ **Das Energie-Modell der Transaktionsanalyse:** Was sorgt dafür, dass ein bestimmter Ich-Zustand anspringt – oder nicht?......... S. 37

▶ **Transaktionen – die drei Regeln der Kommunikation:** Wie funktioniert Kommunikation und wann führt sie zu Problemen? Die Kenntnis wichtiger Kommunikationsregeln hilft dem Klienten, seinen Problemen beizukommen... S. 41

▶ **Die Prozessgestaltung unter Berücksichtigung der Ich-Zustände und der Transaktionen:** Warum für die Gestaltung des Prozesses die Beziehung zwischen Coach und Klient entscheidend ist. ..... S. 54

▶ **Ich-Zustände stärken:** Wie lassen sich dringend benötigte, aber vernachlässigte Ich-Zustände nachhaltig stimulieren? Rollenspiele und Extrem-Trainings als Möglichkeiten............................... S. 64

▶ **Das Egogramm:** Intuitiv, aber sehr treffgenau das individuelle Zusammenspiel der Ich-Zustände visualisieren, um zu „sehen", wie sich jemand gegenüber seiner Umwelt verhält. Klassische Egogramme, die in Coachings immer wieder auftauchen, und wie mit ihnen gearbeitet werden kann. .... S. 71

▶ **Das Psychogramm:** Das Psychogramm als Spiegel des Egogramms, um mit dem inneren Verhalten des Klienten zu arbeiten.......... S. 90

Das Konzept der Ich-Zustände

Wer sich zu einem Coaching entschließt, hat zunächst einmal den vordringlichen Wunsch, verstanden zu werden – am besten von jemandem, der ihm helfen kann, sich selbst zu verstehen. Oft ist ja genau das die erste Frage, die ein Klient sich innerlich stellt: „Was ist eigentlich mit mir los? Wieso bin ich in dieser Situation? Warum komme ich nicht weiter?" Und auch, wenn ein Klient „geschickt" wurde und ihm vielleicht zunächst sowohl die Einsicht als auch die Motivation für das Coaching fehlen, wird sich sein Interesse regen, wenn er merkt, da sitzt ihm jemand gegenüber, der ihn versteht. Deshalb ist es für einen gelungenen Einstieg ins Coaching von Vorteil, wenn sich der Coach relativ schnell eine Orientierung darüber verschaffen kann, welcher Art die Persönlichkeit seines Gegenübers wohl ist.

Das Konzept der Ich-Zustände – schnell die Art der Persönlichkeit des Gegenübers erkennen.

Dafür bietet sich das *Konzept der Ich-Zustände* aus der Transaktionsanalyse als nützliches Werkzeug an, denn es erlaubt dem Coach praktisch von der ersten Begegnung an, tragfähige Hypothesen darüber zu bilden, wie sein Gegenüber gestrickt ist – und das beginnt schon mit der Art der Begrüßung. Wird der Coach eher freundlich-sachlich empfangen? Eher etwas ängstlich und unsicher? Oder lässt der Klient von Beginn an erkennen, dass er es gewohnt ist, derjenige zu sein, der das Kommando hat? Meist kann ein Coach schon an der Begrüßung erkennen, welches der bevorzugte Ich-Zustand des Klienten ist. Denn in einer ungewohnten Situation, wie es das erste Zusammentreffen mit einem Coach zweifellos darstellt, greift jeder für gewöhnlich auf das Muster zurück, das er am besten kennt.

Schon bei der Begrüßung zeigen sich typische Muster, die über bevorzugte Ich-Zustände des Klienten aufklären.

Die Theorie der Ich-Zustände bildet die Grundlage für das Persönlichkeitsmodell der Transaktionsanalyse, das in den sechziger Jahren des vergangenen Jahrhunderts von Eric Berne entwickelt wurde. Es beruht im Wesentlichen auf seiner genauen Beobachtung

Die Theorie der Ich-Zustände beruht auf konkreten Beobachtungen, nicht auf theoretischen Annahmen.

menschlichen Verhaltens und bringt damit auch den großen Vorteil dieses Modells auf den Punkt: Es basiert eben nicht auf theoretischen oder philosophischen Annahmen darüber, wie der Mensch funktioniert und was menschliche Persönlichkeit ausmacht, sondern es gründet sich darauf, dass Berne als scharfer Beobachter genau registrierte, was er wahrnahm. Als Psychiater war es Eric Bernes Spezialität gewesen, menschliches Verhalten genau unter die Lupe zu nehmen. Diese ganz konkreten Verhaltensbeobachtungen brachte er anschließend in ein stimmiges und funktionierendes System. Die einfachen Konzepte, die er dabei entwickelte, erwiesen sich als sehr geeignet, um menschliches Verhalten zu verstehen und zu verändern.

In bestimmten Situationen kann das „Erwachsene Ich" in ein „Kindliches Ich" zurückfallen – oder sich wie ein „Eltern-Ich" verhalten.

Berne erkannte, dass auch das erwachsene Ich in einen kindlichen Zustand zurückfallen kann, dass es sich aber auch wie eine Elternfigur verhalten kann, je nachdem, welchen Reizen es ausgesetzt ist oder was die Situation erfordert. Dass Menschen sich ganz in ihre Kindheit zurückversetzt fühlen können, im nächsten Moment aber auch wieder eine Elternrolle einnehmen, in der sie fürsorglich oder autoritär handeln, um noch einen Moment später sachlich und logisch ein Problem in Angriff zu nehmen, hat Berne zu der Idee geführt, dass es offenbar verschiedene Zustände des „Ichs" gibt.

Unterstützt wurden Bernes detaillierte Beobachtungen und Analysen durch die seinerzeit einen Aufschwung nehmenden Hirnforschungen. Damals wurden Experimente unternommen, bei denen bestimmte Hirnareale am Großhirn der Probanden durch leichte elektrische Reize stimuliert wurden. Dabei wurde festgestellt, dass dadurch zum Beispiel ein Wiedererleben der Kindheit in Gang gesetzt werden konnte.

Das Strukturmodell der Ich-Zustände

Berne hat dieses Modell der drei Ich-Zustände „Strukturmodell" genannt (siehe Abb. 1). Er ging davon aus, dass mit zunehmendem Fortschritt in der Hirnforschung tatsächlich entsprechende Areale im Gehirn lokalisiert werden könnten. Sie sollten ganz konkret dem jeweiligen Ich-Zustand zugeordnet werden können – so, wie das schon ansatzweise durch das plastische Wiedererleben von Kindheitserinnerungen in Experimenten passiert war. Berne glaubte also tatsächlich an im Gehirn vorhandene Strukturen, die die jeweiligen Erfahrungen gespeichert hatten. Diese strukturellen Äquivalente zu den Ich-Zuständen sind allerdings bis jetzt nicht nachgewiesen worden.

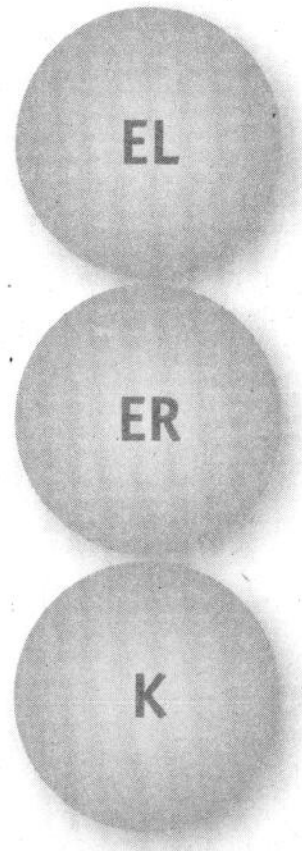

Abb. 1: Das Strukturmodell der Ich-Zustände

EL = Eltern-Ich-Zustand
ER = Erwachsenen-Ich-Zustand
K = Kind-Ich-Zustand

Bis heute kann kein Ich-Zustand klar und eindeutig einem bestimmten Ort im Hirn zugeordnet werden. Allerdings lässt sich mit einiger Sicherheit vermuten, dass zum Beispiel Eltern-Ich-Funktionen im Stirn-Hirn-Bereich verankert sind, denn bei Patienten mit einer Stirn-Hirn-Schädigung fällt das steuernde Element, das zum Eltern-Ich gehört, aus. Diese Patienten werden schnell übergriffig, sie können die Auswirkungen ihrer Handlungen nicht mehr richtig einschätzen, sie wissen nicht mehr, was sozial adäquates Verhalten ist und was nicht. Die ganz klaren Hirnstrukturen, die Berne erwartet hatte, wurden bis heute zwar nicht gefunden, aber wer weiß: Vielleicht bringen verfeinerte Forschungsmethoden doch noch die von ihm vermuteten Ergebnisse oder zumindest Annäherungen daran.

Die Ich-Zustände können nicht bestimmten Hirnarealen zugeordnet werden.

Berne hat in der Theorie der drei Ich-Zustände das Eltern-Ich, das Erwachsenen-Ich sowie das Kind-Ich so definiert, dass jeder einzelne dieser drei Ich-Zustände eine eigene Einheit aus Denken, Handeln und Fühlen bildet. Das heißt, im Kind-Ich denkt, handelt und fühlt der jeweilige Mensch tatsächlich anders, als wenn er sich in seinem Eltern- oder in seinem Erwachsenen-Ich-Zustand befindet. Diese anderen Verhaltensweisen und Ausdrucksformen lassen sich auch von Außenstehenden leicht beobachten. Wer jemanden zum Beispiel nur als kühlen Analytiker kennt, dem erscheint dieser „wie verwandelt", wenn er ihn dann einmal als Fan einer Mannschaft in der Fußball-Arena erlebt. Oder man traut fast seinen Ohren nicht, wenn der Freund, mit dem man eben noch herumgealbert hat, einen Anruf erhält und plötzlich ganz und gar „der Geschäftsführer" ist.

Dass Menschen in ihrem Denken, Handeln und Fühlen in verschiedene Ich-Zustände schlüpfen, ist für Außenstehende leicht zu beobachten.

Am Anfang steht das Kind-Ich, das sich sehr bald ausdifferenziert.

Der „ursprüngliche" Ich-Zustand ist natürlich das Kind-Ich. Das ist der Ich-Zustand, mit dem der Mensch auf die Welt kommt und der zunächst in der Hauptsache aus Bedürfnissen nach Nahrung, Wärme und Zuneigung besteht. Doch schon beim Kind ist zu erleben, dass sich dieser ursprüngliche Kind-Ich-Zustand sehr schnell ausdifferenziert in Richtung erstes kindliches Denken. Ein Kind beginnt früh damit, Zusammenhänge verstehen zu wollen, das heißt, die Ausbildung eines „Erwachsenen-Ich" beginnt schon nach wenigen Monaten. Sie setzt ein, wenn Kinder mit wenigen Monaten so weit sind, Gesichter zu unterscheiden, gezielt zu greifen und Dinge wiederzuerkennen – denn das Erwachsenen-Ich ist an Informationen interessiert.

Dieses Interesse an Informationen nimmt stetig zu und wenn das Kind erst einmal so etwa ein Jahr alt ist, wird sein Erkenntnisdrang für die Eltern zu einer echten Aufgabe, denn vor dem kleinen Forscher ist nichts sicher. Die Eltern sind jetzt dauernd gefordert, dafür zu sorgen, dass weder dem kleinen Weltentdecker noch empfindlichen Einrichtungsgegenständen etwas passiert. Und die vielen Verbote, die sie jetzt aussprechen müssen, um seine Sicherheit und die der Stereo-Anlage zu gewährleisten, sind der Grundstock für die Ausbildung eines Teils seines „Eltern-Ich".

Aufgrund all dieser Maßnahmen findet jetzt eine – für das Kind ziemlich permanente – Steuerung von außen statt, und diese „Steuerung" ist der eigentliche Hintergrund des im Deutschen so genannten „kontrollierenden Eltern-Ichs". Berne nannte den eingreifenden Teil des Eltern-Ichs nämlich „Controlling Parent-Ego-State", was die Pioniere der deutschen Transaktionsanalyse-Szene fälschlich mit „kontrollierend" übersetzten und was sich dann bei uns so eingebürgert hat. Richtig müsste es im Deutschen „steuerndes Eltern-Ich" heißen, denn das beschreibt genau das, was die Eltern in dieser Phase mit dem Kind tun. Bevor das Kind die Tasse mit dem heißen Kaffee über sich auskippt oder bevor es die kostbare Vase zu Fall bringt, greifen die Eltern, oder eine stellvertretende Elternfigur, ein – das Kind wird eigentlich den lieben langen Tag von außen gesteuert.

In dieser Phase beginnt etwas, was es dem Kind erlaubt, sich stetig mehr Freiraum zu erobern: Die Steuerung von außen verlagert sich peu à peu nach innen. Das Eltern-Ich bildet sich mehr und mehr aus und irgendwann ist es so weit, dass das Kind nicht mehr Mutter oder Vater braucht, die ihm sagen „Lauf nicht einfach über die Straße", sondern es hat verinnerlicht, dass es an der Bordsteinkante erst einmal nach links und rechts schauen muss. Wenn die Eltern erkennen, dass man sich langsam auf die „innere Mutter" bzw. den „inneren Vater" des Kindes verlassen kann, können sie es mehr und mehr aus ihrer Obhut entlassen. Die innere Steuerung des Kindes führt also dazu, dass es mehr Verantwortung für seine eigene Sicherheit übernehmen kann, sodass man ihm auch immer größeren Freiraum zugestehen kann. Insofern ist die Ausbildung des Eltern-Ichs ein Geniestreich der Evolution.

Schon nach wenigen Monaten beginnt die Herausbildung eines Erwachsenen-Ichs.

Bei diesem Prozess der Eltern-Ich-Bildung werden jedoch zwangsläufig nicht nur sinnvolle Gebote und Verbote integriert, wie die Regeln des Straßenverkehrs oder der sorgsame Umgang mit anderen Menschen, Haustieren und Möbeln, sondern auch Botschaften, die für das weitere Wohlbefinden des Kindes nicht so hilfreich sind. Diese Botschaften, die von den Eltern häufig unbewusst übermittelt werden, bilden die Grundlage für das, was in der Terminologie der Transaktionsanalyse „Skript" genannt wird – in Anlehnung an das Drehbuch eines Films, an das sich der Schauspieler halten muss, ob er nun will oder nicht. Das „Skript" ist das Lebensdrehbuch, das den Menschen in seinen freien Verhaltensentscheidungen einschränkt, weil er sich nach den dort verankerten Geboten und Verboten richten muss. Ausführlich wird das Skript in einem eigenen Kapitel erläutert (siehe S. 125 ff.).

Die Ausbildung eines Eltern-Ichs ermöglicht eine sinnvolle Selbstkontrolle, es kann das spätere Verhalten aber auch negativ steuern.

An dieser Stelle soll gleich einem häufig begangenen Irrtum vorgebeugt werden: Die drei Ich-Zustände der Transaktionsanalyse werden gelegentlich verwechselt mit den drei Ich-Instanzen, die Sigmund Freud formuliert hat. Doch diese drei Instanzen, „Es", „Ich" und „Über-Ich", haben eigentlich nichts gemein mit Kind-Ich-, Erwachsenen-Ich- und Eltern-Ich-Zustand. Es gibt zwar gewisse Ähnlichkeiten, doch die drei Ich-Zustände der Transaktionsanalyse sind ganz klar nach innen und außen agierendes und beobachtbares Verhalten, während „Es", „Ich" oder „Über-Ich" der Psychoanalyse Instanzen sind, die sich nur im Inneren eines Menschen abspielen, sie treten nicht direkt nach außen in Erscheinung. Eine Ähnlichkeit besteht nur insofern, als das nach innen steuernde Element des Eltern-Ich-Zustands in etwa mit dem „Über-Ich" korrespondiert, der rationale

Die Ich-Zustände der Transaktionsanalyse sind nicht mit den Ich-Instanzen der Psychoanalyse zu verwechseln.

Erwachsenen-Ich-Zustand mit dem „Ich“ verglichen werden kann und der Kind-Ich-Zustand mit seinen impulsiven Wünschen und Vorstellungen an das triebhafte „Es“ gemahnt.

Die Ich-Zustände treten in der Kommunikation nach außen wie nach innen auf.

Der entscheidende Unterschied ist, dass die Ich-Instanzen der Psychoanalyse reine Konstrukte sind, die abbilden sollen, welche intra-psychischen Kräfte im Menschen wirken, während die Ich-Zustände der Transaktionsanalyse sowohl im inneren Dialog als auch in der Kommunikation nach außen wahrnehmbar sind. Das heißt, es ist nicht zu beobachten, wie ein Mensch in seinem „Über-Ich“ agiert – es sind aus seinem Verhalten nur Rückschlüsse darüber zu ziehen, ob gegebenenfalls „Über-Ich“-Tendenzen wirksam geworden sind oder bei einem bestimmten Verhalten sein „Es“ die Hand im Spiel hatte. Es ist jedoch sehr wohl zu beobachten, wie jemand aus seinem kontrollierenden oder fürsorglichen Eltern-Ich heraus gegenüber anderen agiert, wie jemand sein Erwachsenen-Ich walten lässt oder wie er seinem Kind-Ich freien Lauf lässt.

Menschen benutzen die drei Ich-Zustände, wie oben schon angedeutet, in doppelter Hinsicht: nämlich zum einen in der Kommunikation mit der Außenwelt und zum anderen als Kommunikation nach innen, im Dialog mit sich selbst. Auch die „Innensteuerung“ verläuft mithilfe der drei Ich-Zustände. Jemand, der am späten Freitagnachmittag noch eine Aufgabe zugewiesen bekommt, reagiert vielleicht zunächst innerlich aus dem Kind-Ich „Oh nein, ich habe keinen Bock mehr! Ich will jetzt nach Hause!“, um sich dann aber doch mittels seines Eltern-Ichs am Riemen zu reißen „Das ist aber eine dringende Sache und die wird jetzt auch noch erledigt!“, während das Erwachsenen-Ich überlegt, wie man die Aufgabe effizient und zeitsparend anpacken kann. Sowohl im inneren als auch im äußeren Dialog besitzt jeder Mensch alle drei Ich-Zustände, doch gibt es bei fast jedem einen oder zwei Ich-Zustände, die bevorzugt eingenommen werden.

Im Coaching kann das noch einfache strukturelle Persönlichkeitsmodell mit seiner Dreiteilung in Kind-, Erwachsenen- und Eltern-Ich schon im frühesten Stadium Hinweise geben, um was es beim Klienten gehen könnte. Unter Umständen braucht man ihn dazu noch gar nicht kennengelernt zu haben. Schon wenn der Auftraggeber darüber berichtet, aus welchem Grund er ein Coaching für diesen Mitarbeiter für sinnvoll hält, kann der Coach Hypothesen bilden, aus welchem Ich-Zustand heraus der Klient häufig agiert und warum das zu Problemen führen kann.

Mit dem Modell der Ich-Zustände lassen sich typische Führungsprobleme beantworten.

Erfährt der Coach zum Beispiel von einem Mitarbeiter der Personalabteilung oder vom Vorgesetzten, dass ein Coaching in Betracht gezogen wird, weil der zukünftige Klient offensichtlich zu wenig führt, zu wenig Grenzen setzt, bei etlichen Mitarbeitern auch nicht wirklich als Chef akzeptiert ist, kann er schon erste Vermutungen anstellen, dass beim Betreffenden wohl das Eltern-Ich zu schwach ausgeprägt ist, weshalb es im Umgang mit den Mitarbeitern zu Schwierigkeiten kommt. Denn eine Führungskraft muss auch in der Lage sein, klare Grenzen zu setzen – und das ist eine Funktion des Eltern-Ichs. Auch Autorität wird über das Eltern-Ich vermittelt. Wenn eine Führungskraft als Chef nicht akzeptiert wird, spricht das sehr dafür, dass sie versucht, viel zu viel aus dem Erwachsenen-Ich zu führen. Sie erklärt viel und hofft auf Verständnis, aber das ist nicht ausreichend, wenn es darum geht, als Führungspersönlichkeit anerkannt zu werden. Die Hypothesen, die der Coach aufgrund der erhaltenen Informationen bilden kann, müssen natürlich später im persönlichen Gespräch überprüft werden. Doch dass er überhaupt Hypothesen formulieren kann, macht es ihm leichter, beim ersten Zusammentreffen mit dem Klienten gezielt Fragen zu stellen.

Transaktionsanalytiker lesen vieles bereits aus der ersten Begegnung ab.

Noch mehr Aufschluss gibt dann die erste Begegnung mit dem Klienten – ganz besonders für Transaktionsanalytiker, denn sie haben sich intensiv darin geübt, die ersten drei oder vier „Transaktionen", also die ersten drei oder vier kommunikativen Interaktionen, auf die Goldwaage zu legen. Eingeschworene Transaktionsanalytiker vertreten das Credo, dass man schon an den ersten Transaktionen die ganze Problematik erkennen kann, denn darin verberge sich bereits alles Wesentliche.

Ob das nun immer so hundertprozentig zutrifft, mag dahingestellt bleiben, sicher ist jedoch, dass es natürlich ein großer Unterschied ist, ob man vom Klienten mit einem sachlichen „Guten Tag! Treten Sie bitte näher, möchten Sie vielleicht hier Platz nehmen?" empfangen wird oder ob der Coach quasi gleich festgelegt wird mit: „Setzen Sie sich doch bitte hierher. Ich lasse Ihnen einen Kaffee bringen." Im ersten Fall handelt es sich wohl um jemanden, der stark im Erwachsenen-Ich, aber ansonsten wenig dirigistisch ist, während der zweite eher im Eltern-Ich zu Hause ist. Das muss na-

Passst die geschilderte Problematik zum gezeigten Ich-Zustand des Klienten?

türlich noch nicht allzu viel aussagen, aber es kann dem Coach doch zu denken geben, ob jemand, der offenbar so daran gewöhnt ist, die bestimmende Rolle einzunehmen, dass es schon in der Begrüßungsphase passiert, in seinem Arbeitsalltag nicht genau dadurch in Schwierigkeiten gerät. Passt dann die geschilderte Problematik dazu, etwa dass es immer wieder zu Konflikten kommt, weil er seinen Mitarbeitern zu wenig Freiraum lässt, hat der Coach schon einen wichtigen Hinweis darauf, dass ein Teil des Problems darin bestehen könnte, dass der Klient zu häufig aus dem Eltern-Ich heraus handelt.

Im Gegensatz dazu gehört eine sehr angepasste Begrüßung, die vielleicht sogar einen fast unterwürfigen Ton besitzt, sicherlich zu jemandem, der aus dem Kind-Ich agiert. Da wird sich der Coach fragen: „Warum besetzt der Klient diesen Ich-Zustand gleich bei der Begrüßung? Was heißt das für sein Verhalten als Führungskraft? Welche Probleme können sich daraus ergeben?"

Das funktionale Modell der Ich-Zustände

Für das Verständnis von Kommunikation und damit für das Coaching noch interessanter wird es, werden die drei Ich-Zustände hinsichtlich ihrer Funktionen untersucht. Wie es in der Beschreibung schon angeklungen ist, gibt es im Eltern-Ich eine Unterteilung. Kinder erleben ihre Eltern zum einen in der Funktion der steuernden Erzieher, die bestimmen, was sie tun oder unterlassen sollen, und zum anderen als liebevolle und fürsorgliche Ansprechpartner und Beschützer, die das Kind pflegen, die ihm helfen, es ermutigen und unterstützen. Aufgrund dieser Erlebnisse und Erfahrungen entwickelt das Kind sowohl ein *steuerndes* (kontrollierendes) als auch ein *fürsorgliches* Eltern-Ich. Aus den im Deutschen üblichen Begriffen „kontrollierendes" oder „kritisches" Eltern-Ich,

Abb. 2: Das funktionale Modell der Ich-Zustände

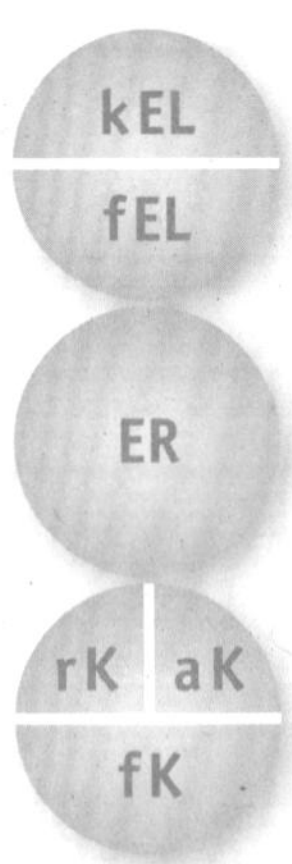

kEL = kontrollierendes Eltern-Ich
fEL = fürsorgliches Eltern-Ich

ER = Erwachsenen-Ich

rK = rebellisches Kind-Ich
aK = angepasstes Kind-Ich
fK = freies Kind-Ich

die noch in der Literatur zur Transaktionsanalyse zu finden sind, darf jedoch nicht geschlossen werden, das steuernde Eltern-Ich sei ein Persönlichkeitsteil, der ausschließlich offen autoritär und dominant auftrete. Ein Mensch kann sich sehr freundlich dabei verhalten, doch sobald er Anweisungen gibt, und sei der Ton noch so nett, befindet er sich im steuernden Eltern-Ich. Ein entgegenkommendes „Bitte nehmen Sie hier Platz" kommt genauso aus dem steuernden Eltern-Ich wie ein barsches „Halten Sie Ihren Mund".

Kinder lernen ein steuerndes und ein fürsorgliches Eltern-Ich kennen.

Das Erwachsenen-Ich erfährt keine weitere Unterteilung. Der Erwachsenen-Ich-Zustand ist vor allen Dingen dadurch gekennzeichnet, dass darin logisch gedacht wird, Informationen aufgenommen und weitergegeben werden und sich völlig sachlich verhalten wird. Gefühle sind in diesem Ich-Zustand kaum vorhanden, wenn, dann sind es Gefühle von Ausgeglichenheit, Ruhe und Konzentration. Aus diesem Grund eignet sich der Erwachsenen-Ich-Zustand hervorragend, um leidenschaftslos Dinge zu analysieren, Zusammenhänge zu verstehen oder sachliche Diskussionen zu führen. Dieser rationale Ich-Zustand wird oft mit einem Computer verglichen und er ist unerlässlich, wenn bei der Arbeit Sachverhalte leidenschaftslos analysiert oder vernünftige Entscheidungen getroffen werden müssen.

Das Erwachsenen-Ich denkt und handelt sachlich und logisch.

Was jedoch weiter unterteilt wird, ist das Kind-Ich. Zunächst gibt es beim Kind-Ich eine Zweiteilung und zwar in freies und angepasstes Kind. Das Kind erlebt Zeiten, in denen es frei ist von Steuerung. Es spielt hingebungsvoll oder gibt sich ganz seinen Emotionen hin, es freut sich, lacht und tollt oder es ist traurig und weint hemmungslos. Das freie Kind-Ich lebt nach dem Lustprinzip, es folgt keinen Zwängen, gehorcht keinen Regeln, sondern tut, was ihm Spaß macht, und ist dabei äußerst kreativ. Es ist in erster Linie an sich selbst orientiert, andere Menschen sind nur insofern von Bedeutung, als sie zum eigenen Spaß beitragen. Tun sie das nicht, findet das freie Kind sie uninteressant und kümmert sich nicht um sie. Das freie Kind orientiert sich ausschließlich an den eigenen Wünschen und Bedürfnissen.

Das Kind-Ich lässt sich unterteilen – in das freie, das angepasste und das rebellische Kind-Ich.

Das freie Kind-Ich lebt zwanglos und nach dem Lustprinzip.

Ein Kind erlebt jedoch nicht nur Zeiten des Spiels und der Ungezwungenheit, sondern es erfährt auch, dass es gehorchen muss: Es muss Zähneputzen, sich waschen, aufräumen, Schularbeiten

Das angepasste Kind-Ich verinnerlicht anerzogene Verhaltensweisen.

machen, still und artig sein, der Tante höflich die Hand geben und bei Tisch anständig essen. Dem Kind wird beigebracht, wie es sich im sozialen Umfeld mit Höflichkeit, Anstand und Rücksichtnahme bewegt, und es wird auch gelehrt, Regeln zu beachten, die für sein eigenes Überleben wichtig sind: an einer roten Ampel anzuhalten, nach rechts und links zu schauen, bevor die Straße überquert wird, vorsichtig mit gefährlichen Gegenständen zu hantieren und so weiter. Durch all diese erzieherischen Maßnahmen wird zwangsläufig das angepasste Kind entwickelt, denn diese Verhaltensweisen sind ja niemandem angeboren, sie werden vielmehr durch Erziehung verinnerlicht. Wie stark das Kind sich anpassen muss, ist natürlich von Familie zu Familie verschieden – von absolut autoritär bis zu laisser-faire ist jede Variante zu finden, entsprechend unterschiedlich sind die Verhaltensweisen, die daraus hervorgehen.

Der Ich-Zustand des angepassten Kindes ist wichtig, der Mensch braucht ihn zum Überleben. Ohne ihn wäre die Selbstgefährdung des heranwachsenden Kindes zu groß. Und ohne das angepasste Kind-Ich würde auch unsere Welt, unser Zusammenleben mit anderen Menschen, nicht funktionieren. Wie die Welt aussähe, wenn es nur freie Kinder gäbe, lässt sich beim Beobachten mancher Auseinandersetzungen der Zwei- oder Dreijährigen im Sandkasten ausmalen. Die sind dann plötzlich alles andere als niedlich. Ganz davon abgesehen, dass es auch kein Wirtschaftsleben ohne angepasstes Kind gäbe und somit auch keine Lebensgrundlage – denn welches freie Kind würde schon treu und brav täglich in die Firma trotten?

Das rebellische Kind-Ich begehrt gegen seine Außenwelt auf.

Der Versuch, die Kinder anzupassen – sprich: zu erziehen –, funktioniert natürlich nicht immer so, wie Eltern oder andere Erziehungsberechtigte sich das wünschen. Wie alle leidgeprüften Eltern aus Erfahrung wissen, kommen Kinder irgendwann in eine rebellische Phase. Sie wollen nicht, sie sind trotzig, sie schreien nur noch „Nein" und „Ich will nicht" und entfalten mit diesem Dickkopf eine ungeahnte Energie.

Diese Rebellion ist für die Transaktionsanalytiker aber nur die Kehrseite der Anpassung. Das rebellische Kind orientiert sich genauso an der Außenwelt wie das angepasste, nur mit umgekehrtem Vorzeichen: Statt zu gehorchen, begehrt es auf. Das rebellische Kind ist gleich weit vom freien Kind entfernt wie das angepasste, deshalb wird in der grafischen Darstellung das angepasste Kind durch eine gestrichelte Linie zweigeteilt. Anpassung und Rebellion sind wie zwei Seiten einer Medaille: Beide sind am Außen orientiert, während sich das freie Kind nur nach seinem Inneren, seinen Wünschen und Bedürfnissen richtet.

> Ich-Zustände sind Beschreibungen – keine Bewertungen! !

Die Namen der Ich-Zustände verführen bisweilen zu Fehlinterpretationen.

Die von Berne gewählten anschaulichen Begrifflichkeiten erleichtern es, zu verstehen, was in der Kommunikation passiert, anders als wenn er zum Beispiel komplizierte lateinische Bezeichnungen gewählt hätte. Sie lassen bildhaft werden, wie man selbst oder der andere sich fühlt – das ist ihr Vorteil. Sie haben jedoch den Nachteil, dass sie eher als abstrakte Begriffe dazu verführen, die Ich-Zustände zu bewerten. So wird das „kontrollierende Eltern-Ich" von Anfängern der Transaktionsanalyse gern gleichgesetzt mit dem ewig schimpfenden, Verbote aussprechenden Vater – und mit diesem Tyrannen will man nichts zu tun haben. Das „angepasste Kind" wiederum wird gesehen als der Duckmäuser, der untertänige Lakai – und von dem will man auch nichts wissen. Dabei wird jedoch vergessen, dass es viele Lebenssituationen gibt, in denen entweder das kontrollierende Eltern-Ich oder das angepasste Kind genau die richtigen Ich-Zustände sind, um mit dieser Situation angemessen umzugehen.

Jeder Ich-Zustand erfüllt wichtige Funktionen.

Jeder Autofahrer, der an einer roten Ampel hält, tut das aus dem angepassten Kind heraus. Für die Entscheidung, ob er halten soll oder nicht, jedes Mal das Erwachsenen-Ich zu bemühen, wäre eine ziemliche Verschwendung geistiger Energie. Und jedes Mal, wenn zwei Menschen höflich miteinander umgehen und damit eine erfreuliche Beziehung ermöglichen, sind es die angepassten Kinder, die sich freundlich die Hand reichen.

Genauso ist jedes Mal das kontrollierende Eltern-Ich im Spiel, wenn es darum geht, klare Anweisungen zu geben – und auch der antiautoritärste Mensch ist dankbar für eine klare Anweisung, wenn sie ihn aus einer Notlage befreit. In vielen Büros herrscht, wenn Umfragen Glauben geschenkt wird, oft ein geradezu eklatanter Mangel an klaren Anweisungen – allerdings keiner an kontrollierendem Eltern-Ich und das bringt uns zum springenden Punkt: Alle Ich-Zustände werden gebraucht, um die unterschiedlichen Lebenssituationen adäquat zu meistern, doch nicht immer werden sie richtig eingesetzt. Oft gibt es von einem Ich-Zustand viel zu viel, und das ist dann in der Tat negativ. Selbst ein Ich-Zustand mit einem positiven Image wie das fürsorgliche Eltern-Ich ist nicht mehr „gut", wenn man es damit übertreibt. Man denke nur an die Menschen, die andere mit ihrem permanenten und überflüssigen Betütern in den Wahnsinn treiben. Auch das „freie Kind" kann zum Problem werden, wenn es mit seinem Herumgealbere jedes Team-Meeting stört. Und es gibt den entgegengesetzten Fall: Der Ich-Zustand, der gebraucht würde, ist fast gar nicht vorhanden und wird deshalb auch nicht gezeigt – ebenfalls nicht gut!

Deshalb kann die Wertung, wenn man schon werten will, nur darin bestehen, zu sagen: Jedes Übermaß, jedes Zuviel oder Zuwenig, zeitigt negative Konsequenzen. Jemand, der zur Überanpassung, zum vorauseilenden Gehorsam neigt, fällt in Firmen genauso negativ auf wie jemand, der sich gar nicht anpassen kann und gegen alles und jeden rebelliert. Und wer nur durchsetzungsstark und dominant ist, macht vielleicht Karriere, muss sich aber auch dauernd mit Widerstand und Konflikt herumschlagen. Wer wiederum überfürsorglich ist, geht anderen ziemlich schnell auf den Wecker, und wer nur im Erwachsenen-Ich agiert, wird als Kühlschrank wahrgenommen, an den nicht ranzukommen ist.

Die erste Begegnung: Was das Konzept der Ich-Zustände dem Coach über den Klienten verrät.

Wenn man nun zurückkehrt zur Ausgangssituation, der ersten Begegnung mit dem Klienten, ausgestattet mit dem neuen Wissen über die Ich-Zustände, lässt sich beobachten:

- Welchen Ich-Zustand besetzt der Klient genau?
- Bevorzugt er ein kontrollierendes oder fürsorgliches Eltern-Ich?
- Zeigt er eher ein angepasstes oder freies Kind-Ich?
- Rebelliert er gegen jeden Anschein von Autorität?
- Ist er so analytisch, dass kaum eine Gefühlsregung wahrnehmbar ist?

Das kontrollierende Eltern-Ich versucht sogleich, die Zügel in die Hand zu nehmen, das fürsorgliche kümmert sich als erstes um das Wohlergehen. Das angepasste Kind wirkt ein bisschen ängstlich, das freie hingegen bringt einen schnell zum Lachen und stellt sehr rasch eine Beziehung her, während das Erwachsenen-Ich neutral und zurückhaltend ist. Dabei wird der Coach sich auch fragen: „Ist das nun mehr oder weniger zufällig gewesen, dass die ersten Transaktionen so abgelaufen sind oder hat das System?" Er wird nicht in den Fehler verfallen, sich einzubilden, er wüsste nun schon genau, was los ist, sondern sich darüber im klaren sein, dass er nur Hinweise für erste Hypothesen über die mögliche Problematik erhalten hat, mehr aber auch nicht. Um zu wissen, was für das Coaching später wichtig sein könnte, müssen noch etliche Hypothesen formuliert und vielleicht wieder verworfen werden.

Doch das ist eben das Interessante am Konzept der Ich-Zustände, dass der Coach aufgrund dieser Kenntnisse gezielt beobachten und Fragen stellen kann, um zu überprüfen, ob seine Hypothesen zutreffen oder nicht. Wenn man als Coach zum Beispiel einem sehr dominanten Klienten begegnet, der gleich beim ersten Zusammentreffen Anweisungen gibt, kann das folgende Gedankengänge auslösen:

- Ist das der Stil, in dem diese Führungskraft auch mit ihren Mitarbeitern umgeht?
- Ist das Verhalten im Kontext mit Mitarbeitern vielleicht sogar noch ausgeprägter, weil er sich mir als Coach gegenüber eher zurücknimmt?
- Könnte es Teil seiner Problematik sein, dass er viel zu viel im kontrollierenden Eltern-Ich ist?
- Setzt er deswegen vielleicht seine Mitarbeiter viel zu stark unter Druck?
- Was bedeutet das für meinen Coaching-Prozess?
- Wenn er gewohnt ist, zu sagen, wo es langgeht, wird er sich wahrscheinlich ziemlich unwohl damit fühlen, dass er im Coaching-Prozess nicht einfach den Ablauf bestimmen kann. Muss ich also darauf gefasst sein, dass er versuchen wird, mir das Heft aus der Hand zu nehmen, was mich handlungsunfähig machen würde?

Der Ich-Zustand des Klienten kann dem Coach einen respondierenden Ich-Zustand aufdrängen.

Ein Klient, der sehr viel Power ausstrahlt, kann einen Coach, der möglicherweise keinen Konflikt riskieren will, schnell ins angepasste Kind bringen. Damit würde aber ein Coaching unmöglich werden, denn Coaching setzt voraus, dass man sich mindestens auf gleicher Ebene befindet, während die Kommunikationsform „kontrollierendes Eltern-Ich – angepasstes Kind" eindeutig ein Gefälle darstellt. Für den Coach ist also wichtig, zu erkennen, ob und wie ein Klient mit einem ausgeprägten Eltern-Ich versucht, den Coaching-Prozess zu steuern, indem er zum Beispiel sagt: „Sie werden mich jetzt bestimmt dieses oder jenes fragen ..." oder „Ich habe mal im Internet recherchiert, daher weiß ich, dass wir jetzt als erstes einmal den Auftrag klären sollten ..." oder „Sagen Sie mir doch etwas über Ihr Coaching-Verständnis".

! Ich-Zustände vermitteln sich nicht nur durch Inhalte, sondern auch über Tonfall, Mimik und Gestik!

Ein Ansinnen wie das letzte, ist natürlich von seinem Inhalt her völlig berechtigt. Es kann aber durch den Stil, in dem es mitgeteilt wurde, zu einem Versuch werden, die Kontrolle über das Coaching zu bekommen – sofern es nämlich von oben herab geäußert wird, unterlegt mit einem leichten Befehlston. Und darauf soll an dieser Stelle ganz dezidiert hingewiesen werden: Es ist nicht allein der Inhalt, sondern auch der Ton einer Kommunikation, die den dahinterliegenden Ich-Zustand vermittelt! Nicht das *Was*, sondern das *Wie* einer Frage oder Aussage ist entscheidend dafür, ob jemand aus dem Erwachsenen-Ich, dem Kind-Ich oder aus dem Eltern-Ich heraus kommuniziert. Bei entsprechender Stimmlage und Betonung kann der gleiche Inhalt eine völlig andere Aussagekraft bekommen und damit auch einen völlig anderen Ich-Zustand beim Gegenüber ansprechen. Ein quengeliges „Ich will das nicht" kommt vom rebellischen Kind, ein im festen Ton gesprochenes aus dem steuernden Eltern-Ich – und jedes hat eine andere Wirkung auf den Empfänger der Botschaft. Eine Bitte wie „Sagen Sie mir doch etwas über Ihr Coaching-Verständnis" kommt, freundlich-neutral gesprochen, aus dem Erwachsenen-Ich. Mit entsprechend arrogantem Tonfall ist es jedoch eher eine Botschaft aus dem steuernden Eltern-Ich, die besagt: „Von dir lass ich mir gar nichts erzählen!"

Nicht das Was, sondern das Wie der Kommunikation des Klienten zeigt seinen jeweiligen Ich-Zustand.

Wenn der Klient versucht, das Heft in der Hand zu behalten ...

Wenn jemand versucht, gleich mit den ersten Transaktionen seine „Oberhoheit" über das Geschehen zu etablieren, wird sich der Coach seine Gedanken dazu machen:

- Welches ist die dahinterliegende Dynamik?
- Warum muss jemand gleich zu Beginn so massiv seine Dominanz verteidigen?

- Ist das einfach nur Gewohnheit? Oder ist die dahinterliegende Dynamik unter Umständen Angst?
- Hat das Kind-Ich im Klienten Angst, dass ihm da jemand gegenübersitzt, der wahrscheinlich mehr von Psychologie versteht als er, der ihn vielleicht durchschauen kann, der vielleicht seine Schwächen sieht, möglicherweise sogar solche, die er selber nicht kennt?
- Will er mit seinem Verhalten das Risiko verringern, ‚entlarvt' zu werden, und versucht er deshalb, die Regie in die Hand zu nehmen?
- Was will der Klient mit seinem Verhalten vermeiden?
- Vielleicht steckt ja keine Angstdynamik hinter seiner Dominanz, aber wie kommt es dann zu einer solchen Gewohnheit?
- Hat er Schwierigkeiten damit, sich in andere einzufühlen?

Solche inneren Fragen, die sich auf die Beobachtung der Ich-Zustände beziehen, sind die ersten Anhaltspunkte dafür, was später im Coaching wichtig sein könnte.

Wenn sich der Klient in übermäßiger Zurückhaltung übt ...

Oder nehmen wir den umgekehrten Fall, man hat es mit einem Klienten zu tun, der auf sehr leisen Sohlen auftritt. Auch das muss der Coach registrieren, denn Überanpassung ist keine gute Voraussetzung für eine Führungskraft. Wenn jemand aufgrund seiner Fachkompetenz Führungskraft wurde, aber immer wieder eher aus dem angepassten Kind-Ich heraus agiert, ist das eine schwache Position, bei der von Führung eigentlich nicht die Rede sein kann. So kann der Coach schon bei der Begrüßung zu Hypothesen gelangen, wie dieser Klient wohl mit Mitarbeitern umgeht:

- Er hat vermutlich Durchsetzungsprobleme.
- Auf Widerstand in seinem Team oder seiner Abteilung reagiert er eher aus dem Erwachsenen-Ich heraus, zum Beispiel indem er an die Vernunft der Mitarbeiter appelliert.
- Oder er versucht, moralischen Druck auszuüben, um etwas zu erreichen: „Macht es für mich, denn ich muss doch am Ende den Kopf hinhalten – also bitte, lasst mich nicht hängen!"

Wenn der Klient die Sachlichkeit in Person ist ...

Eine andere Art von Vorgesetzten, auf die der Coach häufig trifft, sind die „ZDF"-Manager, also Führungskräfte, die nichts weiter interessiert als Zahlen, Daten, Fakten. Ihr bevorzugter Ich-Zustand ist das Erwachsenen-Ich, mit

Gefühlen haben sie nicht viel am Hut. Das ist zwar perfekt, um Probleme logisch zu durchdenken und sachlich zu lösen, wirkt sich aber meist negativ auf die Beziehungsgestaltung aus. Bei Mitarbeiterbefragungen erhalten solche Chefs häufig die Rückmeldung, dass die Mitarbeiter sich nicht wirklich wohlfühlen, sich nicht geschätzt, manchmal nicht einmal wahrgenommen fühlen – was die Chefs solcher Chefs schließlich auf die Idee gebracht hat, ein Coaching mit dem Thema Sozialkompetenz sei angeraten.

Das schnelle Erfassen der Ich-Zustände ermöglicht dem Coach, sich frühzeitig auf die Gesprächssituation einzustellen.

Es zeigt sich: Noch ohne die sachlichen Inhalte zu kennen, nur durch Berücksichtigung der gezeigten Ich-Zustände, kann der Coach schon erste Hypothesen bilden, mit wem er es im jeweiligen Fall zu tun hat. Und er kann sich Gedanken darüber machen, wie er den Coachingprozess gestalten sollte, um nicht das bereits vorhandene Verhaltensmuster zu verstärken. Was muss er vermeiden, was muss er akzentuieren? Der Coach muss sich von Beginn an über die Konsequenzen seiner eigenen Kommunikationsmuster im Klaren sein. Hat der Coach es zum Beispiel mit dem oben geschilderten Fakten-Menschen zu tun und stellt er diesem Klienten viele Fragen auf der Erwachsenen-Ebene, agiert er also hauptsächlich von Erwachsenen-Ich zu Erwachsenen-Ich, so stabilisiert er genau das auf der Prozess-Ebene, was eigentlich das Problem darstellt. Dieses Vorgehen ist eindeutig kontraproduktiv.

Der Coach wird sich daher ständig überlegen, welche Ich-Zustände er selbst einsetzen muss, damit er den Klienten nicht in einem Muster bestärkt, das ihm Probleme bereitet. Er wird stattdessen von Beginn an darauf hinwirken, dass auf der Prozess-Ebene etwas Neues passieren kann. Genau dafür braucht er das schnelle Erfassen der Ich-Zustände.

Die inneren Haltungen in den Ich-Zuständen

Wer sich, wie Coachs das tun, mit der Entwicklung der Persönlichkeit beschäftigt, wird sich auch fragen, wie denn die Ich-Zustände bei einer erwachsenen, gereiften Persönlichkeit aussehen oder idealerweise aussehen sollten. Gibt es einen Ich-Zustand, der anzustreben ist? Und wie würde er sich darstellen?

Ursprüngliche Annahme: Im „Eltern-Ich" und „Kind-Ich" spiegelt sich das in der Kindheit erlebte Verhalten.

Eric Berne war, als er die Transaktionsanalyse entwickelte, ursprünglich davon ausgegangen, dass die Ich-Zustände „Eltern-Ich" und „Kind-Ich" genau das repräsentieren, was man als Kind kennengelernt hat. Seiner Auffassung nach befand man sich also nur im Eltern-Ich, wenn man genauso handelte und dachte, wie man es bei den eigenen Eltern oder Elternfiguren erlebt hatte, und nur dann im Kind-Ich, wenn man sich genauso fühlte und benahm, wie man es als Kind bereits getan hatte. Deshalb postulierte er, dass es zur Entwicklung der reifen Persönlichkeit wichtig sei, sich sowohl von den Einflüssen des Eltern-Ichs als auch von den Einflüssen des Kind-Ichs freizumachen, um so zu einem integrierten Selbst zu gelangen. Werden die Ich-Zustände demgemäß als Struktur betrachtet, so heißt das, jemand befindet sich tatsächlich jeweils im entsprechenden „Zustand" – im Kind-Ich bin ich so, wie ich als Kind war, im Eltern-Ich bin ich so, wie ich es bei meinen Eltern erlebt habe.

Heutige Sicht: „Eltern-Ich" oder „Kind-Ich" bezeichnet eine typisierte innere Haltung, die sozial üblich ist.

Inzwischen wird das Modell der Ich-Zustände überwiegend etwas differenzierter verwendet. Transaktionsanalytiker sagen, jemand befindet sich im Eltern-Ich, wenn er sich so verhält, wie es Elternfiguren üblicherweise tun – also unabhängig davon, wie die eigenen Eltern agiert haben –, und er befindet sich im Kind-Ich-Zustand, wenn er sich verhält, wie man es bei Kindern beobachten kann, auch wenn dieser Mensch als Kind so vielleicht nie war.

Betrachtet man die Ich-Zustände nun unter diesem funktionalen Gesichtspunkt, so wird diese ganze funktionale Analyse dadurch problematisch, dass Berne etwas „Ich-Zustände" genannt hat, was keine eigene Struktur besitzt, sondern tatsächlich nur eine „Funktion" im Sinne von *inneren Haltungen* darstellt. Der Ich-„Zustand" ist dann der Ausdruck der inneren Haltung, die jemand gerade einnimmt. Aus dem funktionalen Blickwinkel macht die Idee, dass bei einem integrierten, reifen Selbst das Eltern-Ich oder das Kind-Ich wegfallen, deshalb überhaupt keinen Sinn. Denn damit entfiele sowohl die innere Steuerung als auch die innere Freude, das innere Vergnügen. Der Mensch würde reduziert auf ein rein rationales Wesen, das Informationen aufnimmt, verarbeitet und weitergibt – und dabei abgeschnitten von seiner Gefühlswelt agiert.

Unter funktionalem Gesichtspunkt sind Eltern-Ich und Kind-Ich unabdingbarer Teil einer reifen Persönlichkeit.

> **!** In einem integrierten Selbst sind sämtliche Ich-Zustände als Haltungen jeweils in allen drei „echten" Ich-Zuständen repräsentiert.

Aus diesem Dilemma befreit ein Modell, das von Ulrich Dehner entwickelt wurde, und das darstellt, wie Ich-Zustände und integriertes Selbst verbunden werden können. Dazu muss man sich etwas von den von Berne gewählten Begrifflichkeiten lösen und davon ausgehen, dass die in der funktionalen Analyse dargestellten Ich-Zustände keine tatsächlichen Ich-„Zustände" sind, sondern dass es *Haltungen* in einem Ich-Zustand sind. Das Modell besagt weiter, dass ein Mensch in jedem der drei „echten" Ich-Zustände alle funktionalen Haltungen einnehmen kann (siehe Abb. 3).

Abb. 3: Die inneren Haltungen in den Ich-Zuständen

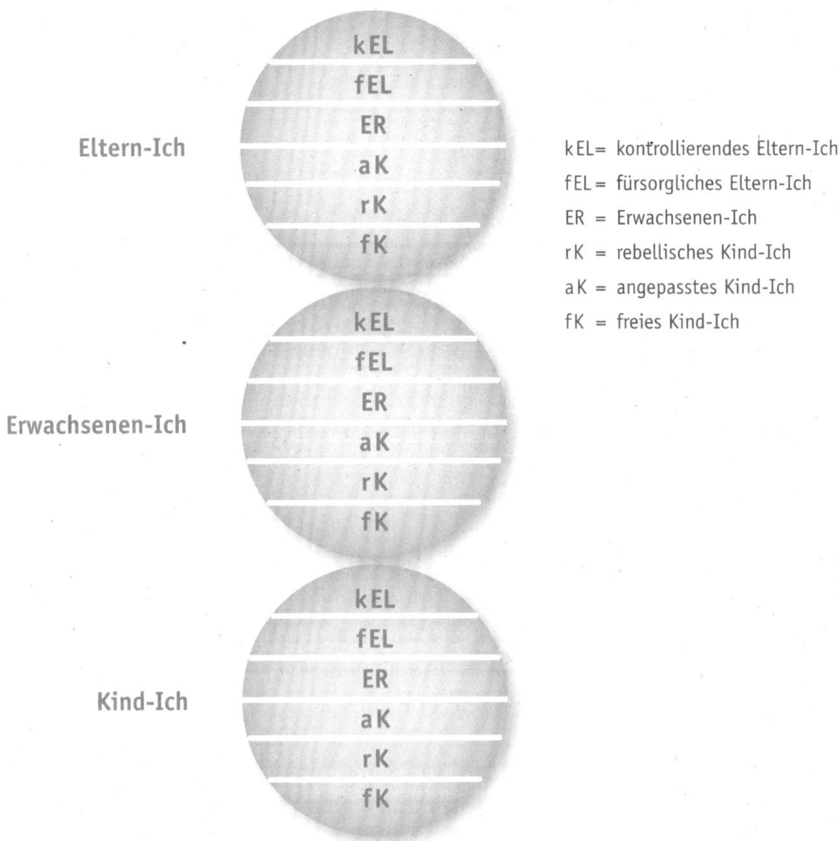

Im Eltern-Ich-Zustand kann also die Haltung „kontrollierendes Eltern-Ich" eingenommen werden, aber auch andere Haltungen, denn die eigenen Eltern wurden ja nicht nur als steuernde Elternfiguren erlebt, sondern auch wie sie in ihrem Erwachsenen- oder Kind-Ich agierten. Man hat erlebt, wie sie logisch Probleme lösten, wie sie sich angepasst verhielten, wie sie ausgelassen oder auch mal rebellisch waren.

Aus einem strukturellen Ich-Zustand heraus kann funktional nach einem anderen Ich-Zustand gehandelt werden.

Das Gleiche gilt für das Erwachsenen-Ich, auch da findet sich eine „kontrollierende Eltern-Ich-Haltung" – das ist aber die Haltung, zu der man steht, die einem bewusst ist, die man so leben möchte. Und diese Haltung kann sich sehr deutlich unterscheiden von dem, was man als Eltern-Ich-Äußerungen bei den eigenen Eltern erlebt hat, wenn sie sich steuernd verhielten. Genauso kann natürlich auch eine fürsorgliche Eltern-Ich-Haltung im Erwachsenen-Ich eingenommen werden und auch das kann sich fundamental von dem unterscheiden, was einem als Kind bei den Eltern widerfahren ist. Das kann eine Fürsorglichkeit sein, die man sich erarbeitet hat, weil man sie für richtig hält, und die nichts gemein hat mit der vorhandenen oder nicht vorhandenen Fürsorglichkeit von Mutter und Vater.

Eine fürsorgliche Eltern-Ich-Haltung kann gelebt werden, obwohl sie vielleicht nie erlebt wurde.

Im Erwachsenen-Ich-Zustand ist der „Computer" vorhanden, der analytische, rein rationale Teil, der nur verstandesmäßig agiert. Aber es gibt im Erwachsenen-Ich auch die angepasste Haltung, das ist der Teil, der sich Regeln unterwirft, der nachgibt, der sich auch einmal dominieren lässt – aber eben nicht wie damals als Kind, sondern auf eine erwachsene Art, aus Einsicht, dass ein solches Verhalten jetzt sinnvoll ist, weil das Akzeptieren von Regeln unerlässlich ist für das Funktionieren der Gesellschaft. Das ist eine Anpassung, zu der jemand steht, keine, die automatisch erfolgt, weil er keine andere Wahl hat. Genauso wird auch das freie Kind als Haltung im Erwachsenen-Ich-Zustand ganz anders aussehen als das freie Kind von damals. Man hat zum Beispiel großen Spaß an intellektuellen Blödeleien, die das Kind von damals gar nicht hätte machen können, an Wortspielen, die das Kind gar nicht verstanden hätte.

Anpassung geschieht nicht aus der Abhängigkeit eines Kindes heraus, sondern aus der Einsicht des Erwachsenen-Ichs.

Ebenso funktioniert das im Kind-Ich: Auch ein noch sehr kleines Kind, ein Ein- oder Zweijähriger, kann bereits die Haltung des kontrollierenden Eltern-Ichs einnehmen, etwa wenn das Kind ver-

Bereits Kinder nehmen eine kontrollierende oder fürsorgliche Eltern-Ich-Haltung ein.

sucht, so mit anderen umzugehen, wie es das bei der Mutter beobachtet hat. Wenn es zum Beispiel seinen Puppen und Plüschtieren Anweisungen gibt und dabei der „Originalton" der Mutter herauszuhören ist. Dass das trotzdem noch kindlich ist und nicht die gleichen Wirkungen hervorbringt, ist spätestens zu merken, wenn das Kind dasselbe mit seinen Spielkameraden probiert. Auch wie rührend fürsorglich bereits ganz kleine Kinder sein können, weiß jeder, der schon einmal mit Kindern zu tun hatte. Trotzdem spürt man auch da, dass es aus dem Kind-Ich-Zustand kommt. Und die Kinder haben natürlich ihr „Erwachsenen-Ich", in der Transaktionsanalyse oft als „kleiner Professor" bezeichnet.

Das ist der Teil, aus dem heraus sie versuchen, die Welt zu verstehen und sie mittels empirischer Forschung zu entdecken, etwa indem sie immer wieder den Schalter betätigen, bis zweifelsfrei feststeht, dass dann das Licht an- und ausgeht. Der „kleine Professor" erklärt sich die Welt und ihre Zusammenhänge, so gut er es vermag, und auch wenn dabei manchmal Ursache und Wirkung verwechselt werden, ist doch das Erwachsenen-Ich in seiner Funktion als „denkender Computer" aktiv. Ebenso ist die Kind-Ich-Haltung im Kind-Ich-Zustand eine andere als beim Erwachsenen. Ein freies Kind spielt, lacht und weint, freut sich und trauert anders als das Kind-Ich des Erwachsenen, die Anpassung im Kind-Ich-Zustand ist eine andere als im Erwachsenen-Ich, denn das Kind passt sich nicht aus Einsicht an, sondern weil es muss, und es rebelliert anders als ein Erwachsener, der gegen etwas Sturm läuft.

Eine Haltung wird zwar oberflächlich eingenommen, bleibt aber wirkungslos.

Sich über diese nochmalige feine Unterscheidungsebene im Klaren zu sein, kann von Bedeutung werden, wenn im Coaching zum Beispiel die Problematik auftaucht, dass jemand zwar oberflächlich gesehen die Rolle des kontrollierenden Eltern-Ichs einnimmt, indem er sich der dazu passenden Wortwahl bedient, das aber so kraftlos macht, dass es keinerlei Wirkung zeitigt. Derjenige nimmt zwar eine Eltern-Ich-Haltung ein, aber aus dem falschen Ich-Zustand heraus, also wahrscheinlich aus dem Kind-Ich-Zustand. Man muss mit ihm in diesem Fall trainieren, wie eine solche Haltung aus dem Erwachsenen-Ich-Zustand aussehen würde, sodass sie ihre Wirkung entfalten kann.

In anderen Situationen lässt sich gelegentlich beobachten, dass jemand tatsächlich regrediert, also zurückkehrt in den echten „Kind-

Ich-Zustand". Das kann etwa geschehen, wenn Angst oder Trauer übermächtig werden, sodass das Erwachsenen-Ich völlig ausgeschaltet scheint und man die Person eigentlich gar nicht mehr allein lassen kann, sondern wie ein Kind betreuen muss, weil sie momentan nicht mehr in der Lage ist, sich selbst zu versorgen. Die Trauerreaktionen eines freien Kind-Ichs im Erwachsenen-Ich-Zustand beispielsweise sähen völlig anders aus: Auch da empfindet die Person tiefen Schmerz, aber sie kann damit umgehen.

Auch Rückfälle in eine Struktur, die dem Alter nicht entspricht, sind möglich.

Wenn man das Modell der Ich-Zustände so begreift, erscheint die Forderung Bernes sinnvoll, sich frei zu machen von Eltern-Ich- und Kind-Ich-Einflüssen. Denn es bleibt nicht einfach der blutleere „Computer-Verstand" des Erwachsenen-Ichs übrig. Vielmehr besitzt ein Erwachsener eine reife und integrierte Persönlichkeit, wenn er alle Funktionen der Ich-Zustände als Haltungen einnehmen kann – und zwar dann, wenn sie angemessen sind –, sich dabei aber losgelöst hat von automatisierten, nie in Frage gestellten Verhaltensweisen.

Dass man es auch im Coaching manchmal mit echten Regressionen zu tun haben kann, zeigt das Fallbeispiel eines hochrangigen Managers, der nach einer missglückten Präsentation von seinem Vorstand regelrecht „zusammengefaltet" wurde. Der Manager reagierte auf diesen Vorfall nicht mit dem angepassten Kind-Ich seines Erwachsenen-Ichs, sondern mit dem angepassten Kind-Ich seines Kind-Ich-Zustands. Das heißt, er befand sich strukturell in einem regredierten Zustand, saß wie ein verängstigter kleiner Junge im Coaching und fragte mit weinerlicher Stimme, was er denn jetzt nur tun solle und wie das weitergehen könne, er wisse nicht, wie er seinem Vorstand je wieder begegnen solle. Der Klient erweckte nicht den Eindruck, als säße da ein von der schwierigen Situation betroffener Mann, dessen angepasste Kind-Ich-Haltung im Erwachsenen-Ich angesprochen worden war, sondern er verhielt sich wie jemand, der wirklich den Zustand gewechselt hatte: ein kleiner Junge, der Manager spielt und völlig daran verzweifelt, wie er mit einer solchen Situation umgehen soll.

Fallbeispiel: Rückfall in eine andere Struktur.

Im konkreten Fall hat der Coach zunächst mit vielen offenen Fragen das Erwachsenen-Ich des Klienten stimuliert. Offene Fragen, also solche, auf die man mit ganzen Sätzen antworten muss – die berühmten W-Fragen: warum, wer, weshalb, wo, wie –, sind in die-

Ein Wechsel des Ich-Zustandes wird mithilfe des Erwachsenen-Ichs und des freien Kind-Ichs stimuliert.

sem Fall besonders wichtig. Hätte der Coach sich auf geschlossene Fragen beschränkt, hätte der Klient kurz mit „Ja" oder „Nein" geantwortet, um dann sofort in seinen regredierten Zustand zurückzufallen. Durch den Zwang, die Fragen ausführlich zu beantworten, bekam sein Erwachsenen-Ich wieder Energie, so konnte der Klient sich peu à peu aus dem angepassten Kind-Ich-Zustand aufrappeln. Außerdem hat der Coach auch gelegentlich sein freies Kind-Ich angesprochen und damit den Klienten zum Lachen gebracht. Durch den Wechsel aus dem angepassten ins freie Kind-Ich fiel auch die Rückkehr ins Erwachsenen-Ich leichter, denn um beispielsweise die Situationskomik zu erkennen, muss auch der Erwachsenen-Ich-Zustand aktiviert sein. In diesem Zustand wurde dem Manager in der Folge auch klar, dass er seinen Job an dieser Stelle nicht weiter machen wollte.

Das Energie-Modell der Transaktionsanalyse

Wann springen bestimmte Ich-Zustände an?

Wer sich mit den Ich-Zuständen beschäftigt, fragt sich vermutlich auch, wie es überhaupt dazu kommt, dass ein bestimmter Ich-Zustand eingenommen wird. Wieso springt in einer bestimmten Situation ein Ich-Zustand an? Die Transaktionsanalyse liefert die Erklärung mit dem *Energie-Modell*. Dieses Modell besagt, dass jeder Ich-Zustand eine eigene „Grundladung" hat, die jedoch nicht oder nicht nur von Geburt an vorgegeben ist, sondern stark von der eigenen Geschichte beeinflusst wird. Eine große Rolle spielt zum Beispiel, welche Ich-Zustände in der Kindheit erlaubt waren und welche nicht. Das Kind nimmt dadurch die erlaubten Ich-Zustände bevorzugt ein und das steigert deren Grundladung. Aber auch die Erfahrungen, die im Laufe der Zeit des Erwachsenenlebens gemacht werden, entscheiden mit darüber, welche Ich-Zustände häufig eingenommen werden und erhöhen so ihre Grundladung.

Das Energie-Modell besagt weiter, dass es für jeden der Ich-Zustände einen Schwellenwert gibt, der darüber bestimmt, ob der Ich-Zustand anspringt: Steigt die Energie über diesen Schwellenwert, wird der Ich-Zustand aktiv. Wenn die Grundladung bereits hoch ist, genügt wenig „Energiezufuhr", um diesen Ich-Zustand zu stimulieren, ist die Grundladung niedrig, kostet es einiges, um den Menschen in diesen Ich-Zustand zu bringen.

Innerer Dialog und äußere Stimulation können dazu führen, dass bestimmte Ich-Zustände eher ausgelöst werden.

Der Energie-Level eines Ich-Zustands kann auf zwei Wegen erhöht werden: entweder durch den inneren Dialog, also über die Selbstgespräche, die permanent stattfinden, oder er wird von außen stimuliert, durch die Kommunikation mit anderen. Findet zum Beispiel im häufig unbewussten, inneren Dialog eine Ermahnung statt „Das kannst du doch nicht machen!", so ist das eine Botschaft des Eltern-Ichs, die die Energie im angepassten Kind-Ich erhöht, das daraufhin aktiv wird. Ebenso funktioniert das im Gespräch mit anderen: „Könnten Sie mir bitte erklären, wie ich zum Bahnhof komme", ist eine Botschaft des einen Erwachsenen-Ichs an das andere, die meistens ausreicht, diesen Zustand auch zu aktivieren.

Für gewöhnlich nehmen Menschen den Ich-Zustand ein, der bei ihnen angesprochen wird – das macht sie empfänglich für Manipulation.

Dass Menschen für gewöhnlich dazu neigen, den Ich-Zustand einzunehmen, den man bei ihnen anspricht, kann auch für manipulative Zwecke missbraucht werden – am augenfälligsten bei den sogenannten „Drücker-Kolonnen". Da werden rührselige Geschichten erzählt, um mittels des angesprochenen fürsorglichen Eltern-Ichs Menschen dazu zu verleiten, Zeitschriften zu abonnieren oder Waren zu überteuerten Preisen zu kaufen, die angeblich aus Behinderten-Werkstätten stammen. Jemand, der über ein halbwegs funktionierendes fürsorgliches Eltern-Ich verfügt, hat es eben sehr schwer, nicht anzuspringen, wenn sein Gegenüber bewusst alle Möglichkeiten des angepassten Kind-Ichs ausspielt und sehr hilfsbedürftig auftritt. So wird oft wider besseren Wissens „geholfen" – der Ich-Zustand springt einfach an, auch wenn das Erwachsenen-Ich genau weiß, dass das nur eine Verkaufsmasche ist.

Führungskräfte lösen häufig Ich-Zustände bei ihren Mitarbeitern aus, über die sie sich dann beklagen.

Ein Beispiel, dem man im Coaching häufig begegnet, ist die Klage von Führungskräften, dass ihre Mitarbeiter zu unselbstständig sind, keine Verantwortung übernehmen, nicht mitdenken – die aber selbst als eher dominante Persönlichkeit mit einem autoritären Führungsstil auch immer nur das angepasste Kind-Ich der Mitarbeiter ansprechen und aktivieren. Das hat zur Folge, dass die Mitarbeiter lediglich genau das tun, wozu sie der Chef anweist, sich jedoch nicht aufgerufen fühlen, eigenständig zu denken und zu handeln. Im angepassten Kind-Ich finden sich schließlich weder Kreativität noch allzu viel klares Denken, sondern nur der Impuls, das abzuarbeiten, was einem aufgetragen wurde. Um zu erreichen, dass auch die Mitarbeiter unternehmerisch denken, muss ein Chef ihr Erwachsenen-Ich ansprechen. Erst dann kann er erwarten, dass sie auch eigenständige Entscheidungen treffen.

Fallbeispiel: Ein autoritärer Führungsstil, der Mitdenken einfordert, aber nur das angepasste Kind-Ich fördert.

Wie verheerend sich ein autoritärer Führungsstil auf die Eigenverantwortlichkeit von Mitarbeitern auswirken kann, zeigt das folgende Fallbeispiel. Eine mittelständische Firma war von ihrem Eigentümer so autokratisch geführt worden, dass er buchstäblich jede Entscheidung selbst getroffen hat. Außer ihm hatte keiner auch nur irgendeine Befugnis. Aus Altersgründen übergab er die Firma an einen Geschäftsführer, der aus einer gänzlich anderen Kultur kam. Der amerikanische Konzern, in dem dieser vorher tätig war, erwartete von seinen Mitarbeitern offene Kommunikation, Selbstständigkeit und Entscheidungsfähigkeit. Der neue Geschäftsführer war also daran gewöhnt, es mit lauter Erwachsenen-Ichs zu tun zu haben und übersah dabei, dass ihm lauter angepasste Kind-Ichs gegenüber saßen, die auf seine Anordnungen warteten. Gemeinsam mit einem Trainer und Coach wollte er „Führen mit Zielvereinbarungen" im Betrieb installieren. Dazu wurden Seminare veranstaltet und schließlich fand die erste Runde der Zielvereinbarungsgespräche statt.

Kurz darauf rief der Geschäftsführer den Coach um Hilfe an, denn: „Es gibt einen Aufstand in der Entwicklungsabteilung!" Der Coach sprach zunächst mit dem Entwicklungsleiter und stellte dabei fest, dass der Entwicklungsleiter drei Flipchart-Blätter voller „Jahresziele" mit dem Geschäftsführer „vereinbart" hatte. Erstaunt fragte er nach: „Ist das denn überhaupt realistisch? Ich bin ja nicht vom Fach, aber das scheint mir doch sehr viel zu sein, was Sie da in einem Jahr erreichen wollen!" „Nein", antwortete der Entwicklungsleiter sofort, „das geht auch nicht". Auf die verblüffte Frage „Warum haben Sie das denn dann überhaupt vereinbart?" antwortete der Entwicklungsleiter lapidar: „Der Geschäftsführer wollte das so." Daraufhin setzte sich der Coach mit dem Geschäftsführer zusammen, von dem er hörte: „Ich bin Kaufmann, kein Techniker. Ich habe mich auch gewundert, was technisch alles geht. Aber der Entwicklungsleiter ist ein hervorragender Mann, der auf seinem Gebiet im Moment seinesgleichen sucht, warum sollte ich ihm das also nicht zutrauen? Ich bin davon ausgegangen, dass er Nein sagt, wenn es so weit ist."

Der Geschäftsführer hatte mit dem Erwachsenen-Ich des Entwicklungsleiters gerechnet, das „Stopp" sagt, wenn die Grenze des Machbaren erreicht ist. Der Entwicklungsleiter hingegen war noch ganz in den alten Strukturen gefangen. Er glaubte, wenn der Geschäftsführer nach etwas fragt, dann müsse er es auch bringen, koste es, was es wolle – ein „Nein" war in seiner angepassten Kind-Ich-Haltung gar nicht vorgesehen. Erst die Revolte der Mitarbeiter der Entwicklungsabteilung, die ein Jahr voller 80-Stunden-Wochen auf sich zukommen sahen, brachte zutage, wie viel angepasstes Kind selbst bei leitenden Angestellten in dieser Firma noch vorhanden war.

Warum es so ist, dass zum Beispiel die Schiene „angepasstes Kind – steuerndes (oder auch fürsorgliches) Eltern-Ich" so stabil ist, dafür hat die Transaktionsanalyse ebenfalls ein Erklärungsmodell mit ihren Kommunikationsregeln.

Transaktionen – die drei Regeln der Kommunikation

Die Transaktionsanalyse bezeichnet jede „Kommunikationseinheit" zwischen mindestens zwei Menschen als *Transaktion*. Sei es verbal oder non-verbal: Alles, was sich zwischen Menschen abspielt, wird Transaktion genannt. Und mit jeder Transaktion versucht man, ob man es weiß oder nicht, im Gegenüber einen ganz bestimmten, in diesem Moment gewünschten Ich-Zustand zu aktivieren. Das gelingt mal und mal gelingt es nicht. Was da genau passiert, beschreiben die drei Regeln der Kommunikation anschaulich und einleuchtend. Mit der Kenntnis dieser drei einfachen Regeln versteht man plötzlich sehr viel besser, was sich bei einem Kommunikationsprozess eigentlich abspielt.

Jede Kommunikation zwischen Menschen – verbal wie nonverbal – ist eine Transaktion.

Parallele Transaktionen

Untersucht man die Transaktionen im Einzelnen, so ergibt sich folgendes Bild: Eine Transaktion besteht aus einem Stimulus und einer Reaktion. Der Stimulus spricht einen bestimmten Ich-Zustand an: „Könnten Sie mir bitte sagen, wie spät es ist?" Die Reaktion erfolgt aus einem bestimmten Ich-Zustand: „Es ist viertel nach elf." Das war ein Erwachsenen-Ich (das nur an Informationen interessiert ist) an ein anderes Erwachsenen-Ich. Eine solche Stimulus-Reaktions-Kombination wird *parallele Transaktion* genannt. Parallele Transaktionen finden sich immer da, wo der Stimulus erfolgreich gesetzt wurde und die angesprochene Person aus dem gewünschten Ich-Zustand reagiert hat. Oder um es mit den Worten des Energie-Modells auszudrücken: Eine parallele Transaktion entsteht da, wo es dem Sprecher gelingt, den Energie-Level im Ich-Zustand des Ange-

Bei einer parallelen Transaktion reagiert der andere in dem induzierten Ich-Zustand – und bewirkt damit eine gegenseitige Verstärkung.

sprochenen über den Schwellenwert zu heben, der nötig ist, damit dieser Ich-Zustand anspringt. Bei einer parallelen Transaktion sind immer nur zwei Ich-Zustände beteiligt, es findet kein Wechsel der Ich-Zustände statt. Zwar gibt der Stimulus Energie ab, um die Reaktion des anderen auszulösen, doch dadurch, dass dieser reagiert, kommt auch wieder Energie zurück. So entsteht ein Kreislauf der beiden Ich-Zustände, die sich gegenseitig verstärken (siehe Abb. 4).

Abb. 4: Die parallele Transaktion

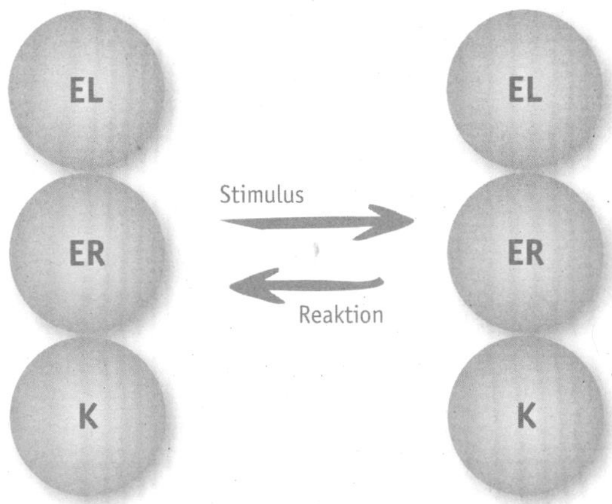

Eine Führungskraft beispielsweise, die tagaus, tagein aus dem kontrollierenden Eltern-Ich Anweisungen erteilt, stimuliert bei ihren Mitarbeitern auch ständig das angepasste Kind-Ich, denn das kontrollierende Eltern-Ich richtet sich ausschließlich an das angepasste Kind. Dadurch ist die Wahrscheinlichkeit ziemlich hoch, dass die Mitarbeiter auch tatsächlich aus diesem Ich-Zustand heraus reagieren – entweder angepasst oder, als Kehrseite der Anpassung, rebellisch – und damit ihrerseits wieder das kontrollierende Eltern-Ich ihres Vorgesetzten mit Energie versorgen. So kommt ein kontinuierlicher Energiefluss zustande, den die Transaktionsanalyse mit der **ersten Kommunikationsregel** beschreibt:

> **!** Bei parallelen Transaktionen ist die Energie im Fluss – parallele Transaktionen können endlos weitergehen.

„Energie im Fluss" bedeutet jedoch nicht, dass es sich dabei um eine unter inhaltlichen Gesichtspunkten „gute" Kommunikation handelt. Vielmehr ist damit die Tatsache beschrieben, dass die

Kommunikation nicht durch das Einnehmen eines dritten Ich-Zustands „gestört“ wird.

Gekreuzte Transaktionen

Gekreuzte Transaktionen – ein Gesprächsteilnehmer reagiert mit einem anderen Ich-Zustand, als erwartet.

Eine Störung der Kommunikation tritt immer dann ein, wenn einer der Gesprächspartner sich entscheidet, aus dem Stimulus-Reaktions-Muster auszusteigen und einen anderen als den angesprochenen Ich-Zustand zu besetzen. Wer auf die Frage „Könnten Sie mir bitte den Weg zum Bahnhof erklären?“ ein harsches „Lassen Sie mich doch in Ruhe und kaufen Sie sich einen Stadtplan“ erhält, erlebt das, was die **zweite Kommunikationsregel** so in Worte fasst:

> Bei gekreuzten Transaktionen bricht die Kommunikation zunächst einmal zusammen.

Der Stimulus richtete sich an das Erwachsenen-Ich, als Reaktion kam jedoch eine Antwort aus dem kontrollierenden Eltern-Ich, die sich an das angepasste Kind wandte (siehe Abb. 5). Die Kommunikationsschiene wurde unterbrochen. Nimmt es der Erste mit Humor und kontert lachend aus dem freien Kind „Vielen Dank für diese ausführliche Wegbeschreibung“, wird der Kommunikationsfluss wiederum unterbrochen, denn es gibt ein neues Angebot – freies Kind an freies Kind – und der Zweite hat erneut die Entscheidung, wie er darauf reagieren will.

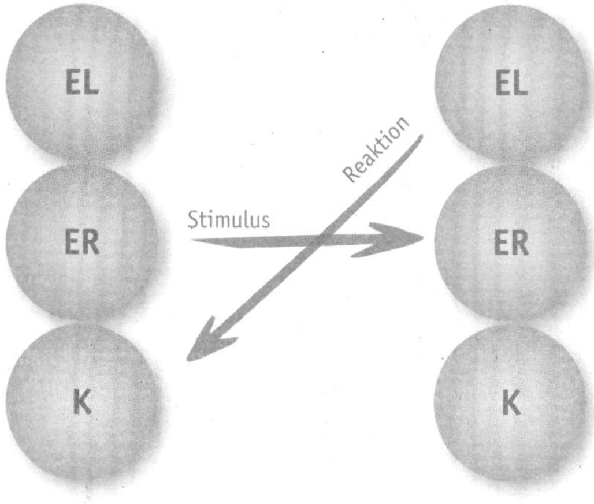

Abb. 5: Die gekreuzte Transaktion

Bei der gekreuzten Transaktion wird die angebotene Kommunikationsebene nicht angenommen und die Kommunikation dadurch kurzfristig unterbrochen.

Das Charakteristikum für gekreuzte Transaktionen ist das Vorhandensein von mehr als zwei Ich-Zuständen. Deshalb handelt es sich auch dann um eine gekreuzte Transaktion, wenn die grafische Darstellung parallel wirkt. Das ist etwa bei folgender Transaktion der Fall, wenn auf den Stimulus aus dem Erwachsenen-Ich „Kannst du mir sagen, wie spät es ist" die lachende Reaktion erfolgt „Zeit, mir einen Kaffee zu spendieren" (siehe Abb. 6). Auch hier gibt es ein zweites Kommunikationsangebot.

Abb. 6: Die gekreuzte Transaktion

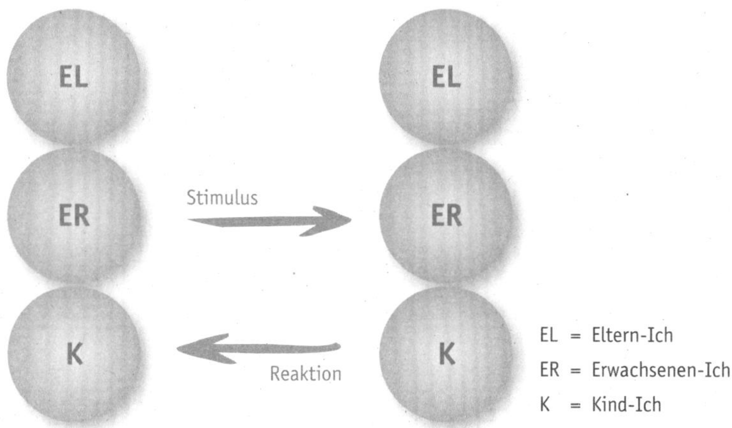

! Veränderungen in der Kommunikation gehen immer auf gekreuzte Transaktionen zurück.

Weder parallele noch gekreuzte Transaktionen sind per se gut oder schlecht.

Für gekreuzte Transaktionen gilt das Gleiche wie für parallele Transaktionen: Sie sind nicht per se gut oder schlecht. Es kommt immer auf den Kontext bzw. den Inhalt an. Im Coaching ist die Kenntnis der Kommunikationsregeln der Transaktionsanalyse deshalb von großer Bedeutung, weil man etlichen Problemen sehr schnell beikommt, sobald man dem Klienten erklären kann, was auf der Kommunikationsebene passiert.

Fallbeispiel: Mittels paralleler Transaktion eigene Anteil an einer schwierigen Situation verdeutlichen.

Nimmt man zum Beispiel den Fall eines Klienten, der darüber klagt, einen sehr dominanten Chef zu haben, der selbst aber auch immerzu in der Position des angepassten Kindes bleibt, so kann man ihm mithilfe der ersten Kommunikationsregel schnell aufzeigen, was sein eigener Anteil an der Situation ist. Es finden stabile parallele Transaktionen statt – vom steuernden Eltern-Ich zum angepassten Kind und zurück – und dadurch erhält das steuernde Eltern-Ich des Chefs auch permanent neue Energie. Und wenn jemand bereits eine hohe Grundladung eines Ich-Zustands besitzt, gehört sowieso nicht viel dazu, den zu aktivieren. Um diesen Kreislauf zu durchbrechen, braucht es die bewusste Entscheidung des Klienten, seinem Chef gegenüber einen anderen Ich-Zustand einzunehmen – in diesem Fall klarerweise das Erwachsenen-Ich –, um diesen zu veranlassen, seinerseits ins Erwachsenen-Ich zu wechseln.

Fallbeispiel: Mittels gekreuzter Transaktion aus einer problematischen parallelen Transaktion ausbrechen.

Im Coaching kann man üben, wie ein solcher bewusster Wechsel des Ich-Zustands gelingen kann. In einem konkreten Fall erlebte ein Bereichsleiter eine drastische Veränderung, die allein durch das Einnehmen eines anderen Ich-Zustands ausgelöst wurde. Der Vorstandsvorsitzende seiner Firma, der für sein herrisches Auftreten berüchtigt war, schlug ihm gegenüber einen völlig anderen Ton an, nachdem der Klient dazu übergegangen war, in der ganz alltäglichen Arbeit konsequent im Erwachsenen-Ich zu bleiben. Dadurch gab es zwei Kommunikationsangebote: zum einen das Angebot des Vorstandsvorsitzenden, also die Schiene „kontrollierendes Eltern-Ich – angepasstes Kind", und zum anderen das Angebot des Bereichsleiters „Erwachsenen-Ich – Erwachsenen-Ich". Da der Bereichsleiter den angebotenen Ich-Zustand verweigerte, hätte der Vorstandsvorsitzende massiv eskalieren müssen, um ihn doch noch ins angepasste Kind zu drängen. Doch warum hätte er das tun sollen? Das wäre der Situation völlig unangemessen gewesen, also wechselte er ebenfalls ins Erwachsenen-Ich, denn das erhielt in dieser Kommunikation deutlich mehr Energie. Der Umgangston und die Gesprächsatmosphäre – und damit auch die Zusammenarbeit zwischen beiden – verbesserten sich dadurch sehr.

> Der Wechsel des Ich-Zustands bewirkt immer auch etwas beim Gesprächspartner.

!

Das ist der springende Punkt, den zu erklären im Coaching immer wieder von Bedeutung ist: Welchen Ich-Zustand man einnimmt, ist nicht nur für einen selbst wichtig, sondern er löst immer auch im Gegenüber etwas aus. Durch einen Wechsel des Ich-Zustands verändert sich die gesamte Kommunikation. Das bedeutet, dass man nicht hilfreiche parallele Transaktionen bewusst durchkreuzen muss, auch wenn das einen Extra-Aufwand an Energie kostet. Ob man eine Kommunikation wie im obigen Beispiel, die vom kontrollierenden Eltern-Ich ans angepasste Kind geht, aus dem Erwachsenen-Ich durchkreuzt oder aus dem freien Kind, ist gleichgültig bzw. nur von der Situation und den eigenen Fähigkeiten abhängig. Wichtig ist allein, dass der Energiefluss unterbrochen wird, sodass es zu einem kurzfristigen Bruch in der Kommunikation kommt. Hinter diesem Bruch steckt ja immer auch die Frage: Wer lässt sich auf wen ein? Wer hat die höhere Energie in seinem Ich-Zustand? Was natürlich auch heißt, dass man so viel Durchhaltevermögen aufbringen muss, selbst ein paar Mal hintereinander zum Beispiel aus dem Erwachsenen-Ich zu kreuzen, bis der andere bereit ist, ebenfalls ins Erwachsenen-Ich zu wechseln.

Es braucht Energie, um eine parallele Transaktion durch einen Wechsel des eigenen Ich-Zustandes zu verändern.

Ein Coach muss zum richtigen Zeitpunkt gekreuzte Transaktionen einsetzen können, um Klienten aus ungünstigen Ich-Zuständen zu holen.

Auch für den Coach selbst ist es wichtig, zum richtigen Zeitpunkt mit einer gekreuzten Transaktion auf seinen Klienten zu antworten. Würde er zum Beispiel auf einen Klienten, der viel klagt und jammert – also ein angepasstes Kind, das an das fürsorgliche Eltern-Ich appelliert –, ausschließlich mit viel Verständnis und Mitgefühl reagieren: „Das ist ja wirklich eine sehr schwierige Situation. Ich verstehe sehr gut, dass Sie das so belastet! Wie ertragen Sie das nur!", so würde er dadurch einen Ich-Zustand, der sich nicht zur Lösungsfindung eignet, mit Energie versorgen. Denn das angepasste Kind ist, man erinnert sich, nicht kreativ. Besser für den Klienten ist es, dessen Erwachsenen-Ich und/oder sein freies Kind-Ich zu stimulieren, um mithilfe von Verstand und kreativen Einfällen Wege aus den Problemen und hin zu seiner eigenen Verantwortung zu finden. Es ist also wichtig, dass der Coach versteht, wann parallele Transaktionen überhaupt nicht sinnvoll sind und dass er sie durchkreuzen muss, indem er nicht aus dem erwarteten Ich-Zustand reagiert.

Fallbeispiel: Wann es sinnvoll ist, die angebotene Transaktionsebene gleich zu Beginn zu durchkreuzen.

Manchmal erfordert es die Situation, schon gleich zu Beginn eines Coachings die angebotene Transaktionsschiene zu kreuzen, wie das Beispiel des Coachs zeigt, der einen ersten Termin zum Kennenlernen beim Chef eines großen Autohauses wahrnahm. Er war zu diesem

Zweck mit seinem Auto, das zur Konkurrenzmarke gehörte, in den Hof des Firmengebäudes gefahren und hatte es dort geparkt. Ganz offenbar hatte der Chef des Autohauses ihn dabei beobachtet, denn er begrüßte den Coach mit den Worten: „Jetzt haben Sie aber schon gleich Negativ-Punkte gemacht. Sie kommen mit der falschen Marke angefahren und stellen das Auto auch noch mitten auf den Hof!" – eindeutig kontrollierendes Eltern-Ich an das angepasste Kind-Ich. Der Coach ging auf dieses Angebot aber gar nicht erst ein, sondern reagierte auf der Ebene des freien Kindes, indem er lachend antwortete: „Na und? Ihre Autos brauchen sich doch neben meinem nicht zu verstecken!" Daraufhin musste der Klient lachen, reagierte also ebenfalls mit dem freien Kind. Hätte der Coach mit einer Entschuldigung aus dem angepassten Kind geantwortet: „Es tut mir leid, das nächste Mal stelle ich mein Auto woanders hin!", hätte sich gleich zu Beginn eine gänzlich andere Kommunikation etabliert – und zwar eine, die für ein Coaching ganz und gar nicht hilfreich gewesen wäre. Wenn der Coach im angepassten Kind-Ich ist und der Klient steuert, kann Coaching nicht funktionieren, denn wie soll der Coach so je Bedeutsamkeit für den Klienten erlangen?

Coaching kann nicht funktionieren, wenn der Coach den Zustand des angepassten Kind-Ichs annimmt.

Verdeckte Transaktionen

Da Kommunikation ein komplexes Geschehen ist, das sich nicht allein auf einer Ebene abspielt, gibt es eine weitere Form von Transaktionen. Sie vermittelt sich jedoch nicht durch den Wortsinn, sondern durch den Kontext, durch Untertöne, durch begleitende Mimik oder Gestik: Das sind die *verdeckten Transaktionen*. Dabei handelt es sich um eine Kommunikation, bei der es gleichzeitig zwei Ebenen gibt: die des gesprochenen Wortes und die der eigentlichen Bedeutung (siehe Abb. 7). Trotz der ominösen Bezeichnung – „verdeckte Transaktionen" klingt schon fast nach kriminellen Machenschaften – ist auch dieser Begriff nicht als Wertung zu verstehen. Verdeckte Transaktionen können zwar Ärger machen, dazu mehr im Kapitel über Psychologische Spiele (siehe S. 199 ff.), aber sie sind auch ein unverzichtbarer Teil unserer alltäglichen Kommunikation. Verdeckte Transaktionen machen es nämlich zum Beispiel möglich, dem anderen etwas durch die Blume mitzuteilen, was offen ausgesprochen sofort zu einem Konflikt führen würde. Gerade in stark hierar-

Verdeckte Transaktionen können das Äußern von Kritik oder von Anordnungen abfedern.

Abb. 7: Die verdeckte Transaktion

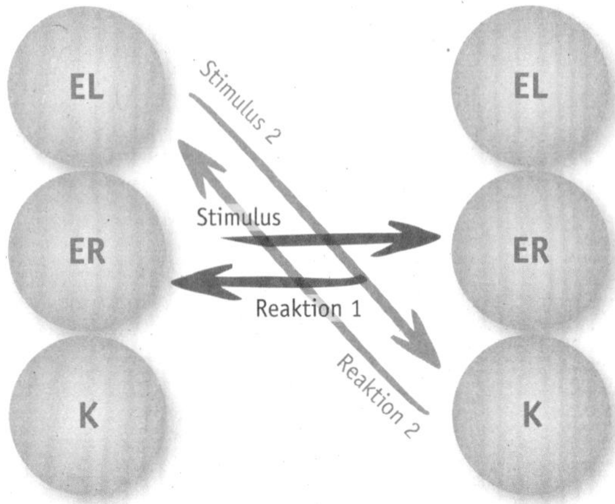

chischen Beziehungen sind sie oft die beste, wenn nicht sogar einzige Möglichkeit, Kritik zu äußern – ob sie auch ankommt, ist eine andere Frage. Verdeckte Transaktionen haben aber auch den Vorteil, dass sie der eigenen Dominanz etwas von ihrer Strenge nehmen. Die höfliche Frage eines Vorgesetzten „Hätten Sie vielleicht gerade einen Moment Zeit für mich?" wird wohl von den meisten Mitarbeitern als angenehmer empfunden als ein knappes „In mein Büro, sofort!". Die Botschaft „Ich möchte mit Ihnen sprechen, und zwar am liebsten gleich" wird trotzdem verstanden. Und das erklärt die **dritte Kommunikationsregel** so:

> **!** Bei verdeckten Transaktionen ist immer die verdeckte Ebene die entscheidende.

Die verdeckte Transaktion kann negiert werden – wenn man sie direkt anspricht.

Dass verdeckte Transaktionen so schwer zu fassen sind, erschwert manchmal den Umgang mit ihnen, denn bei Konfrontationen kann man sich immer auf die Wortbedeutung zurückziehen. Wenn ein Chef mit seiner Uhr an der Tür steht und den Azubi mit drohendem Unterton fragt „Wissen Sie eigentlich, wie spät es ist?", meint er tatsächlich: „Sie kommen schon wieder zu spät und das ärgert mich!" Und wenn der Azubi maulend antwortet „Ja, ich weiß, viertel nach acht", so meint er eigentlich: „Nun regen Sie sich doch wegen der Viertelstunde nicht so auf, Sie Erbsenzähler!" Aber selbst wenn der Chef, dem die wahre Bedeutung der vermeintlichen Erwachsenen-Ich-Erwiderung natürlich nicht verborgen bleibt, dann antwortet „Nun werden Sie nicht auch noch patzig", kann sich der Azubi unschuldig geben: „Sie haben doch gefragt, ob ich weiß, wie spät es ist."

Verdeckte Transaktionen können Konflikte erst richtig anheizen.

Botschaften der verdeckten Ebene kommen nur dann nicht an, wenn das Gegenüber die verdeckte Ebene nicht erfasst, was ja gelegentlich passieren kann. Doch für gewöhnlich wissen Menschen sehr genau, was der andere einem eigentlich mitteilen will, insbesondere wenn sie sich kennen. Konflikte lassen sich sehr gut mittels der verdeckten Ebene anheizen und da Menschen so prompt auf sie reagieren, werden sie dadurch auch leicht manipulierbar. Gerade ehrgeizige und erfolgreiche Menschen lassen sich zum Beispiel schnell verleiten, das Erwachsenen-Ich zu verlassen und in eine Verteidigungshaltung zu gehen, die aus dem angepassten Kind kommt, sobald verdeckte Zweifel an ihrer Kompetenz geäußert werden. Sofern sich im Coaching herausstellt, dass der Klient damit zu kämpfen hat, dass ihm immer wieder verdeckte Botschaften untergejubelt werden, kann der Coach erklären, welche zwei guten Möglichkeiten es gibt, mit verdeckten Botschaften umzugehen.

Wie der Klient lernen kann, mit verdeckten Botschaften umzugehen:

1. Die verdeckte Ebene ignorieren und nur auf die Inhaltsebene reagieren.

Die erste Möglichkeit besteht darin, die dritte Kommunikationsregel quasi außer Kraft zu setzen und konsequent bei der Inhaltsebene zu bleiben. Bei standhafter Weigerung, auf die verdeckte Ebene zu reagieren, wird es der andere für gewöhnlich irgendwann leid: Er muss entweder dazu übergehen, in klaren Worten zu sagen, was er will – dann können sich die Gesprächspartner auch offen auseinandersetzen – oder er muss kneifen.

2. Die verdeckte Ebene ansprechen.

Die zweite Möglichkeit ist, selbst die verdeckte Ebene offenzulegen und auszusprechen, was der andere wohl meint: „Heißt das, was Sie gerade äußerten, dass Sie mir die Aufgabe nicht zutrauen?" Falls es sich nicht doch um ein Missverständnis handelt, was ja vorkommen kann, muss der andere in diesem Augenblick entweder Farbe bekennen oder einen Rückzieher machen. Manchmal entsteht daraus ein schon längst fälliges Beziehungsklärungsgespräch, in dem die Probleme zwischen Vorgesetztem und Mitarbeiter oder zwischen Kollegen endlich auf der Erwachsenen-Ebene besprochen werden.

Den Klienten auf seine eigenen verdeckten Botschaften aufmerksam machen und an offener Kommunikation arbeiten.

Wenn der Coach feststellt, dass es sein Klient ist, der häufig mit verdeckten Botschaften kommuniziert und der deshalb Schwierigkeiten mit seinen Mitarbeitern und vielleicht auch Kollegen hat, wird er das im Coaching zum Thema machen. Er wird ihm detailliert Rückmeldung darüber geben, wann und wie er auf der verdeckten Ebene agiert. Der Coach kann mit ihm trainieren, wie er zum Beispiel ein klares und deutliches Feedback geben kann, ohne verletzend zu sein. Wenn jemand versucht, eine Kritik durch die Blume mitzuteilen, steckt ja oft die Angst dahinter, dass er den anderen durch klare Worte verletzen könnte. Der Klient kann im Coaching lernen, ein Feedback auf der Erwachsenen-Ebene zu geben, das nur ein Verhalten kritisiert und nicht die Person angreift.

Der erste Schritt dabei ist, eine konkrete Sachverhalts- oder Verhaltensbeschreibung zu geben. Das bedeutet, ohne zu werten einfach nur zu beschreiben, was genau passiert ist, sodass der andere genau weiß, worum es geht. Also etwa: „Sie haben in den letzten beiden Wochen dreimal einen vereinbarten Termin nicht eingehalten." Im zweiten Schritt wird beschrieben, welche Auswirkungen dieses Verhalten hatte: „Aus diesem Grund musste ich Überstunden machen, um eine der Angelegenheiten noch rechtzeitig zu regeln. Im anderen Fall ging das nicht mehr, weshalb wir jetzt ein sehr verärgerten Kunden haben. Bei mir hat das die zusätzliche Auswirkung, dass ich langsam das Vertrauen in Ihre Zuverlässigkeit verliere." Um es nicht bei Beschreibung und Vorwurf zu belassen, wird in einem dritten Schritt besprochen, was jetzt das Ziel dieses Gesprächs sein soll: „Ich möchte, dass Sie mir jetzt einen verbindlichen Abgabetermin nennen. Außerdem möchte ich generell über die Art unserer Zusammenarbeit sprechen."

Ein Feedback, das so aufgebaut ist, lässt den Angesprochenen nicht im Unklaren darüber, um was es geht. Es kann auch durchaus hart in der Sache sein, ist aber nicht verletzend, weil durch den Verzicht auf Du-Botschaften keine Werturteile über Person und Charakter des Kritisierten abgegeben werden, sondern mit Ich-Botschaften vermittelt wird, was dessen Verhalten bei einem selbst ausgelöst hat. Wenn der Klient ein oder zwei Mal im Coaching geübt hat, sein Feedback so aufzubauen, beherrscht er es auch im Alltag.

Manchmal versucht ein Klient, verdeckte Transaktionen im Coaching für sich selbst zu nutzen. Etwa wenn er den Coach auf der

Als Coach auf verdeckte Transaktionen des Klienten reagieren.

verdeckten Ebene animieren möchte, eine Angelegenheit für ihn zu regeln: „Sie kennen meinen Chef ja auch sehr gut. Es ist eigentlich schade, dass ihm niemand mal sagt, was es mit der Angelegenheit XY wirklich auf sich hatte. Aber das müsste natürlich jemand machen, dem er auch glaubt!“ Da es nicht die Aufgabe des Coachs ist, für den Klienten heiße Eisen aus dem Feuer zu holen, wird er sich hüten, solche Aufträge anzunehmen. Aber auch er hat natürlich die beiden Möglichkeiten, die verdeckte Botschaft entweder offenzulegen oder sie zu ignorieren. Das wird er von Fall zu Fall entscheiden. Wenn er sie aufdeckt, kann er das in Form einer Frage machen: „Ich verstehe Ihre Aussage jetzt so, dass ich Folgendes tun soll: ... Ist das richtig?“ Wenn er sie ignoriert, zwingt das den anderen, sein Anliegen entweder fallen zu lassen oder es doch offen auszusprechen, was dem Coach die Möglichkeit gibt, auf der Erwachsenen-Ebene damit umzugehen.

Tangentiale Transaktionen

Es gibt noch eine weitere Form von Transaktionen, bei der es nicht wie bei den anderen um die beteiligten Ich-Zustände, sondern tatsächlich nur um den Inhalt geht – das ist die sogenannte tangentiale Transaktion.

Bei tangentialen Transaktionen weicht der Gesprächspartner dem Thema aus.

Wie eine Tangente, die einen Kreis nur an einem Punkt berührt, streift die tangentiale Transaktion das eigentliche Thema am äußersten Rand, um dann ganz schnell von ihm weg zu führen (siehe Abb. 8). Je unangenehmer dem Gesprächspartner das eigentliche Thema ist oder je schwieriger das Beantworten einer Frage, desto größer ist die Wahrscheinlichkeit für das Auftreten von tangentialen Transaktionen.

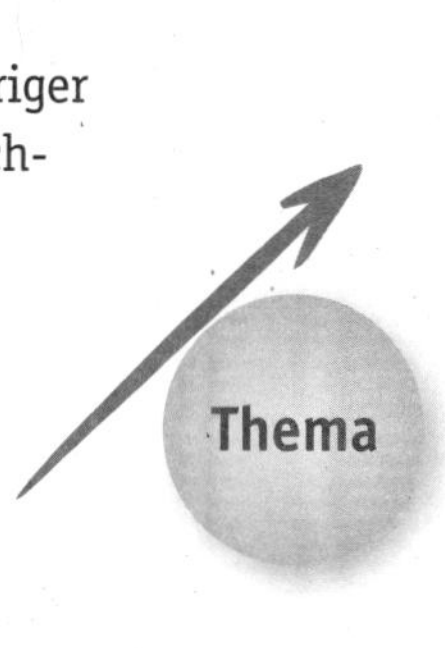

Abb. 8: Die tangentiale Transaktion

Wenn der Coach zum Beispiel fragt: „Wie haben Sie sich denn bei diesem Ereignis gefühlt?“ und der Klient antwortet „Na ja, ich dachte, jetzt muss ich dringend etwas unternehmen!“, so hat der Klient tangential kommuniziert. Die Antwort hat zwar schon noch etwas mit der Situation zu tun, um die es geht, trifft aber nicht den Kern dessen, was der Coach eigentlich wissen wollte – denn Denken ist etwas ganz anderes als Fühlen.

Menschen, die wenig Zugang zu ihren Gefühlen haben oder die sich scheuen, über ihre Gefühle zu sprechen, weichen bei entsprechenden Fragen gern auf das Denken aus. Und es kann durchaus passieren, dass ein und dieselbe Frage mehrfach gestellt werden muss, bis eine Antwort erhalten wird, die sich nicht um das eigentliche Thema drückt: „Aha, Sie dachten, Sie müssen dringend etwas tun. Und als Sie das dachten, was haben Sie dabei gefühlt?" „Ich dachte, ich habe die Situation nicht im Griff." „Und als Sie glaubten, die Situation nicht im Griff zu haben, wie hat sich das angefühlt?" Wenn der Coach merkt, dass jemand solche Schwierigkeiten hat, auf die Gefühlsebene zu kommen, wird er überprüfen, ob es nicht Teil des Problems des Klienten ist, dass er kaum Kontakt zu seinen Gefühlen hat, oftmals vielleicht gar nicht spürt, was mit ihm selbst los ist, und dann von sich selbst überrascht ist, wenn es etwa zu „unvorhersehbaren" Gefühlsausbrüchen kommt.

! Tangentiale Transaktionen weisen auf einen „heißen Punkt" hin.

Bei tangentialen Transaktionen des Klienten muss der Coach hartnäckig bleiben.

Ganz gleichgültig, weshalb es zu tangentialen Transaktionen kommt – wenn der Coach merkt, dass sein Klient tangential kommuniziert, weiß er, dass er eine empfindliche Stelle getroffen hat. Er hat offenbar ein wichtiges Thema angeschnitten, von dem er sich nicht ablenken lassen sollte, auch wenn der Klient mit seinen Antworten vermeiden will, näher darauf einzugehen. Die tangentiale Transaktion ist eine Resonanz, die der Coach mit seinen Fragen beim Klienten auslöst, die zwar für ihn unangenehm, für das Coaching selbst aber bedeutsam ist. Der Coach hat also allen Grund, dankbar zu sein für tangentiale Transaktionen, denn sie fungieren als Wegweiser zu den heißen Eisen, deren Erledigung den Erfolg des Coachings ausmacht. Statt sich zu ärgern, dass er keine befriedigende Antwort erhält, wird der Coach lieber mehrfach geduldig die gleiche Frage stellen. Und wenn er auf wiederholtes Nachfragen immer noch keine wirkliche Antwort erhalten hat, wird er schließlich auf Fragen zum Prozess überwechseln: „Bitte, erklären Sie mir doch, was so schwierig an dieser Frage ist? Wir haben jetzt vier Anläufe genommen, aber eine echte Antwort auf die Frage war nicht dabei. Worin besteht das Problem?"

Die „Blumen-Strategie": Ausflüchte immer wieder zum Ursprungsthema zurückführen.

Tangentiae Transaktionen können auch zum Inhalt des Coachings werden, etwa weil der Klient einen Mitarbeiter hat, der so genial tangential kommuniziert, dass er für seinen Chef nicht zu fassen ist. Bei Konfrontationen zum Beispiel oder heiklen Nachfragen schafft der Mitarbeiter es immer wieder, seinen Chef zu Nebenschauplätzen zu führen, die für ihn keine Bedrohung darstellen. Dank dieser Ablenkungsmanöver zieht er immer wieder seinen Kopf aus der Schlinge. In einem solchen Fall ist es für den Klienten hilfreich, ihm zu erklären, wie tangentiale Transaktionen funktionieren. Der Coach kann mit ihm die Gegenstrategie üben, die Ulrich Dehner „Blumen-Strategie" genannt hat, weil jede Tangente, die der Gesprächspartner an den Kreis – also das eigentliche Thema – anlegt, freundlich, aber bestimmt zu diesem Kreis zurückgeführt wird, wodurch letztlich ein vielblättriges Blümchen entsteht (siehe Abb. 9).

Abb. 9: Die Blumen-Strategie

Wer dieses Bild vor Augen hat, kann sich in der entsprechenden Situation leicht daran erinnern, wie er sich verhalten wollte, und kann entweder verbindlich oder, wenn nötig, auch härter im Ton bei dem bleiben, um das es ihm eigentlich geht. Im Coaching kann die ganze Bandbreite möglicher Verhaltensalternativen trainiert werden, sodass die Führungskraft in der realen Situation die Wahl hat, wie sie mit den tangentialen Transaktionen umgehen will.

Die Prozessgestaltung unter Berücksichtigung der Ich-Zustände und der Transaktionen

Um dem Klienten offen begegnen zu können, hilft es dem Coach, zwischen dessen Verhaltensweisen und Absichten zu trennen.

Am Beginn eines jeden Coaching-Prozesses steht die Beziehung zwischen Klient und Coach. Unter dem Aspekt der Transaktionen betrachtet, sind für die Beziehungsgestaltung die verdeckten Transaktionen wichtig: Auf der verdeckten Ebene macht der Coach dem Klienten immer wieder seine Wertschätzung und sein Verständnis deutlich. Deshalb kann ein Coaching nicht erfolgreich sein, wenn Klient und Coach sich nicht riechen können. Ein Klient, der den Coach ablehnt, kommt einfach nicht wieder, und ein Coach, der den Klienten innerlich ablehnt, wird das auf der verdeckten Ebene auch immer wieder kommunizieren, ob er nun will oder nicht. Da es für gewöhnlich die Verhaltensweisen sind, die man an anderen Menschen ablehnt, ist es für einen Coach hilfreich, wenn er gelernt hat, zwischen *Verhaltensweisen* und den dahinterliegenden *Absichten* zu trennen. Dann kann er nämlich akzeptieren, dass zwar die Verhaltensweisen, die der Klient an den Tag legt, wenig schätzenswert sein mögen, dass dahinter aber etwas liegt, das er anerkennen oder wofür er Verständnis aufbringen kann. So kann er sich seine innere Offenheit für den Klienten bewahren und trotz der Vorbehalte gegen bestimmte Verhaltensweisen eine gute Beziehung zu ihm aufbauen.

Abb. 10: Drei Ebenen der Kommunikation

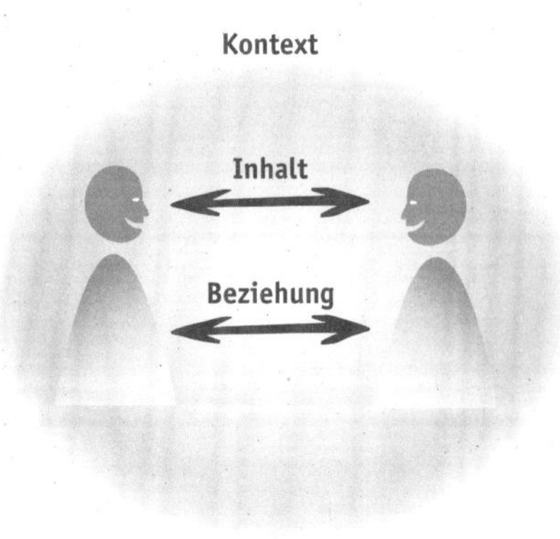

Jede Kommunikation spielt sich auf drei unterschiedlichen Ebenen ab: der Beziehungsebene, der Inhaltsebene und der Kontextebene (siehe Abb. 10).

Da die Beziehungsebene die wichtigste Ebene in jeder Kommunikation ist, wird sie auch als die Prozess-Ebene bezeichnet, denn sie gestaltet die kommunikativen Prozesse. Zu Beginn und während des Coachings wird sich der Coach immer wieder fragen: „Was sind die Inhalte und Ziele dieses Coachings, wie muss ich den entsprechenden Prozess gestalten und welche Ich-Zustände sind dafür erforderlich?" Grundsätzlich gilt, dass der Prozess, also das, was sich während des Coachings zwischen Klient und Coach an Kommunikation abspielt, zum inhaltlichen Thema passen muss. Daher darf der Coach mit seiner Aufmerksamkeit niemals ausschließlich beim inhaltlichen Aspekt der Probleme des Klienten verweilen.

Die Beziehungsebene ist die wichtigste Ebene der Kommunikation.

> Nur wenn die Beziehungsebene in Ordnung ist, ist man in der Lage, auch inhaltlich gut zu kommunizieren.

!

Ist die Beziehungsebene gestört, ist manchmal selbst das Klären von Kleinigkeiten ein Ding der Unmöglichkeit. Stimmt die Beziehung, können hingegen selbst schwierigste Inhalte sachlich und für beide Seiten zufriedenstellend verhandelt werden. Die Beziehung bestimmt den Geist und somit das Ergebnis der Kommunikation. Dabei bedeutet „gute Beziehung" selbstverständlich nicht, dass man sich bei jeder Gelegenheit um den Hals fällt. Eine gute Beziehung auf der Kommunikationsebene heißt, dass die Beziehung nicht an Störungen leidet, wie sie Ablehnung, Misstrauen, Über- oder Unterlegenheitsgefühle verursachen, sondern dass man – zumindest in diesem Moment – den anderen als gleichwertigen Gesprächspartner akzeptiert. Und weil die Beziehung das bestimmende Element ist, geraten selbst harmlose Diskussionen manchmal höchst emotional: Es geht gar nicht um die Sache, sondern darum, dass man sich dominiert fühlt, abgewertet oder abgelehnt. Nur wenn die Beziehung in Ordnung ist, kann man tatsächlich auf die inhaltlichen Aspekte der Kommunikation reagieren.

Eine gute Beziehung auf Kommunikationsebene heißt: Den anderen als gleichwertigen Gesprächspartner zu akzeptieren.

> Ist die Beziehung gestört, reagiert man nicht auf die sachliche Aussage, sondern auf die vermeintliche oder tatsächliche Beziehungsaussage dahinter – Beziehung geht vor Inhalt!

!

Auch das Coaching kann nur funktionieren, wenn die Beziehung in Ordnung ist. Der Coach braucht daher auch und gerade in einer von sachlichen Themen dominierten Beziehung, wie es ein Coaching gemeinhin darstellt, nicht nur sein Erwachsenen-Ich, sondern auch die beiden anderen Ich-Zustände.

Für den Coach besteht die Gefahr, zu sehr ins Erwachsenen-Ich zu rutschen.

Zu Beginn eines Coachings müssen zunächst viele Fragen gestellt werden, weil der Coach möglichst viele Informationen über die Situation des Klienten gewinnen will: über die Rahmenbedingungen, unter denen er arbeitet, auch über die Positionen, die die Beteiligten im Problem oder im Konflikt einnehmen, und was sonst noch wichtig erscheint. Dadurch besteht aber die Gefahr, dass der Coach mehr und mehr ins Erwachsenen-Ich rutscht, denn das ist nun einmal der Ich-Zustand, der für die Informationsbeschaffung zuständig ist und mit dem all diese Sachverhalte logisch verarbeitet werden. Dadurch entsteht das Risiko, dass die Gesprächsführung durch die vielen Fragen leicht die Qualität eines Verhörs erhält und die Beziehungsgestaltung auf der Strecke bleibt. Selbst wenn es dem Coach gelungen ist, zunächst eine nette Beziehung durch die ersten Transaktionen bei der freundlichen Begrüßung herzustellen, setzt er diese Beziehung aufs Spiel, wenn er längere Zeit ausschließlich im Erwachsenen-Ich bleibt. Denn wenn man nur im Erwachsenen-Ich kommuniziert, wird die Beziehung neutral, flach und langweilig.

Wenn der Coach nur Fragen stellt und Fakten sammelt, kann das die Beziehungsebene verschlechtern. Er muss auch andere Ich-Zustände zeigen.

Gerade bei Coachs mit noch wenig Erfahrung lässt sich beobachten, dass sie aus lauter Sorge, wichtige Informationen zu versäumen, zum Schluss nur noch Fragen stellen – kein Wunder, dass der Klient sich dann eher „ausgefragt" als verstanden fühlt. Um dem Klienten das Gefühl zu geben, dass ihm jemand gegenübersitzt, der ihn versteht, muss der Coach auch fürsorgliches Eltern-Ich oder Kind-Ich zeigen. Das müssen keineswegs große Kommunikationseinheiten sein, die er in diesen Ich-Zuständen verbringt, aber gelegentlich eine mitfühlende oder eine auflockernde humorvolle Bemerkung zu machen, gestaltet für beide das Gespräch angenehmer.

Wenn der Klient zum Beispiel eine wirklich schwierige Situation zu bewältigen hat und der Coach wie unbeteiligt einfach nur die Fakten abfragt, die, weil sie komplex sind, zu immer mehr Fragen führen, wird sich der Klient nicht wohlfühlen, sondern ausgequetscht, womöglich sogar kritisiert. Man kennt das aus der eigenen Vergangenheit: Wie Eltern oder Lehrer einen als Kind in schwierigen Situationen mit kritischen Fragen unter Druck gesetzt haben. Fragen, die leicht einen Unterton hatten von „Was hast du alles falsch gemacht? Welchen Bock hast du jetzt wieder geschossen?". Viel besser ist es in einer solchen Situation, auch einmal sein Verständnis und seine Anteilnahme zu äußern, vielleicht mit den Worten: „Da haben Sie es aber wirklich mit einem schwierigen Problem zu tun, ich beneide Sie nicht."

Wenn der Coach komplexe Sachverhalte erfragt, muss er darauf achten, dass seine Fragen beim Klienten nicht falsch ankommen, zum Beispiel als: „Ich zeige dir jetzt mal, dass du die Ursache für all die Probleme bist!" Wenn er das Erwachsenen-Ich auch einmal verlässt und seine Anteilnahme zum Ausdruck bringt, zeigt er dem Klienten damit, dass er auch emotional „mitschwingt" und nicht nur verstandesmäßig, er ist schließlich kein Coaching-Computer. Das ist keineswegs immer leicht, denn dadurch, dass der Klient zunächst über viele Fakten berichtet, stimuliert er ja auch seinerseits das Erwachsenen-Ich des Coachs. Das bedeutet, der höchste „Energie-Level" in diesem Gespräch ist im Erwachsenen-Ich und es kostet quasi eine Extra-Anstrengung, den Ich-Zustand zu wechseln. Aber genau das ist es, was bewusste, professionelle Kommunikation auszeichnet: nicht nur auf den Inhalt, sondern mit derselben Aufmerksamkeit auf den Prozess zu achten. Und in der Anfangsphase eines Coachings bedeutet das, dass der Coach noch einiges für den Aufbau der Beziehung tun muss. Je besser ihm das gelingt, desto leichter wird es dem Klienten fallen, sich zu öffnen, desto leichter wird er auch über die ihm unangenehmen Dinge sprechen, über die Fehler, die er vielleicht gemacht hat. Hat der Klient jedoch den Eindruck, dass ihm jemand gegenübersitzt, der die Haltung hat: „Nun wollen wir doch mal genau untersuchen, wo eigentlich deine Fehler dabei waren", wird er alles daran setzen, sich zu schützen und eigene Anteile am Problem zu vertuschen. Dadurch wird es natürlich auch für den Coach schwieriger zu verstehen, was eigentlich tatsächlich los ist.

Als Coach gilt es, nicht nur auf den Inhalt, sondern auch auf den Prozess, auf den Aufbau der Beziehungsebene, zu achten.

Es muss nicht ausschließlich das fürsorgliche Eltern-Ich sein, mit dem der Coach zeigt, dass er Verständnis für den Klienten hat, das kann auch aus dem freien Kind-Ich kommen. Ein Satz wie „In Ihrer

Haut wollte ich jetzt auch nicht stecken!" ist nicht fürsorglich, sondern zeigt eher Betroffenheit auf gleicher Ebene, ist jedoch ein ganz anderes Beziehungsangebot als die Fragen „Wie lange ist Ihr Chef denn schon in der Position? Was hat sich dadurch genau verändert?". Um den Grundstein für eine gute Beziehung zu legen, muss der Klient früh spüren, dass es hauptsächlich um ihn als Person geht und nicht nur um seine Funktion. Im Unternehmen wird er vermutlich ohnehin eher in seiner Funktion wahrgenommen und angesprochen, im Coaching muss unbedingt die Person angesprochen werden. Zwar geht es auch im Coaching darum, herauszufinden, wie diese Person ihre berufliche Rolle ausfüllt, der Ansprechpartner aber ist immer die Person, nicht die Rolle.

Es geht nicht um den Klienten in seiner Funktion, sondern als Person – und das muss er auch spüren.

!

Das freie Kind-Ich ist der Katalysator für das Coaching.

Wie beim Energie-Modell schon ausgeführt wurde, aktiviert der gewählte eigene Ich-Zustand auch den Ich-Zustand beim anderen. Wenn also der Coach das freie Kind-Ich ins Spiel bringt, so animiert er damit auch den Klienten, diesen Ich-Zustand einzunehmen. Da das freie Kind-Ich der Sitz unserer wesentlichen Emotionen ist, kommt man mit diesem Ich-Zustand schneller an die Gefühle heran. Es geht im Coaching sicherlich häufig um Probleme, die lediglich eine Reflexion der eigenen Rolle und der eigenen Aufgabe erfordern. Mindestens genauso häufig kommt es jedoch vor, dass man es mit Problemen zu tun hat, die letztlich emotionaler Natur sind. Wenn eine Führungskraft sich zum Beispiel überfordert fühlt, hat das Kind-Ich Angst, an der Aufgabe zu scheitern. In diesem Fall muss man auch mit diesem Kind-Ich arbeiten, dann genügt es nicht, nur auf der Erwachsenen-Ebene das Problem zu untersuchen. Will man vom Kopf in den Bauch kommen, muss man vom Erwachsenen-Ich zum Kind-Ich wechseln. Dieser Wechsel des Ich-Zustands ist wichtig zur Lösung der Probleme: Im Kopf wurde das Problem meist schon mehr als hundert Mal gewälzt, ohne dass man einer Lösung näher gekommen wäre – weil dabei die ganze Gefühlswelt außer Acht gelassen wurde.

Das freie Kind-Ich herauszulocken, hilft, an Emotionen heranzukommen.

Wenn man aus einer Kommunikation, die klarerweise überwiegend im Erwachsenen-Ich stattfindet, immer wieder auch ins freie Kind

Das freie Kind-Ich verhilft zu neuen Perspektiven – und zur Lösung von Problemen.

wechselt, wird es leichter, neue Blickwinkel auf das Problem einzunehmen. *„Um ein Problem zu lösen, muss man sich erst einmal vom Problem lösen"* – und einen Schritt weiter weg vom Problem ist man, wenn man mithilfe des freien Kind-Ichs vielleicht auch einmal über sich selbst lachen kann und nicht nur im Drama der Situation gefangen ist. Das freie Kind-Ich ist eigentlich eine Art Katalysator für das Coaching: Wenn es gelingt, das freie Kind-Ich des Klienten auf den Plan zu rufen, dann gelingt meist auch das Coaching. Der Klient kommt in Kontakt mit seinen Gefühlen, er muss nicht angestrengt „überlegen", wie er sich in einer bestimmten Situation gefühlt hat, sondern er kann die Situation auftauchen lassen und nachspüren, und daraus lässt sich meist schon ableiten, welcher nächste Entwicklungsschritt zu tun ist.

Fallbeispiel: Die Reaktion des Coachs auf Kind-Ich-Ebene zeigt dem Klienten eigene verdeckte Emotionen auf.

So war es zum Beispiel beim Fall eines Klienten, der von seinem eigenen Chef übergangen wurde. Der Klient hat zunächst nur vom Kopf aus auf die Situation geschaut und versucht, ganz rational zu überlegen, wie er darauf hätte reagieren sollen. Das hat ihn jedoch nicht weitergebracht. Erst als der Coach seinerseits emotional reagiert hat und dem Klienten sagte „Also ganz ehrlich, wenn mir das passiert wäre, wäre ich total sauer und enttäuscht, wenn jemand so mit mir umgegangen wäre!", fand der Klient Zugang zu seinen eigenen Gefühlen und spürte, wie sehr er sich durch das Verhalten seines Chefs verletzt fühlte. Und dann wurde ihm auch klar, dass das der Grund war, weshalb er sich in letzter Zeit oft quergestellt hatte, wenn sein Chef etwas von ihm wollte, weshalb die Beziehung immer angespannter wurde. Ihm wurde klar, dass er zur Lösung der Situation ein klärendes Gespräch mit seinem Chef führen musste. Wären Coach und Klient nur auf der sachlichen Erwachsenen-Ebene geblieben, wären sie nicht an den Kern des Problems gekommen.

Das „Wie" ist immer stärker als das „Was"

Es gehört zu einem guten Coaching, die eigene Kommunikation so zu wählen, dass Prozess und Inhalt einander entsprechen. Der Coach muss deshalb immer die Meta-Ebene seiner Kommunikation mit dem Klienten im Auge behalten. *Denn die Prozess-Informationen, die der Coach dem Klienten vermittelt, wirken immer stärker als die inhaltlichen Informationen!*

!

Der Coach darf Verhalten nicht nur inhaltlich besprechen, er muss selbst als Rollenmodell dienen.

Soll ein „Kopfmensch" lernen, lockerer zu werden, freier und mitreißender, weil er in Zukunft häufiger bei Mitarbeiterveranstaltungen auftreten und dort die Leute nicht zu Tode langweilen soll, wäre es ein glatter Kunstfehler, wenn der Coach von seinem Erwachsenen-Ich her versuchte, mit dem Klienten Strategien zu erarbeiten, um mehr aus sich herauszugehen. Der Coaching-Prozess muss zu dem passen, was das Ergebnis sein soll, und das bedeutet, auch der Coach muss aus sich herausgehen und sein freies Kind laufen lassen. Der Coach ist immer, ob er will oder nicht, ein Rollenmodell. Würde er mit Leichenbittermiene und so knochentrocken, dass es staubt, zu seinem Klienten sagen „Für Sie wäre es ganz wichtig, dass Sie auch mal mit Humor auf Ihre Mitarbeiter reagieren!", wäre das Resultat vermutlich niederschmetternd.

Menschen reagieren in erster Linie auf den Prozess und erst in zweiter Linie auf den Inhalt.

Menschen reagieren bei einer solchen Diskrepanz zwischen Prozess und Inhalt (leider) nicht auf den Inhalt, auch wenn das wünschenswert wäre oder beabsichtigt ist. Sie reagieren vielmehr auf das, was sie erleben – also auf Stimme, Ausdruck und Beziehung. Jeder kennt das schließlich aus dem Alltag: Wenn ein Partner eine inhaltlich neutrale Frage stellt, aber mit einem kritischen Klang, erfolgt die Reakion für gewöhnlich nicht auf die Frage, sondern auf den Klang. Der Angesprochene fühlt sich angegriffen und verteidigt oder rechtfertigt sich, obwohl der Inhalt der Frage das nicht erfordert – ganz nach der dritten Kommunikationsregel: „Bei verdeckten Transaktionen ist immer die verdeckte Ebene die entscheidende." Erlebt der Klient den Coach ausschließlich auf der Erwachsenen-Ebene, so lautet die verdeckte Botschaft für ihn: „Das ist der angemessene Ich-Zustand, bleib dabei!" Und nach dieser unausgesprochenen Botschaft wird er sich richten.

Dass die Prozess-Information bedeutender ist als die inhaltliche, lässt sich auch an einem anderen Beispiel veranschaulichen. Wenn das Problem des Klienten darin besteht, dass er große Mühe damit hat, klare Aussagen zu treffen und bei den Feedbacks an seine Mitarbeiter auf den Punkt zu kommen, darf der Coach nicht seinerseits um den heißen Brei herumreden. Es nützt in diesem Fall gar nichts, abstrakt darüber zu sprechen, wie wichtig es ist, den Mitarbeitern ein deutliches und nachvollziehbares Feedback zu geben, seinerseits dem Klienten aber schwammige und eher unsichere Rückmeldungen über dessen Verhalten zu geben – das wäre eine kontraproduktive Prozessgestaltung. Wenn der Coach aus Angst, den Klienten zu verletzen, viele Weichmacher in seine Feedbacks einbaut und auf klare Worte verzichtet, gibt er ihm die Prozess-Information: „Es ist völlig richtig, nicht auf den Punkt zu kommen, sondern um das Thema herumzueiern." Und danach wird sich der Klient richten. Denn das Modell, das der Coach abgibt, stärkt in diesem Moment das problematische Verhalten des Klienten.

Auch in dieser Coaching-Situation wird der Coach den Prozess im Auge behalten und nicht zu vorsichtig die Feedbacks geben, sondern Klartext reden. Wäre der Coach zu zurückhaltend, vielleicht weil er den ohnehin schon Ängstlichen nicht noch mehr verunsichern will, würde beim Klienten die falsche Prozess-Information ankommen. Denn was würde er aus dem Verhalten des Coachs lernen? „Es ist richtig, sich immer mit der größten Vorsicht auszudrücken – der Coach macht das ja auch!" Ist der Coach jedoch sehr klar und direkt, kann der Klient am eigenen Leib erfahren: „Der Coach verhält sich so und es fühlt sich für mich vollkommen in Ordnung an." So kann sein Modell auf den Klienten wie eine starke innere Erlaubnis wirken und der Coach wird dadurch in das Eltern-Ich des Klienten mit eingebaut. Erkennbar wird das an Äußerungen von Klienten, die in späteren Sitzungen von ihren Erfahrungen berichten und etwa sagen „In der und jener Situation hatte ich dann wieder Ihre Stimme im Ohr ..." oder „Und da habe ich Sie innerlich sagen hören ...".

Solche Sätze zeigen, dass das Verhalten des Coachs als hilfreich empfunden wurde. Der Klient hat es bewusst in sein Eltern-Ich integriert, sodass diese innere Erlaubnis jetzt seine Entscheidungen, wie er sich verhalten will, mitsteuern kann. Es gibt nach wie vor die alte Stimme, die sagt „Das kannst du nicht machen, das ist viel zu direkt, brutal, unfreundlich" etc., und es gibt die Stimme des Coachs, die erlaubt: „Seien Sie ruhig klar, denn bei Ihnen besteht keine Gefahr, dass Sie zu brutal werden." Der Klient besitzt nun Wahlmöglichkeiten, die er vorher nicht hatte, und darum geht es ja eigentlich immer im Coaching: die Wahlmöglichkeiten zu erweitern.

Immer wieder steht für den Coach die Frage im Raum: „An welchen Inhalten arbeiten wir? Welche Ziele sollen erreicht werden?" Danach wird er sein eigenes Verhalten ausrichten, um die richtigen Prozess-Informationen zu vermitteln. Das kann so weit gehen, dass auch der bestorganisierteste Coach, der auf den perfekt getimeten und reibungslosen Tagesablauf und die fehlerfreie Vorbereitung seiner Sitzungen stolz ist, seinen Stolz hintanstellt und Kleinigkeiten „schiefgehen" lässt, wenn es darum geht, einem perfektionistischen Klienten beizubringen, dass er seine Detailversessenheit aufgeben kann. Wenn der Klient beim Coach nur Perfektion erlebt, wird er zu dessen Worten, dass kleine Fehler keinen Weltuntergang darstellen, zwar verständnisvoll nicken – wirklich überzeugen wird es ihn aber nicht. Erlebt er hingegen bei seinem Rollenmodell, dass er auch mal zwei Minuten warten muss oder erst ein Kuli gefunden werden will, der auch schreibt, macht er, ohne sich dessen bewusst zu sein, die Erfahrung, dass es auch ohne Perfektionismus geht. Ergo kann auch er sich die innere Erlaubnis geben, Fehler zu machen.

In der Coaching-Sitzung kann das gleiche Problem entstehen, das überhaupt zum Coaching geführt hat – eine gute Gelegenheit, das zu spiegeln.

Im Hinblick auf den Coaching-Prozess ist auch folgende Frage wichtig: Ist der Prozess, der vom Klienten ausgehend gerade hier und jetzt passiert, möglicherweise der gleiche, über den als Problem vor Ort berichtet wird? Klienten zum Beispiel, die ein stark ausgeprägtes Erwachsenen-Ich an den Tag legen, besitzen die Gabe, ihre Zuhörer in eine sanfte Alltagstrance zu versetzen. Es werden so viele Fakten aufgezählt, und das so emotionslos, langweilig und monoton, dass sich beim Coach eine fast nicht zu beherrschende Müdigkeit breitmacht. Er hat immer größere Mühe, noch zuzuhören und die Augen offenzuhalten. Was und vor allem wie der Klient erzählt, ist eine perfekte Trance-Induktion mit dem Ergebnis, dass der Coach nicht mehr genau weiß, was in den letzten fünf Minuten eigentlich gesagt wurde. Durch den Mangel an Power, an Energie in diesem Gespräch, gelingt dem Klienten eine bemerkenswert gute Hypnose. Spätestens wenn er spürt, wie müde er wird, sollte der Coach wieder wach werden, sich auf den Prozess besinnen und sich fragen: „Ist das etwas, was nur hier passiert? Hat das in erster Linie mit mir und der Situation zu tun, weil der Klient nun Themen anspricht, die auch mir selbst unangenehm sind, weil ich sie noch nicht gelöst habe?"

Wenn hingegen der Coach die wichtige Frage, ob seine Reaktion mit ihm selbst zu tun hat, klar verneinen kann, wird er zum nächsten Punkt übergehen: „Lässt meine Reaktion vermuten, dass es seinen Mitarbeitern ganz genauso geht? Vielleicht sitzen die ebenfalls in Besprechungen und schalten irgendwann einfach ab, weil sie erschlagen werden von der Fülle an Material, das verbal über sie ausgegossen wird. Liegt es vielleicht daran, dass die Mitarbeiter nie genau wissen, was ihr Chef eigentlich von ihnen will?" Als Coach hat man in diesem Fall eine recht gute Vorstellung davon, wie es den Mitarbeitern geht. Die erste hilfreiche Intervention besteht darin, dem Klienten genau das zu spiegeln. Denn es ist ein wichtiges Feedback für ihn, zu erfahren, wie schwer es ist, ihm zu folgen. Eine wichtige Aufgabe für den Coach besteht also darin, neben der Aufmerksamkeit für den Inhalt immer auch den gerade stattfindenden Prozess im Auge zu behalten und mithin permanent zu überprüfen, ob das Problem, über das gesprochen wird, nicht im Moment gerade auch in der Coaching-Beziehung entsteht.

Fallbeispiel: Ein Klient geht nicht auf seine Gesprächspartner ein.

Das war auch bei einem Klienten der Fall, dessen Schwierigkeiten mit seinen Mitarbeitern vor allem darin bestanden, dass er überhaupt nicht auf sie einging. Sie fühlten sich von ihm nicht wahrgenommen. Wenn sie etwas sagten, hörte er nicht richtig zu, sondern sprach am liebsten selbst. Im Coaching ließ sich ziemlich schnell feststellen, dass er genau das gleiche Verhalten an den Tag legte. Auf Bemerkungen des Coachs, die eine andere Sicht ins Spiel brachten, reagierte er überhaupt nicht, sondern nahm seinen Text wieder auf, als ob der Coach nichts gesagt hätte. Solche Prozesse sind für das Coaching hilfreich, denn das Problem kann dann direkt im Hier und Jetzt angesprochen werden, so wie der Coach das auch getan hat: „Ich verstehe die Schwierigkeiten Ihrer Mitarbeiter, denn mit mir machen Sie gerade genau das Gleiche!" Diese Rückmeldung rüttelte den Klienten auf: „Wie meinen Sie das?" Die anschließende Erklärung des Coachs, was im Gespräch passiert war, konnte der Klient sehr viel besser nachvollziehen, weil der Bezug zur Situation noch unmittelbar vorhanden war.

Ich-Zustände stärken

Wenn Ich-Zustände bei einem Klienten zu schwach ausgebildet sind oder zu selten besetzt werden, kann das in vielerlei Hinsicht zu einem Führungsproblem werden. Man stelle sich etwa eine Führungskraft vor, die zu kalt und zu nüchtern ist, alles sachlich verhandelt, aber zu keinem Scherz, zu keinem privaten Wort mit den Mitarbeitern fähig ist. Sie ist weder tyrannisch noch ungerecht, doch kann sie auch keine echte Beziehung zu ihren Mitarbeitern aufbauen. Sie ist zwar fachlich gut, aber die Mitarbeiter arbeiten nicht gern mit ihr, weil es an der Sozialkompetenz hapert. Darüber hinaus sind ihre Präsentationen viel zu nüchtern und langweilig, um irgendwen zu begeistern, weder das Team noch die Vorgesetzten. In der Terminologie der Transaktionsanalyse ein klarer Fall von zu viel Erwachsenen-Ich: Die gesamte Energie steckt im Erwachsenen-Ich, während andere Ich-Zustände, die eine gute Führungskraft ebenfalls braucht, wie etwa das fürsorgliche Eltern-Ich oder auch mal das freie Kind, nahezu leer ausgehen. Für den Coach lautet nunmehr die Aufgabe, diese Ich-Zustände unbedingt zu stärken. Deshalb wird er sich überlegen, wie er sowohl durch den Coaching-Prozess als auch durch die Wahl der geeigneten Tools dafür sorgen kann, dass diese Führungskraft die gewünschten Ich-Zustände häufiger zeigt.

Fallbeispiel: Ein übermäßig ausgeprägtes Erwachsenen-Ich.

In ungeübten Ich-Zuständen können sogar die absoluten Verhaltens-Basics fehlen.

Rollenspiele sind eine gute Möglichkeit, vernachlässigte Ich-Zustände zu aktivieren. Als Coach wird man oft feststellen, dass es Menschen, die einen Ich-Zustand selten besetzen, wirklich sehr schwerfällt, darin selbst die absoluten „Basics" zu zeigen. Sie beherrschen das nötige Vokabular nicht und scheitern manchmal schon an dem, was für andere eine Selbstverständlichkeit darstellt, zum Beispiel das kleine bisschen Smalltalk, mit dem man für gewöhnlich seine sozialen Netze knüpft. Also muss unter Umständen mit einem reinen Kopfmenschen im Rollenspiel geübt werden, wie er einen Mitarbeiter ansprechen kann, der gesundheitlich gerade angeschlagen ist. Der Coach muss manchmal fast die Worte vorgeben, wie fürsorgliches Eltern-Ich zum Ausdruck gebracht werden kann. Oder er muss mit dem Klienten erarbeiten, was es für das Arbeitsklima bedeutet, wenn er sich bedankt, wenn die Mitarbeiter eine Extra-Anstrengung erbringen.

Geht es für eine sehr sachliche, nüchterne Person darum, zu lernen, wie man andere Menschen begeistert, so wird der Coach mit ihr natürlich nicht daran arbeiten, auf welche Weise sie ihre Folien noch präziser gestalten kann. Wer begeistern will, braucht das freie Kind-Ich. Denn das freie Kind hat Lebendigkeit, Power, Kreativität, Ausstrahlung – alles Eigenschaften, die man beim Erwachsenen-Ich vergeblich sucht. Für einen Zahlenmenschen stellt das vielleicht sogar einen noch schwierigeren Lernschritt dar als der zum fürsorglichen Eltern-Ich.

Auf der Prozess-Ebene wird sich der Coach überlegen, wie er als Modell fungieren kann, um dem Klienten zu zeigen, dass er zwar ernsthaft bei der Arbeit sein kann, deswegen aber nicht notwendig immer bierernst sein muss. Wenn das Ziel des Coachings ist, dass der Klient lockerer wird, darf der Coach sich nicht darauf beschränken, tiefschürfende Gespräche zu führen. Wenn es bei diesem Coaching nie etwas zu lachen gibt, klaffen Inhalt und Prozess meilenweit auseinander. Da die Prozess-Information wichtiger ist als die inhaltliche, sollte der Coach durch sein eigenes Vorgehen demonstrieren, dass freies Kind und produktives Arbeiten sich nicht ausschließen. Auch entsprechende Hausaufgaben können dem Klienten helfen, sein eigenes freies Kind wiederzuentdecken. Zum Beispiel indem er angeregt wird, mit einem realen Kind zu spielen und dabei dem Kind die Führung zu überlassen. Oder indem der Coach ihn ermuntert, mehr mit Freunden zu unternehmen, die über viel freies Kind-Ich verfügen, und sich von ihnen anstecken zu lassen. Wenn andere Menschen ihr freies Kind zeigen, wirkt das ja meistens mitreißend – und wie eine innere Erlaubnis, der eigenen Lust an Fröhlichkeit und Ausgelassenheit nachzugeben. Zudem wird er mit dem Klienten in Rollenspielen üben, wie das aussehen könnte, wenn er seinem freien Kind Raum gibt, schließlich fehlt es ihm schlichtweg an Erfahrungen im Umgang mit diesem Ich-Zustand.

Das Üben anderer Ich-Zustände als Hausaufgabe.

Warum Rollenspiele im Coaching sinnvoll sind.

Trainingseinheiten mit Rollenspielen im Coaching durchzuführen, ist nicht für alle Coachs eine Selbstverständlichkeit. Es gibt Coachs, die das strikt ablehnen, mit der Begründung, dass Coaching und Training eben zwei Paar Stiefel seien. In dem verzweifelten Bemühen, beide gegeneinander abzugrenzen, verzichten sie auf dieses nützliche Hilfsmittel. In unseren Augen bedeutet die Tatsache, dass man im Coaching ein Verhalten trainiert, nicht, dass man kein Coaching macht, sondern dass man die Mittel ergreift, die geboten sind, um dem Klienten über seine Hürde hinweg zu helfen. Ein Fußball-Coach beschränkt sich auch nicht darauf, Feedbacks zu geben und mit den Spielern zu reflektieren, was sie falsch gemacht haben. Vielmehr wird er genau darauf Trainingseinheiten aufbauen, die ihnen helfen weiterzukommen.

Rollenspiel: Passgenaues Verhalten finden.

Im Unterschied zu einem Trainer, der eine bestimmte Methodik vermitteln will und das trainiert, bis es sitzt, geht der Coach von einer gründlichen Problemanalyse aus. Sein Ausgangspunkt ist nicht die Methodik, sondern das, was dem Klienten fehlt. Auf diese Weise wird sichergestellt, dass im Coaching immer ein Weg gefunden wird, der zum Klienten passt. Der Coach sieht also zum Beispiel, dass der Klient unter bestimmten Umständen nicht das kommunikative Handwerkszeug zur Verfügung hat, dass es bräuchte, um diese Situationen konstruktiv zu bewältigen. Etwa wenn der Klient ein schwieriges Gespräch zu führen hat, das in dieser Art neu für ihn ist, weshalb er keine Ahnung hat, wie er das anpacken soll. Im Coaching kann der Klient dann ganz pragmatisch ausprobieren, wie sein Verhalten aussehen kann, welche Wirkungen er mit unterschiedlichen Kommunikationsstilen erzielt und welche Folgen es auslöst, wenn er so oder so auftritt. Und er kann seine eigenen Worte finden, einen Kommunikationsstil entwickeln, der zu seiner Persönlichkeit passt – nur mit jetzt erweitertem Repertoire an Ich-Zuständen.

Rollenspiel: Heikle Gespräche üben.

Mit trainerischen Maßnahmen, die auf einer echten Problemanalyse fußen, kommt der Klient auf jeden Fall weiter als mit reinen Reflexionen. Heikle Gespräche, die einem Klienten bevorstehen, sollten immer vorher im Rollenspiel geübt werden, denn häufig muss am Verhalten und an der Ausdrucksweise doch noch gefeilt werden. Anschließend hat der Klient aber auch die Sicherheit, dass er bestens darauf vorbereitet ist, dieses Gespräch erfolgreich zu führen.

Rollenspiel: Als Videotraining besonders wirkungsvoll.

Das Rollenspiel zur Stärkung eines Ich-Zustands ist besonders wirkungsvoll, wenn es in Form eines Videotrainings durchgeführt wird. Dadurch erhält der Klient eine Außensicht auf sein Verhalten, so kann er selbst besser wahrnehmen, wie er auf andere wirkt. Die Außensicht ist wichtig, weil sich Verhalten für gewöhnlich von „innen" völlig anders anfühlt als von „außen". Es lässt sich im Coaching immer wieder beobachten, dass Klienten wirklich verblüfft sind, wie anders sie ihr eigenes Verhalten empfinden, wenn sie sich im Video sehen. Im Vergleich zum inneren Erleben, das sie während des Rollenspiels hatten, können sie ihr Auftreten und ihre Wirkung danach realistischer einschätzen.

Das Videotraining verhilft dem Klienten dazu, die nötige Korrektur von Außenbild und Innenbild zu schaffen. Und die braucht es, damit er weiterkommt. Wenn er sich weiterhin nur an seinem Innenbild orientierte, behielte immer das innere Eltern-Ich die Oberhand, das erklärt: „So etwas kannst du doch nicht machen, wie sieht das denn aus!" Erst durch das Ausprobieren und die Außensicht bekommt das Kind-Ich genügend Erfahrung, um dagegenhalten zu können: „Kommt doch prima an! Selbst vor unseren obersten Instanzen könnte ich so auftreten." So erschließen sich dem Klienten neue Verhaltensspielräume und Fähigkeiten, mit denen er vorher gar nicht gerechnet hätte.

Mit Extrem-Training Handlungsspielräume erweitern

Fallbeispiel: Ein zu trockener Vortragsstil aus dem Erwachsenen-Ich heraus.

Als Beispiel wird von dem Problem ausgegangen, dass der Klient seinen Vortragsstil verändern möchte, weil er bisher ganz aus dem Erwachsenen-Ich heraus langweilige Vorträge mit viel zu vielen Details über Fakten hält. In dem Fall ist es eine nützliche Intervention, ihn zu bitten, im Rollenspiel einmal einen für sein Gefühl völlig übertriebenen Auftritt hinzulegen. Der Coach fordert den Klienten auf, sehr emotional aufzutreten, seine Rede mit Superlativen zu spicken, mit raumgreifender Gestik und voller Dramatik zu agieren – also so, wie der Klient es „normalerweise" nie tun würde. Wenn der Klient das gar nicht hinbekommt, was meistens der Fall sein dürfte, führt der Coach es selbst einmal vor. Gerade bei solchen „Extrem-Trainings" ist es wichtig, dass der Coach durch sein Beispiel dem Klienten die innere Erlaubnis gibt, über seine eigenen Grenzen zu gehen.

Das erste Ergebnis, das der Klient produziert, ist praktisch immer eine leicht emotionale Rede, die von wirklicher Übertreibung ziemlich weit entfernt ist. Das aber erkennt er erst im Video. Sein unmittelbares Erleben war, dass er schon wahnsinnig aus sich herausgegangen ist, denn für ihn war es ja bereits ein Riesenschritt. Kann er aber dann „mit eigenen Augen sehen", dass sein Auftreten gar nicht so übertrieben, gar nicht so peinlich emotional war, wie er befürchtete, ist das ein Ansporn für ihn und macht ihm Mut, in weiteren Anläufen wirklich einmal etwas zu produzieren, das den Namen Übertreibung verdient. Dabei ist es wichtig, dass der Coach jeden Ansatz, jeden kleinen Schritt, der in die richtige Richtung geht, verstärkt. Bei einem Extrem-Training ist es nicht zielführend, wenn der Coach nur nach dem schaut, was noch fehlt, statt anzuerkennen, was schon zustande gebracht wurde. Denn für den Klienten ist jedes Überschreiten der inneren Grenze eine Leistung, die ihn Kraft kostet. Was für den Coach wie ein sehr kleiner Schritt aussieht, kann für den Klienten schon ein sehr großer sein.

Beim Extrem-Training ist die Ermutigung des Coachs wichtig, tatsächlich eine neue Richtung einzuschlagen.

Das „Sprengen der Grenzen" erweitert das Verhaltensspektrum.

Der Sinn dieses theatralischen Trainings besteht natürlich nicht darin, den Klienten zu ermuntern, bei der Vorstandspräsentation den Clown zu geben, sondern es geht darum, sein Verhaltensspektrum zu erweitern. Bislang war die Bandbreite der Reaktionsmöglichkeiten, die er akzeptabel fand, relativ eingeschränkt. Wenn er jedoch im geschützten Rahmen des Coachings einmal „seine Grenzen sprengt", wird er hinterher freier sein in der Wahl seiner Ausdrucksmittel.

Fallbeispiel: Fachlich gute, aber zu angepasst auftretende Führungskräfte.

Den gleichen Effekt erzielt man mit dem „Übertreibungs-Rollenspiel" bei Führungskräften, die zwar fachlich gut, aber zu angepasst und bescheiden sind. Jemand, dessen hauptsächliche Ich-Zustände Erwachsenen-Ich und angepasstes Kind sind, hat häufig Probleme mit Mitarbeitern, weil er beispielsweise im Team keine klaren Grenzen setzen kann, denn dafür bräuchte es das kontrollierende Eltern-Ich. Versuche, an die Vernunft zu appellieren (Erwachsenen-Ich) oder an das Mitgefühl – „Tun Sie es mir zuliebe!" (Kind-Ich) –, fruchten nichts bei Mitarbeitern, die ihrerseits genug kontrollierendes Eltern-Ich oder rebellisches Kind besitzen, um der Chance, sich durchzusetzen, zu widerstehen. Andere Schwierigkeiten ergeben sich häufig daraus, dass ein zu angepasster Chef keine klaren Feedbacks geben kann, sodass die Mitarbeiter sich nach einem Gespräch fragen, ob sie gerade gelobt oder getadelt worden sind.

Auch bei diesem „Extrem-Training" muss der Coach zunächst als Beispiel vorführen, was genau er von seinem Klienten sehen will. Denn jemand, der überangepasst ist, kann nicht so einfach „jemanden niedermachen" – noch nicht einmal im Rollenspiel. Es fehlen ihm dafür sowohl die Worte als auch die innere Erlaubnis. Die erhält er durch das Beispiel, sodass er sich auch traut, einmal laut zu sagen, was er bislang vielleicht höchstens gedacht hat. Also arbeitet der Coach mit diesen Führungskräften daran, ihr kontrollierendes Eltern-Ich zu entwickeln, um es effektiv und richtig einzusetzen. „Richtig" in dem Sinne, dass die Führungskraft aufhört, um den heißen Brei herumzureden, sondern mit der ihrer Rolle angemessenen Klarheit und Entschiedenheit auftreten kann, ohne die Mitarbeiter autoritär zu knebeln oder gar niederzumachen. Zwar fürchten viele der überangepassten Chefs zunächst genau das, wenn sie die Aufforderung erhalten, nun im Rollenspiel einmal maßlos zu übertreiben und den Gesprächspartner verbal fertig zu machen. Doch beim anschließenden Ansehen der Video-Aufzeichnung sehen sie selbst, dass der erste Versuch meist nicht viel mehr ist als ein leicht konfrontatives Gespräch, das man locker auch in der Realität verantworten könnte – und das selbst dann, wenn die Konfrontation deutlich gesteigert würde, noch in Ordnung wäre. Auch hier wird der Coach jeden noch so kleinen Erfolgsschritt verstärken, denn jede Konfrontation ist für einen überangepassten Menschen schon ein echter innerer Angang – er hat für sich bereits eine Grenze überschritten und das muss unterstützt werden. Nur so wird er den Mut haben, die nächsten Schritte zu machen.

Der Videomitschnitt verdeutlicht dem Klienten, wenn inneres und äußerliches Verhaltensbild einander nicht entsprechen.

Die Führungskräfte, die ihrem Innenbild nach schon quasi als Berserker auftraten, können durch die Außensicht, die ihnen das Video bietet, erkennen, was ihnen als Verhaltensalternativen noch offensteht, selbst wenn es ihrem Wertekanon widerspricht, autoritäres Führungsverhalten an den Tag zu legen. Ohne Video, nur auf der Basis von Feedback nach dem Rollenspiel, wäre dieser Erkenntnisprozess schwieriger oder unmöglich gewesen und es wäre dem Klienten schwergefallen, die Grenze, die sein inneres Empfinden „Ich trete viel zu massiv auf" darstellt, zu überwinden. Deshalb gehören Rollenspiele, und ganz besonders Rollenspiele in Bezug auf Ich-Zustände, sowie begleitende Video-Aufnahmen in einem guten Coaching zusammen. Durch die Außensicht, die der Klient auf sich selbst gewinnt, kann die nötige Korrektur des Selbstbildes zustande kommen, sodass die innere Steuerung, die davor warnt, nicht zu dominant, zu konfrontativ oder verletzend kritisch zu werden, nicht zu früh eingreift. Diese innere Steuerung wird erhalten bleiben, weder Coach noch Klient brauchen zu befürchten, dass sie verloren geht. Doch sie wird dahingehend modifiziert, dass dem Klienten mehr kontrollierendes Eltern-Ich zur Verfügung steht. Das Ziel ist selbstverständlich auch hier nicht, dass der Klient nun in der Realität den Tyrannen gibt. Doch gerade für überangepasste Menschen ist es hilfreich, wenn sie die Erfahrung machen, dass sie auch laut werden können und es „draufhaben", auf den Tisch zu hauen und Schläge unter die Gürtellinie auszuteilen. Zu wissen, dass sie es „könnten", stärkt ihr Selbstbewusstsein.

Das Egogramm

Allein die Kenntnis der Ich-Zustände bietet dem Coach schon vielfältige Möglichkeiten, sich Informationen darüber zu verschaffen, wie sein Klient denkt, fühlt und handelt, wie er mit sich und der Außenwelt kommuniziert. Noch tiefere Einblicke in die Kommunikationsmuster des Klienten bietet ein Egogramm. Das Egogramm gibt dabei ausschließlich wieder, wie die Ich-Zustände in der Kommunikation mit anderen Menschen eingesetzt werden. Wie jemand mit sich selbst umgeht, kann ein gänzlich anderes Bild ergeben und wird im Psychogramm dargestellt.

Das Aufzeichnen eines Egogramms ist ein Verfahren, das es erlaubt, in Form eines Balkendiagramms bildhaft zu machen, wie viel Energie auf welchen Ich-Zustand verwendet wird. Ein Ich-Zustand, der viel eingesetzt wird, erhält einen hohen Balken, einer, der wenig besetzt ist, einen entsprechend niedrigeren. Im Egogramm erhält jeder Ich-Zustand einen Balken, denn in jedem Menschen ist auch jeder Ich-Zustand vorhanden, wenn auch mitunter nur in kleinsten Dosen – allerdings gibt es keinen Extra-Balken für das rebellische Kind-Ich, da das mit dem angepassten Kind eine Einheit bildet (siehe Abb. 11). Auch wenn ein Ich-Zustand mit einem sehr niedrigen Balken für die Außenwelt manchmal fast nicht wahrnehmbar ist, weil er so selten gezeigt wird, wird er, entsprechend niedrig, im Egogramm visualisiert.

Abb. 11: Das Egogramm

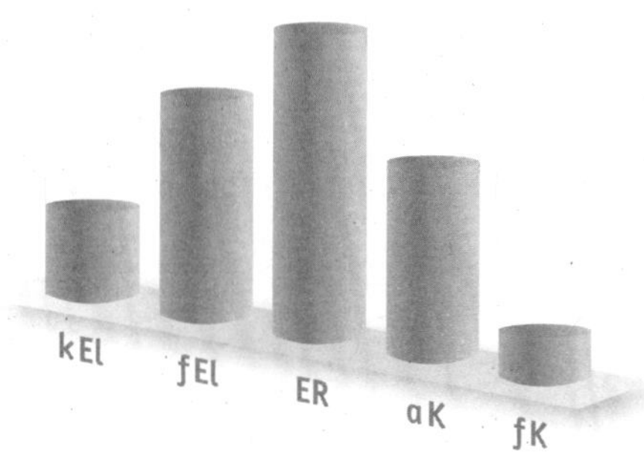

kEl = kontrollierendes Eltern-Ich
fEl = fürsorgliches Eltern-Ich
ER = Erwachsenen-Ich
aK = angepasstes Kind-Ich
fK = freies Kind-Ich

Das Erstellen eines Egogramms ist denkbar einfach. Es orientiert sich zunächst an den zwei oder drei Ich-Zuständen, die am deutlichsten ausgeprägt sind. Dafür werden die Balken aufgezeichnet. Im Verhältnis dazu

Egogramme werden intuitiv erstellt, sind aber sehr treffsicher.

werden die weniger stark gezeigten Ich-Zustände als entsprechend niedrigere Balken eingezeichnet. Es kommt nicht auf die absolute Höhe der Balken an, sondern auf ihre Relation untereinander. Ein Egogramm sollte nicht als wissenschaftliche Aufgabe betrachtet werden, bei der es noch auf die Stelle hinter dem Komma ankommt, sondern als Ausdruck des intuitiven Erfassens einer Persönlichkeit. Deshalb ist es auch besser, ein Egogramm rasch zu skizzieren, statt länger darüber zu grübeln – das Ergebnis wird überraschenderweise treffender sein. Beim Erfassen einer Persönlichkeitsstruktur ist auf die menschliche Intuition meist Verlass: Es wurde festgestellt, dass auch Menschen, die sich gerade erst kennengelernt haben, sehr treffsichere Egogramme füreinander erstellen können.

Das Egogramm lässt Stärken und Schwächen erkennen, woraus sich Problembereiche ableiten lassen.

Aus dem Egogramm kann man die Stärken und Schwächen eines Menschen ableiten und man kann darin die wahrscheinlichen Problembereiche ablesen. Um die Problembereiche zu finden, muss man sich nur fragen: „In welchen Situationen im Berufsalltag dieser Person braucht sie welche Ich-Zustände?" Die Anforderungen im Alltag von Führungskräften beschränken sich ja nicht nur darauf, Anweisungen zu geben, sie müssen auch soziale Beziehungen mit ihren Mitarbeitern, Kollegen und Vorgesetzten eingehen. Kann der Chef in der Interaktion mit seinen Mitarbeitern auch einmal das freie Kind-Ich besetzen oder ist er selbst bei einer betrieblichen Feier stocksteif und unnahbar? Kann sich ein Chef auch einmal um einen Mitarbeiter kümmern, der offensichtlich in einer schwierigen Phase steckt? Kann er sich nötigenfalls auch nach oben hin durchsetzen oder ist sein angepasstes Kind dafür zu hoch?

Hohe Balken zeigen, dass der Klient schnell in diesen Ich-Zustand rutscht – was ihn leicht manipulierbar macht.

Das Egogramm zeigt dem Coach mit einem Blick, wie die Reaktionsmuster seines Klienten für gewöhnlich aussehen: Da ein Ich-Zustand mit einem hohen Balken eine hohe energetische Ladung besitzt, ist er dadurch sehr leicht ansprechbar, ein kleiner Impuls genügt und dieser Ich-Zustand springt an. Das bedeutet aber auch – und das ist für den Coach wichtig im Auge zu behalten: In Ich-Zuständen mit einem hohen Balken ist jeder Mensch leicht manipulierbar. Das heißt, andere Menschen – und besonders solche, die ihn gut kennen – wissen genau, was sie tun müssen, um ihn in diesen Ich-Zustand zu bringen. Die niedrigen Balken zeigen hingegen, dass es dem Klienten schwerfällt, diese Ich-Zustände einzunehmen. Fehlt ein Ich-Zustand fast ganz, verfügt man für viele Situationen nicht über die angemessenen Verhaltensmuster, schließlich braucht man unterschiedliche Ich-Zustände, um adäquat auf die unterschiedlichen Gegebenheiten des Lebens reagieren zu können. Folglich bereiten Situationen, die diese Ich-Zustände verlangen, dem Klienten immer wieder Probleme. So kann der Coach anhand des Egogramms schon erste Vorhersagen darüber machen, mit welcher Art Schwierigkeiten dieser Klient wohl zu kämpfen hat.

Niedrige Balken zeigen, dass der Klient Probleme in Situationen hat, die diesen Ich-Zustand erfordern.

> Extrem ausgeprägte oder extrem niedrige Balken im Egogramm weisen auf ganz bestimmte Probleme hin.

!

Das Egogramm jedes Menschen besteht aus unterschiedlich hohen Balken – es wird wohl niemanden geben, bei dem alle Ich-Zustände genau gleich stark ausgeprägt sind. Zeigen sich jedoch extreme Schwankungen in der Balkenhöhe, ist also ein Ich-Zustand im Vergleich zu den anderen überproportional stark oder nur ganz minimal vorhanden, so weist das auf ganz typische Schwierigkeiten hin. Jemand, der einen Ich-Zustand zu Lasten der anderen stark ausgebildet hat, kommt immer wieder in Schwierigkeiten, weil er diesen Ich-Zustand auch dann einsetzen wird, wenn er ganz fehl am Platz ist.

Jemand mit ausgeprägtem kontrollierenden Eltern-Ich zum Beispiel ist in der Lage, sich durchzusetzen, Klartext zu reden, etwas zu fordern. Gemäß dem Grundsatz, dass unsere größten Stärken auch unsere größten Schwächen sind, ist ein Zuviel jedoch schädlich. Denn wer sich auf Teufel komm raus durchsetzen will, wer auf jegliche Diplomatie verzichtet, tut weder sich noch seiner Firma etwas Gutes.

Fallbeispiel: Stark ausgeprägtes kontrollierendes Eltern-Ich.

Hat eine Führungskraft einen zu hohen Anteil an fürsorglichem Eltern-Ich, ist sie einerseits sehr integrativ und sorgt dafür, dass es ihren Mitarbeitern gut geht. Sie kümmert sich um möglichst gute Rahmenbedingungen, neigt auf der anderen Seite aber eben auch dazu, ihnen zu viel abzunehmen, zu viel zu erklären, ihre Unselbstständigkeit zu fördern.

Fallbeispiel: Stark ausgeprägtes fürsorgliches Eltern-Ich.

Fallbeispiel: Ein sehr niedriger Balken für das angepasste Kind-Ich.

Ein sehr niedriges angepasstes Kind-Ich bedeutet, dass derjenige nicht gewohnt ist, beispielsweise nach den in diesem Unternehmen herrschenden Regeln zu fragen. Wie andere sich in dieser Firma üblicherweise verhalten, ist ihm ziemlich egal, denn er macht seine eigenen Regeln. Es ist also davon auszugehen, dass er immer wieder anecken wird. Wer sehr wenig angepasstes Kind besitzt, der achtet nicht besonders auf die Erwartungen und Gefühle der anderen. Er wird also für gewöhnlich außer Acht lassen, darüber nachzudenken, was seine Handlungen bei anderen auslösen können, dass er etwa jemanden kränken, ihn in Verlegenheit bringen oder ihm unnötige Schwierigkeiten bereiten könnte. Daraus zu schließen, dass er wohl häufiger Kämpfe auszufechten und sich vermutlich einige Feinde gemacht hat, ist kein Hexenwerk. Naheliegend auch, dass es ihm große Schwierigkeiten bereitet, wenn er zum Beispiel in ein Projekt eingebunden wird, bei dem er einfach „zu funktionieren" hat und bestimmte Aufgaben in vorgegebener Weise ausführen muss.

Fallbeispiel: Ein sehr niedriger Balken für das freie Kind-Ich.

Ist dagegen der Balken für das freie Kind sehr niedrig, hat man einen Menschen vor sich, der selten locker auf Kollegen zugeht, wahrscheinlich eher abwartend ist und sich mit Sachthemen wohler fühlt als mit witzigem Geplänkel. Das bedeutet auch, dass es ihm vermutlich schwerfällt, überhaupt Beziehungen zu gestalten, einfach, weil der Einstieg für ihn so schwierig ist. Denn wer locker und entspannt auf andere zugehen kann, kann auch besser dafür sorgen, dass andere Menschen sich mit ihm wohlfühlen.

Fallbeispiel: Ein schwach ausgeprägtes fürsorgliches Eltern-Ich.

Eine Führungskraft, die ein sehr niedriges fürsorgliches Eltern-Ich aufweist, wird sich zum Beispiel mit Sicherheit schwertun, ihren Mitarbeitern insbesondere in stressigen Zeiten, in denen ein hoher Anforderungsdruck herrscht, die nötige Unterstützung in Form von Verständnis entgegenzubringen. Es löst schnell Konflikte aus, wenn eine Führungskraft nicht zum Ausdruck zu bringen vermag, dass sie durchaus sieht, dass momentan eine besondere Anspannung herrscht und nicht der gewöhnliche Alltag – die Mitarbeiter fühlen sich dann im Stich gelassen oder ausgenutzt. Wer den Ich-Zustand des fürsorglichen Eltern-Ichs zu wenig besetzt, wird häufiger Schwierigkeiten mit unwilligen, unzufriedenen Mitarbeitern haben, die sich dauernd angetrieben fühlen. Öfter als jemand, der von seinen Leuten genauso viel verlangt, dabei aber auch einmal fähig ist zu sagen:

„Ich weiß, dass das jetzt eine besonders anstrengende Situation ist, die alles von Ihnen fordert, und ich finde es großartig, dass Sie einen solchen Einsatz leisten!"

Bei Führungskräften ist typischerweise das Erwachsenen-Ich und das kontrollierende Eltern-Ich gut ausgeprägt.

Bei Führungskräften kann man davon ausgehen, dass – neben dem kontrollierenden Eltern-Ich – ihr Erwachsenen-Ich auf jeden Fall gut ausgeprägt ist. Ohne diesen Ich-Zustand verspürt wahrscheinlich niemand Lust, sich ausgerechnet in eine Position zu begeben, die einen analytischen Blick auf die Realität sowie viel Gestaltungswillen erfordert. Wer über zu wenig rationale, analytische Anteile verfügt, wird vermutlich auch von niemandem zum Chef berufen – außer vielleicht in bestimmten kreativen Branchen, wo auch der verrückteste Hund an die Spitze gesetzt wird, weil der die besten Ideen hat.

> Egogramme können sich im Laufe des Lebens verändern. !

Modell-Lernen prägt das Egogramm.

Im Zusammenhang mit den Egogrammen taucht meist auch die Frage auf, wie jemand zu seinem Egogramm kommt. Wird jeder damit geboren? Und ist es ein für allemal festgelegt? Auf ewig festgeschrieben ist das Egogramm sicher nicht, doch es ist schon so, dass die Anlagen, die ein Kind mit auf die Welt bringt, natürlich eine Rolle dabei spielen, wie sich das spätere Egogramm gestaltet. Es lassen ja schon die Allerkleinsten erkennen, ob sie zum Beispiel eher introvertiert oder extravertiert sind. Und ein extravertiertes Kind besitzt größere Chancen, viel freies Kind-Ich zu entwickeln, sofern die Eltern das nicht brutal unterdrücken, als ein introvertiertes. Einen wichtigeren Beitrag als die vorgegebenen Anlagen leisten jedoch die Erziehung und all das, was das Kind in seinem Umfeld erlebt, in Kindergarten, Schule, Familie und Freundeskreis. Für die Ausbildung des Egogramms spielt es eine Rolle, ob ein Kind die Erlaubnis hat, sich in seinen unterschiedlichen Ich-Zuständen auszuprobieren oder ob manche mit großem Druck beantwortet werden. Wem etwa jegliches Abgrenzen gegen die Eltern ausgetrieben wird, der hat viel größere Schwierigkeiten damit, seinerseits ein kontrollierendes Eltern-Ich zu entwickeln, als jemand, dem zugestanden wird, sich mit seinen Eltern auch auseinanderzusetzen. Zudem sind die Modelle, die das Kind zur Verfügung hat, prägend für sein Egogramm, denn das meiste Verhalten eignet sich ein Kind über Modell-Lernen an.

Egogramme ändern sich durch Erfahrung.

Doch wie gesagt, Egogramme sind nicht in Stein gemeißelt. Sie verändern sich im Laufe des Lebens mit den Erfahrungen, die jemand macht, und mit den Anforderungen, die auf ihn zukommen. Wer zum Beispiel eine Familie gründet, wird vielleicht die bislang vorhandenen Defizite in seinem Eltern-Ich korrigieren, einfach durch Übung. Oder man entwickelt bislang nur kümmerlich vorhandene Ich-Zustände, weil der Job es verlangt. Egogramme sind daher als momentane Bestandsaufnahmen anzusehen, die durchaus veränderbar sind. Dabei muss man sich im Klaren sein, dass jede Veränderung eines Ich-Zustands die gesamte innere Struktur verändert! Man kann nicht einfach nur einen Ich-Zustand stärken, ohne dass das Auswirkungen auf die gesamte Persönlichkeit hätte. Wird ein Balken im Egogramm höher, geht das automatisch zu Lasten eines anderen. Jemand, der gelernt hat, entschiedener aufzutreten, also mehr kontrollierendes Eltern-Ich zu zeigen, wird dadurch weniger angepasstes Kind an den Tag legen, vielleicht auch weniger fürsorgliches Eltern-Ich.

Wird ein Ich-Zustand gestärkt, schwächt das die anderen.

Inwieweit ein Egogramm im Coaching verändert werden kann.

Da das Egogramm veränderbar ist, kann im Coaching auch gezielt an einer Veränderung gearbeitet werden. Übungen in der Coaching-Sitzung werden dabei unterstützt durch entsprechende Hausaufgaben, die dem Klienten mitgegeben werden. Einen zu stark vorhandenen Ich-Zustand abschwächen zu wollen, ist jedoch vergebliche Liebesmüh. Die Erfolg versprechendere Vorgehensweise ist, einen zu schwach vorhandenen Ich-Zustand zu stärken. Soll ein Ich-Zustand gestärkt werden, so gibt es auch eine Richtung: Eine Führungskraft, die ihr kontrollierendes Eltern-Ich stärken will, kann sich Situationen suchen, bei dem es gebraucht wird, und kann das üben. Eine Führungskraft, die weniger kontrollierendes Eltern-Ich zeigen will, weiß nicht, was sie tun soll, wenn ihr Ziel einfach nur „weniger" ist. Denn was macht sie stattdessen? Das „Weniger" gibt keine konkreten Verhaltenshinweise, das „Mehr" durchaus.

Freies Kind zu entwickeln ist besonders schwer, Rollenmodelle sind hier wichtig.

Am schwierigsten ist es vermutlich, mehr freies Kind-Ich zu entwickeln. Um das zu können, muss sich jemand von vielen einschränkenden inneren Dialogen lösen und braucht gute Modelle. Der Coach selbst muss dafür viel freies Kind besitzen, um den Klienten erleben zu lassen, wie ein lockerer Umgang unter Erwachsenen aussehen kann. Der Klient sollte aber auch den Kontakt mit echten Kindern suchen und sich auf sie einlassen, also zum Beispiel die Kinder entscheiden lassen, wie und was gespielt wird, um sich vom Spaß der Kinder anstecken zu lassen. Und ihm kann empfohlen werden, mehr mit Freunden zu unternehmen, die viel freies Kind-Ich haben – solche Menschen reißen ihn mit und ihr Beispiel wirkt wie eine Erlaubnis: „Schau her, ich verhalte mich so und das ist völlig in Ordnung!"

Da der Coach als Rollenmodell Ich-Zustände vorleben können muss, sollte er über ein möglichst ausgeglichenes Egogramm verfügen.

Die Rolle als Modell in vielen Coaching-Situationen erfordert vom Coach, dass er selbst über ein möglichst ausgeglichenes Egogramm verfügt, sonst kann er Ich-Zustände, die dem Klienten fehlen, nicht überzeugend vorleben. Ist er zum Beispiel zu sehr im Erwachsenen-Ich verhaftet, neigt er dazu, auch beim Klienten zu einseitig das Erwachsenen-Ich anzusprechen. Das ist jedoch der Ich-Zustand mit den wenigsten Problemen, denn die spielen sich meist auf anderen Ebenen ab. Im Coaching-Prozess ist der Einsatz des Erwachsenen-Ichs gefragt, wenn es darum geht, über bestimmte Strategien zu sprechen oder wenn der Klient seine Rolle als Führungskraft reflektieren will.

Doch wenn es um Verhaltensänderungen geht, um das Auflösen innerer Blockaden oder um das Entwickeln größerer Durchsetzungskraft, hat das mehr mit den anderen Ich-Zuständen zu tun. Der Coach muss deshalb selbst nicht nur genug freies Kind haben, sondern auch imstande sein, genügend kontrollierendes Eltern-Ich an den Tag zu legen. Er muss im Coaching so weit gehen können, wie es der Klient braucht, um von ihm als Modell zu lernen, wie er auftreten und agieren muss, um den anderen kontrollierenden Eltern-Ichs in seinem Berufsumfeld – den Kollegen, den Mitarbeitern, vielleicht auch den Chefs – Paroli zu bieten.

Und auch für den Coach kann ein Zuviel eines Ich-Zustands von Nachteil sein: Wenn der Coach zu viel fürsorgliches Eltern-Ich besitzt, läuft er schnell Gefahr, zu viel Verantwortung für den Klienten zu übernehmen. Im Bedarfsfall muss also auch der Coach gezielt an seinen Ich-Zuständen arbeiten.

Mit einem Klienten ein Egogramm zu erstellen, hilft diesem manchmal auch zu erkennen, dass sich in seinem Leben viel gewandelt hat, ohne dass er das so recht gemerkt hat – gerade wenn es um das freie Kind geht. Wenn jemand sehr viel arbeitet und sich kaum noch Raum für seine eigenen Interessen einräumt, ist er unter Um-

Egogramme machen Klienten darauf aufmerksam, wie stark sich ihr Leben gewandelt hat.

ständen bass erstaunt, wenn der Coach ein recht niedriges freies Kind einzeichnet: „Nein, das stimmt doch nicht! Ich habe sehr viel freies Kind! Wenn Sie wüssten, was ich früher für Partys gefeiert habe und überhaupt als Studenten, was wir da alles angestellt haben!" Ja früher – aber wie sieht es denn jetzt aus? Wo lebt er jetzt in seinem Job, in seinem Privatleben das freie Kind? Und dann wird sehr schnell klar, wieso die Spontaneität und die Lebensfreude sich davongeschlichen haben, weil das freie Kind nach außen gar nicht mehr besetzt wird.

Klassische Egogramme

Im Coaching wird man immer wieder auf ganz bestimmte Typen treffen, die mehr oder weniger ähnliche Ausprägungen ihrer Ich-Zustände im Egogramm aufweisen.

Die „Normalverteilung"

Würde eine Kurve über dieses Egogramm gelegt, sähe sie aus wie eine Normalverteilung (siehe Abb. 12). Einer Führungskraft mit diesem Egogramm lässt sich ziemlich leicht vorhersagen, über welche Stärken sie verfügt und mit welchen Problemen sie sich für gewöhnlich herumzuschlagen hat. Sie wird von ihren Mitarbeitern im Großen und Ganzen geschätzt, weil sie mit ihrem hohen Erwachsenen-Ich sehr rational an Probleme aller Art herangeht. Mitarbeiter können mit ihr über alles reden und sich dabei noch darauf verlassen, vernünftige Lösungsansätze zu erhalten. Da auch das fürsorgliche Eltern-Ich gut vorhanden ist, können Mitarbeiter selbst auf private Schwierigkeiten zu sprechen kommen und damit

Die Stärken dieses Egogramms: Ausgeprägtes Erwachsenen-Ich und fürsorgliches Eltern-Ich sorgen für ein gutes Verhältnis zu den Mitarbeitern.

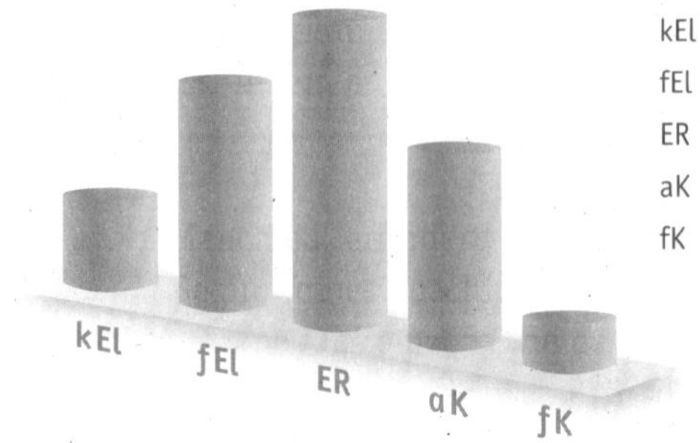

kEl = kontrollierendes Eltern-Ich
fEl = fürsorgliches Eltern-Ich
ER = Erwachsenen-Ich
aK = angepasstes Kind-Ich
fK = freies Kind-Ich

Abb. 12: Egogramm mit „Normalverteilung"

auf ihr Verständnis stoßen. Diese Führungskraft pflegt einen integrativen Führungsstil und ist bemüht, ihren Mitarbeitern zu helfen, so gut es geht.

Das stößt jedoch an Grenzen, wenn es darum geht, Interessen des Teams oder der Abteilung gegen die Geschäftsführung oder gegen starke andere Abteilungen durchzusetzen – dem steht nämlich das ebenfalls gut ausgeprägte angepasste Kind-Ich entgegen. Dadurch ist dieser Vorgesetzte viel zu schnell bereit, nachzugeben oder sich auf ungünstige Kompromisse einzulassen. Ein Beispiel dafür, welche Schwierigkeiten mit diesem Egogramm verbunden sind, war der leitende Psychologe einer Reha-Klinik, der es nicht vermochte, einer neu eingestellten Psychologin ein eigenes Arbeitszimmer zu beschaffen, sodass sie von einem Kollegenzimmer zum nächsten wandern musste, um zu arbeiten. Wann immer ihr Chef bei der Klinikleitung vorstellig wurde, ließ er sich abspeisen mit dem Bescheid, es gäbe im Moment keinen Platz. Schließlich hatte die Psychologin genug von ihrem Nomadendasein und marschierte selbst zur Klinikleitung, bei der sie nicht ganz mühelos, aber erfolgreich mit nur einem Gespräch durchsetzte, ein eigenes Büro zu bekommen. Sie hatte ganz offenbar deutlich mehr kontrollierendes Eltern-Ich als ihr Chef, der zwar freundlich und willig, aber überhaupt nicht durchsetzungsfähig war.

Das ausgeprägte angepasste Kind-Ich bereitet Probleme, sich durchzusetzen.

Das ist genau die Problematik, die solche Führungskräfte im Coaching einbringen: Sie setzen sich nicht durch, sie setzen im Team zu wenig Grenzen, sie repräsentieren zu wenig nach außen, sie trauen sich nicht, aus sich herauszugehen, es fehlt an Auftreten und Charisma. In Mitarbeiterbefragungen werden solche Schwächen manchmal deutlich, wenn Mitarbeiter rückmelden, dass sie sich zu wenig geführt fühlen. Das ist kein Wunder, denn ein Chef mit dieser Persönlichkeitsstruktur wird immer wieder versuchen, anstehende Probleme aus dem Erwachsenen-Ich heraus zu lösen. Im Konfliktfall wird er eher an die Vernunft appellieren als ein Machtwort zu sprechen – das ist zwar sehr sympathisch, je nach Persönlichkeitsstruktur der Mitarbeiter manchmal aber eben nicht ausreichend.

Wenn zum Beispiel der Fall eintritt, dass dieser Chef die Weisung von oben erhält, irgendwelche Missstände im Team abzustellen, die sich eingeschlichen haben, wie etwa das Nichteinhalten der klar vereinbarten Kernarbeitszeiten, so wird er zunächst versuchen, mit seinem höchsten Ich-Zustand das Problem zu lösen. Er wird die Mitarbeiter ganz vernünftig daran erinnern, dass es nun einmal bestimmte Regeln gibt, an die es sich zu halten gilt und dass es negative Folgen nach sich zieht, wenn das nicht geschieht: „Schauen Sie, Sie haben doch einen Arbeitsvertrag, der ganz klar regelt, was Ihre Rechte und was Ihre Pflichten sind. Vielleicht lesen Sie sich den noch mal durch und kommen dann zu dem Schluss, dass es doch eigentlich unfair ist, wenn sich die Firma zwar an ihre Pflichten hält und Ihnen pünktlich Ihr Gehalt überweist, Sie sich aber nicht an Ihre Pflichten gebunden fühlen."

Wenn solche Erklärungen nicht fruchten, wird er seinen zweithöchsten Ich-Zustand, das fürsorgliche Eltern-Ich, zum Einsatz bringen und seinen Mitarbeitern nahelegen, dass sie sich doch selbst schaden durch diesen laxen Umgang mit der Arbeitszeit. Er wird mit väterlicher Stimme erklären: „Ich meine es doch nur gut mit Ihnen. Mir ist es doch im Grunde genommen egal, wie lange Sie Ihre Mittagspause machen, aber Sie werden doch auch von anderen gesehen! Sie wollen doch Karriere machen, und jemanden, der sich so wenig an Regeln hält wie Sie im Moment, der wird einfach nicht gefördert. Das wäre doch schade!"

Hilft auch das noch nicht, bleibt als Letztes noch das angepasste Kind-Ich übrig, mit dem er aber leider nur lamentieren kann, dass er sich ihretwegen lauter Ärger mit seinen Vorgesetzten einhandelt und dass sie ihm das doch bitte nicht antun sollen: „Ich bin es doch, der immer alles ausbaden muss. Ich muss doch immer diese unangenehmen Gespräche führen. Könnten Sie nicht mir zuliebe einmal pünktlich sein! Ich habe doch sowieso schon einen schweren Stand." Was er nicht kann, ist zu sagen: „Und ab heute ist Schluss mit diesem Verhalten. Diese Abteilung wird sich an die allgemeingültigen Regeln halten wie jede andere Abteilung dieser Firma auch!" Diese Funktion des kontrollierenden Eltern-Ichs zu stärken, kann im Coaching gut durch Rollenspiele geschehen. Dabei hat der Klient die Chance, durch Ausprobieren seinen eigenen Weg zu mehr Durchsetzungsfähigkeit zu finden, einen Weg, mit dem er sich wohlfühlt und der zu ihm passt. Wenn der Klient im Coaching die Erfahrung macht, dass er sehr wohl imstande ist, auch einmal die Stimme zu erheben – und sich das gut auch anfühlt –, wird er diese Fähigkeit auch in der Realität nutzen.

Durch Rollenspiele die Funktion des kontrollierenden Eltern-Ichs stärken.

Mit der Durchsetzungsfähigkeit geht die Fähigkeit einher, sich abzugrenzen. Durch ihren hohen Grad an Anpassung hat diese Führungskraft nämlich die weitere typische Schwierigkeit, dass sie sich viel zu viel von Vorgesetzten oder Kollegen aufladen lässt, weil sie nicht Nein sagen kann. Das hat zur Folge, dass die Teams dieser Chefs meist schon über das Limit hinaus mit Arbeit belastet sind. Etwas auf akzeptable Weise abzulehnen, ist für solche Klienten oft eine wirkliche Trainingsaufgabe und zwar inklusive Wortwahl, Stimmqualität und Körperhaltung. Dafür brauchen sie den Coach als Modell.

Bei diesem Egogramm ebenfalls häufig zu trainieren: Nein sagen können.

Ein weiteres „klassisches Problem", das man bei diesem Egogramm findet, ist das leidige Thema der Rückdelegation und damit einhergehend dann die aus dem Tritt geratene „Work-Life-Balance". Durch das hohe fürsorgliche Eltern-Ich neigt die Führungskraft dazu, sich jedes Mal selbst um die Aufgabe zu kümmern, wenn der Mitarbeiter behauptet, damit nicht weiterzukommen. So passiert es, dass der Chef während seiner Regelarbeitszeit die Arbeit seiner Mitarbeiter macht und für seine eigenen Aufgaben Überstunden einschiebt.

Der „Radfahrer"

Auch Menschen mit dieser häufig anzutreffenden Struktur (im Volksmund gern als „Radfahrer" bezeichnet: Nach oben buckeln, nach unten treten, siehe Abb. 13) werden als Führungskräfte zunächst versuchen, ihre Probleme mittels ihres Erwachsenen-Ichs zu lösen. Wenn das nicht gelingt, stehen zwei Wahlmöglichkeiten zur Verfügung, denn es gibt ja zwei weitere, gut repräsentierte Ich-Zustände. Die Frage, welchen dieser beiden Ich-Zustände ein Mensch mit dieser Struktur wählt, entscheidet sich für gewöhnlich daran,

kEl = kontrollierendes Eltern-Ich
fEl = fürsorgliches Eltern-Ich
ER = Erwachsenen-Ich
aK = angepasstes Kind-Ich
fK = freies Kind-Ich

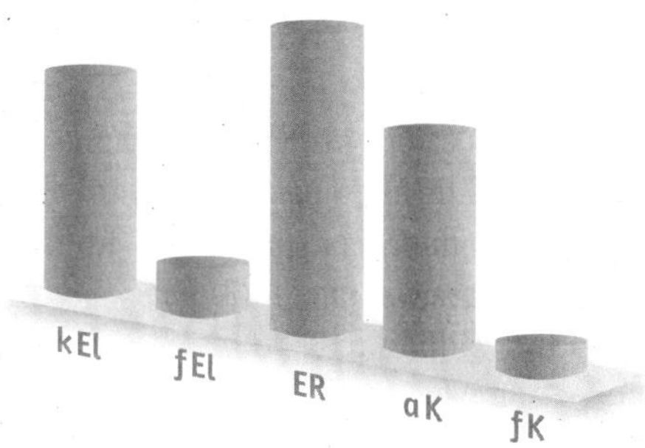

Abb. 13: Egogramm eines „Radfahrers"

Der „Radfahrer" reagiert schnell aus dem Ich-Zustand des angepassten Kindes oder des kontrollierenden Elternteils – je nach Stärke seines Gegenübers.

wie stark er sein Gegenüber einschätzt. Hat er es zum Beispiel mit einem höherrangigen Gesprächspartner zu tun, reagiert er aus dem angepassten Kind heraus und da kann er sehr freundlich und entgegenkommend sein.

Erlebt er jedoch den anderen als schwächer als sich selbst, dann bringt er das kontrollierende Eltern-Ich zum Einsatz, manchmal so massiv, dass er von Kollegen und Mitarbeitern als kleiner Tyrann wahrgenommen wird. Der Einsatz des Ich-Zustands bemisst sich jedoch nicht ausschließlich an der beruflichen Hierarchie. Hat der Büro-Tyrann, der so gern seine Mitarbeiter schikaniert, eine starke Persönlichkeit zur Ehegattin, kann es durchaus sein, dass er zuhause zum sprichwörtlichen Pantoffelhelden mutiert. Genauso häufig gibt es allerdings auch den umgekehrten Fall: Der in der Firma Überangepasste markiert zuhause den dicken Max, der keine Meinung außer seiner eigenen zulässt. Die Unsicherheit einer starken Person gegenüber wird kompensiert durch das Auftrumpfen gegenüber einer schwachen. Man kann das auch „relatives Wachstum" nennen: Wenn man andere klein macht, ist man selbst relativ größer.

Das starke kontrollierende Eltern-Ich lässt den „Radfahrer" gegenüber Schwächeren häufig zum Tyrannen werden.

Im Coaching das Selbstbewusstsein des Klienten stärken.

Im Coaching ist es wichtig, das Selbstbewusstsein dieses Klienten zu stärken, damit das anpasste Kind-Ich nicht so schnell anspringt. Fühlt er sich Stärkeren gegenüber nicht mehr so unsicher, braucht er auch nicht mehr den Ausgleich, indem er Schwächere dominiert. Um das Selbstbewusstsein zu stärken, hilft in erster Linie, mit ihm ein anderes Auftreten zu üben. Dazu kann es hilfreich sein, ihm zunächst Feedback zu geben, wie sein rein körperliches Auftreten wirkt, und ihn auch auf seine Wortwahl aufmerksam zu machen, wenn er zum Beispiel viele „Weichmacher" in seinem Sprachgebrauch hat. Dann kann der Coach im Rollenspiel mit ihm üben, sich körperlich aufrecht zu bewegen, den Kopf nicht hängen zu lassen, sich zu trauen, Raum einzunehmen und sich klar und entschieden auszudrücken. Damit sollte der Klient im Coaching mehrfach Erfahrungen machen können, denn das wird bei ihm hängen bleiben und ihm helfen, das Verhalten auch außerhalb des geschützten Coachingrahmens zu zeigen. Diese Erfahrungen werden dazu beitragen, dass sich sein Bezugsrahmen – sein Blick auf sich selbst und andere – verändert.

Der Coach kann dem Klienten auch raten, ein „Erfolgstagebuch" zu führen, um seinen Selbstzweifeln Paroli zu bieten, denn da sein angepasstes Kind so hoch ist, ist er sich selbst gegenüber sehr kritisch eingestellt. Mit dem „Erfolgstagebuch" kann er lernen, sich selbst die Anerkennung zu geben, die er braucht.

Ein Erfolgstagebuch stärkt das Selbstbewusstsein.

Für Klienten mit diesem Egogramm kann es zudem hilfreich sein, lebensgeschichtliche Zusammenhänge herzustellen, damit er herausfindet, in welcher Zeit und warum er diese hohe Anpassung entwickelt hat. Wenn er sich zurückerinnert, wie es ihm damals ging, als er von einem dominanten Elternteil oder Lehrer kleingemacht wurde, fällt es ihm leichter, Verständnis für seine Mitarbeiter zu entwickeln, die er „niederbügelt".

Ein Klient reagierte im Coaching fast erschrocken darauf, als ihm in einer Übung klar wurde, wie sein Verhalten sich auf sein Gegenüber auswirkt. Der Coach ließ den Klienten mit einem „leeren Stuhl" arbeiten, das heißt, der Klient sollte sich vorstellen, auf dem leeren Stuhl ihm gegenüber säße sein Mitarbeiter und er sollte ihn so kritisieren, wie er das üblicherweise tut. Anschließend forderte der Coach ihn auf, sich auf diesen Stuhl zu setzen und nachzuspüren, wie es ihm an Stelle seines Mitarbeiters dort erging. Der Klient fühlte sich sofort zurückversetzt in seine Kindheit und ihm wurde klar, dass er mit seinem Mitarbeiter genau das Gleiche gemacht hatte wie sein Vater vor vielen Jahren mit ihm. Er erkannte, dass sein Mitarbeiter sich genauso beschämt und unglücklich fühlen müsse, wie er sich damals gefühlt hatte. Das war ein Aha-Moment, der ihm ermöglicht hat, etwas an seinen Verhaltensweisen zu ändern.

Außenwirkung wahrnehmen durch die Arbeit mit dem leeren Stuhl.

Der „Rabiate"

Mit der folgenden Variante des Egogramms (siehe Abb. 14) kommt ein Coach eher selten in Kontakt – denn wer so gestrickt ist, ist viel zu selbstherrlich, um ein Coaching in Anspruch zu nehmen. Menschen mit dieser Persönlichkeitsstruktur werden von ihrer Umgebung oft als sehr schwierig erlebt, weil sie durch das hohe kontrollierende Eltern-Ich über eine enorme Durchsetzungskraft verfügen, sich aber, da das angepasste Kind fast nicht vorhanden ist, nicht an allgemeine Regeln gebunden fühlen. Höflichkeit und Rücksichtnahme scheinen Fremdworte für sie zu sein, auch wenn

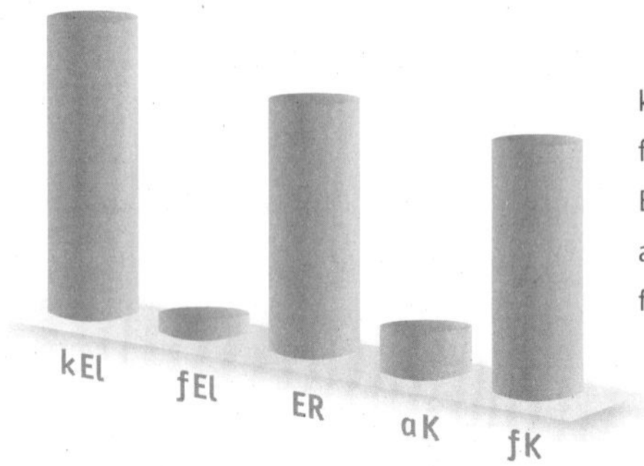

kEl = kontrollierendes Eltern-Ich
fEl = fürsorgliches Eltern-Ich
ER = Erwachsenen-Ich
aK = angepasstes Kind-Ich
fK = freies Kind-Ich

Abb. 14: Egogramm eines rabiaten „Durchsetzers"

sie durchaus Charme an den Tag legen können – sofern es ihren Interessen dient. Da sie keinerlei Skrupel haben, sich ausschließlich nach dem zu orientieren, was ihnen nützt, sind sie meist sehr erfolgreich rücksichtslos. Weniger sind sie vermutlich in großen Konzernen anzutreffen, da für eine Managerkarriere meist auch das angepasste Kind vorhanden sein muss – in einer großen Maschinerie ist es wichtig zu wissen, wann es ratsam ist, auch einmal einen Schritt zurückzutreten und für gewöhnlich braucht es auch eine sehr gute Vernetzung. Als Unternehmer hingegen, der sich an niemanden anpassen muss, kann er gut nach seinen eigenen Regeln handeln. Er hat niemanden, der ihn konfrontiert, und er sucht auch niemanden, der das tut.

Dieses Egogramm weist auf hohe Durchsetzungsfähigkeit bei wenig Rücksichtnahme hin.

Das hohe freie Kind-Ich macht es ihm leicht, schnell mit Kunden in Kontakt zu treten, es lässt ihn kreativ und einfallsreich sein. Mit dem hohen kontrollierenden Eltern-Ich sorgt er dafür, dass seine Ideen auch in die Tat umgesetzt werden. Mitarbeiter und Familie erleben hingegen keine einfache Zeit. Nach dem Lesen seiner Biografie könnte man die Vermutung wagen, dass Apple-Gründer Steve Jobs zum Beispiel eine solche Struktur besaß. Steve Jobs war eine Legende an Durchsetzungsstärke und wer in seinen Anfängen als Unternehmensgründer noch barfuß zu hoch vermögenden Kunden marschierte, besaß mit Sicherheit sehr viel freies Kind und sehr wenig angepasstes. Auch war er berüchtigt dafür, ständig seine eigenen Regeln zu machen. Mit dieser Persönlichkeitsstruktur wäre ihm der Aufstieg in einem bereits bestehenden Konzern wahrscheinlich nicht gelungen, trotz all seiner Fähigkeiten. Irgendwann hat ein solches Alphatier bei seinem Weg nach oben nämlich einen Vorgesetzten, der erkennt, dass da eine potenzielle Gefahr für ihn lauert, und der ihn aus diesem Grund gnadenlos ausbremst. Wer in einem Konzern bis nach oben gekommen ist, hat ein gutes Gespür dafür entwickelt, wer in der Ebene darunter am eigenen Stuhl sägen will, und hat die Möglichkeiten, denjenigen scheitern zu lassen. Für die steile Karriere im Konzern braucht es immer auch Anpassungsfähigkeit – was natürlich nicht heißt, dass die nicht abgelegt werden kann, wenn das Ziel erreicht ist. Auch dafür gibt es sicher genügend Beispiele.

Jemand mit diesem Egogramm hat häufig eine steile Karriere hinter sich – und wird dann ins Coaching geschickt.

Jemand mit diesem Egogramm wird vermutlich eher ins Coaching geschickt, als dass er aus eigenem Antrieb kommt. Er hat zwar aufgrund seiner unglaublichen Durchsetzungsfähigkeit eine Zeit lang einen steilen Karriereweg beschritten, vor allem, wenn diese mit hohem Fachwissen gepaart ist. In so einem Fall gilt er als „High Potential" und wird von der Firma gefördert. Bisweilen wird so jemand auch für die unangenehmen Jobs gebraucht: zum „Aufräumen", was nicht selten „Entlassen" bedeutet. Selbst das macht jemandem mit diesem Egogramm nicht allzu viel Kopfzerbrechen. Er ist also sehr erfolgreich und steigt auf, was ihn in seinem Glauben bestärkt, dass sein Verhalten absolut richtig ist. Nur fällt in der Firma möglicherweise irgendwann auf, dass „on the long run" niemand gern mit ihm arbeitet, dass er häufig Mitarbeiter verprellt, dass die Firma durch ihn gute Kräfte verliert. In einer Periode, in der es mühsam ist, bestimmte Fachkräfte überhaupt zu bekommen, ist das für ein Unternehmen schmerzhaft – also wird die Personalabteilung versuchen, die Notbremse zu ziehen und ihm ein Coaching empfehlen.

Schwierige Aufgabe: Als Coach auch solchen Klienten gegenüber Wohlwollen zeigen.

Über das freie Kind-Ich kann der Coach am schnellsten einen guten Kontakt zu diesem Klienten aufbauen, denn das spricht dessen eigenes freies Kind an. Der nötige Respekt vor dem Coach stellt sich beim Klienten ein, wenn sich der Coach durch dessen hohes steuerndes Eltern-Ich nicht beeindrucken lässt. Für manche Coachs sind Klienten mit dieser Struktur bisweilen eine schwere Herausforderung, weil sie nicht zu seinem Wertesystem passen. Trotzdem ist es wichtig, dass der Coach ein gewisses Wohlwollen dem Klienten gegenüber entwickelt, um mit ihm arbeiten zu können. Fehlt dieses Wohlwollen, wird der Klient das unweigerlich spüren, und darauf so reagieren, wie er das aus seinem Arbeitsumfeld gewohnt ist – er wird in den „Kampf-Modus" gehen. Auch aus seinem Umfeld kennt er ja, dass er kritisiert und abgelehnt wird. Sich dagegen zu wehren gehört fast zu seiner zweiten Natur. Das „Alpha-Tierchen" bricht sich Bahn, wenn er eine negative Bewertung spürt, und statt mit dem Coach zu arbeiten, kämpft er gegen ihn an – und damit ist das Coaching gestorben.

Dem Coach gelingt es hingegen, das nötige Wohlwollen gegenüber dem Klienten aufzubauen, wenn er trennen kann zwischen dem Verhalten und der Absicht, die dahintersteckt, und wenn er sich auf dessen Stärken konzentriert. Ein Klient mit so viel freiem Kind-Ich reagiert seinerseits sehr positiv, wenn er merkt, dass man ihm positiv entgegenkommt. Dann steht dem Coaching nichts mehr im Weg. Für diesen Klienten ist es meist hilfreich, wenn der Coach ihm nahebringen kann, dass Stärken, wenn sie im Übermaß vorhanden sind, schnell zu Schwächen werden – dass er also sein enormes Durchsetzungsvermögen und damit sein hohes kontrollierendes Eltern-Ich besser dosiert einsetzen muss.

Der „ZDF-Typ"

Dieses Egogramm weist auf einen Faktenmenschen mit wenig Empathie hin.

Chefs mit einem solchen Egogramm (siehe Abb. 15) werden in Firmen gern salopp als „ZDF-Typen" bezeichnet. Sie sind ausschließlich an Zahlen, Daten, Fakten interessiert und so trocken, dass es staubt. Auf ihre Umgebung wirken sie mehr als unterkühlt und ins Coaching kommen sie meistens, weil irgendjemandem in der Personalabteilung aufgefallen ist, dass mit diesem Manager sehr viel mehr anzufangen wäre, wenn er neben seinen exzellenten analytischen Fähigkeiten auch noch ein wenig Sozialkompetenz besäße. Also wird im Coaching am besten zuerst einmal ein bisschen Smalltalk mit dem Klienten geübt, denn Beziehungsgestaltung ist nicht sein

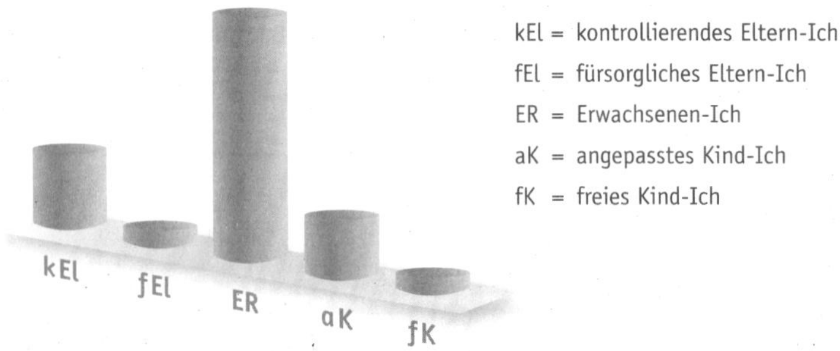

Abb. 15: Egogramm eines typischen „ZDF'lers"

Ding. Da solche Führungskräfte nicht dazu neigen, den Tyrannen zu geben – fehlendes kontrollierendes Eltern-Ich sei Dank –, sind sie als Chefs bei ihren Mitarbeitern nicht unbeliebt, aber durchs Feuer gehen würde für sie auch keiner. Durch den Mangel an Empathie merken sie auch nicht, dass das, was sie für ein fachlich korrektes Feedback halten, beim anderen als kalte Dusche ankommt und die Menschen in ihrem Umkreis oft Unterlegenheitsgefühle entwickeln, weil man gegen ihre lückenlosen Argumentationsketten für gewöhnlich den Kürzeren zieht.

Der Umgang im Coaching: Vertrauen gewinnen, um die zu kurz gekommenen Ich-Zustände aufzubauen.

Die besondere Herausforderung im Coaching besteht darin, diesen Klienten mehr an seine Gefühle, also sein Kind-Ich und sein fürsorgliches Eltern-Ich zu führen. Allerdings kann der Coach ihn dort nicht einfach „abholen", weil diese Ich-Zustände so extrem schwach ausgeprägt sind. In einem solchen Fall hat es sich bewährt, zu Beginn die Konzepte aus der Transaktionsanalyse zu erklären, den Klienten also auf der Ebene des Erwachsenen-Ichs anzusprechen, um sein Vertrauen zu gewinnen. Denn wenn er den Eindruck hat, ihm sitzt ein „vernünftiger" Coach gegenüber, wird er eher bereit sein, sich auf das Coaching wirklich einzulassen. Wenn der Klient der Theorie nach verstanden hat, weshalb es wichtig ist, neben dem Verstand auch das Gefühl im Berufsalltag einzusetzen, kann er darangehen, die zu kurz gekommenen Ich-Zustände aufzubauen.

Ich-Zustände durch Rollenspiel und Extrem-Training aufbauen.

Auch da ist der Coach als wichtiges Modell gefragt, um dem Klienten zu zeigen, wie fürsorgliches Eltern-Ich und freies Kind-Ich gezeigt werden können, ohne dass der Arbeitskontext verloren geht – humorvoll sein, ohne dass es in Blödelei ausartet, Fürsorglichkeit zeigen, ohne jemanden zu betüddeln. Der Coach sollte dem Klienten also immer wieder Beziehungsangebote machen, die ihn dazu herausfordern, zum Beispiel selbst aus dem freien Kind zu reagieren und dadurch zu erleben, dass die Beziehung einerseits lockerer wird, wenn gemeinsam gelacht wird, und gleichzeitig auch intensiver, weil die Gefühlsebene mit ins Spiel kommt. Diese Art der Kommunikation wirkt als Erlaubnis, dieses Verhalten auch außerhalb des Coachings auszuprobieren. Auch ein emotionales „Extrem-Training" (vgl. S. 67 ff.) kann angezeigt sein, damit der Klient lernt, seine Präsentationen lebendiger und mitreißender zu gestalten.

Egogramm und Job-Wahl

Egogramme geben einen wichtigen Hinweis auf passende oder nicht passende berufliche Tätigkeiten.

Für unterschiedliche Jobs braucht man Menschen mit unterschiedlichen Egogrammen. Hätten zum Beispiel alle Menschen ein sehr hoch ausgeprägtes freies Kind, kann man sich leicht vorstellen, wie schwierig es wäre, jemanden für die Buchhaltung zu finden, der akribisch den kleinsten Fehlbeträgen nachspürt, damit am Ende alles stimmt. Dafür braucht es jemanden mit einem starken angepassten Kind, für den alles seine Richtigkeit haben muss. Umgekehrt wäre dieser Mensch in der Marketing-Abteilung vermutlich eine eklatante Fehlbesetzung, weil er sich gar nicht trauen würde, einmal ganz kreativ eine verrückte neue Strategie auszuprobieren. Gäbe es nur Menschen mit hohem kontrollierenden Eltern-Ich, nähme das Hauen und Stechen in den Führungsetagen überhaupt kein Ende und produziert würde vermutlich auch wenig: In einer Firma braucht man schließlich nicht nur Häuptlinge, sondern auch Indianer. Deshalb ist es gut, dass es nicht nur Menschen mit einer idealen Führungsstruktur gibt, sondern auch solche, die sich gern führen lassen – solange sie gut geführt werden von jemandem, der sie wertschätzt. Vorgesetzte erleben bei Zielvereinbarungsgesprächen deshalb immer wieder, dass Mitarbeiter sagen: „Ich habe keine Lust, mir Ziele zu überlegen. Sagen Sie mir einfach, was ich tun soll und ich werde es tun!“ Und diese Mitarbeiter sind für eine Firma genauso wertvoll wie die „High Performer“.

Egogramme als Hilfsmittel, wenn der Klient eine Jobberatung wünscht.

Egogramme können deshalb sehr hilfreich sein, wenn der Klient den Coach aufsucht, weil er sich neu orientieren will. Jemand, der mit seinem Job unzufrieden ist, hat oft den Wunsch, etwas ganz anderes zu machen. Sofern er schon eine ganz bestimmte Vorstellung davon hat, was er gern machen würde, kann der Coach mithilfe des Egogramms überprüfen, ob seine Persönlichkeitsstruktur zu der anvisierten Tätigkeit passt. Wer ein sehr hohes angepasstes Kind-Ich hat, aber von einem Job träumt, der viel Kreativität verlangt, muss sich darüber im Klaren sein, dass er entweder eine ziemliche Entwicklung in Angriff nehmen oder seine Vorstellungen modifizieren muss.

Aus diesem Grund nutzen einige Personalchefs das Egogramm auch als zusätzliches Mittel für die Personalauswahl. Im Vorfeld haben sie sich bereits überlegt, welche Anforderungen es neben der fachlichen Kompetenz für diesen Job gibt und welche Ich-Zustände

Egogramme bei der Personalauswahl.

dafür nötig sind. Welche Persönlichkeitsstruktur wäre sinnvoll, um diesen Job gut zu machen und um optimal in das schon vorhandene Team zu passen? Es gibt nun einmal Tätigkeiten, die einfach eine bestimmte Persönlichkeitsstruktur erfordern. Ein Außendienstmitarbeiter zum Beispiel muss über ausreichend freies Kind-Ich verfügen – gute Verkäufer sind meistens Typen, die sehr schnell mit Fremden in Kontakt kommen, sehr beziehungsstark sind, mit denen man viel lachen kann, die immer einen Witz auf Lager haben.

Ein Telefonverkäufer hingegen braucht deutlich mehr angepasstes Kind-Ich, denn er muss damit leben, dass ein Gutteil der unzähligen Telefonate, die er am Tag absolviert, nicht erfolgreich ist. Das muss man aushalten können und jemand mit einem hohen freien Kind-Ich würde das auf Dauer gar nicht durchstehen, sondern die Sache frustriert hinschmeißen. Ist hingegen jemand sehr zurückhaltend und bekommt fast den Mund nicht auf, ist er in jedem verkäuferischen Beruf fehl am Platz. Wenn es also um die Neubesetzung von Stellen geht oder eben um die neue Orientierung des Klienten, kann das Egogramm immer als hilfreiches Tool verwendet werden, um schnell zu erkennen, ob Job und Mensch zusammenpassen oder ob die vorhandene Persönlichkeitsstruktur voraussetzen würde, dass dieser Mensch sehr stark an seiner Persönlichkeit arbeiten muss, um in dieser Tätigkeit erfolgreich zu werden.

Das Psychogramm

Bei der Frage, warum Ich-Zustände im Egogramm hoch sind und mithin so leicht besetzt werden, kommt man schnell dahinter, dass logische Zusammenhänge zwischen den Ich-Zuständen des Egogramms, also dem nach außen gezeigten Verhalten, und den inner-psychisch repräsentierten Ich-Zuständen existieren. Aus dem Egogramm eines Menschen lässt sich daher ziemlich treffsicher ableiten, wie derjenige mit sich selbst umgeht. Darstellen lässt sich das im sogenannten Psychogramm. In dieser Form des Balkendiagramms werden die Balken nach unten gezeichnet.

Das Egogramm lässt auch auf innere Dialoge einer Person schließen – ihr Psychogramm.

Bei dem folgenden Egogramm (oben) kann man davon ausgehen, dass das Psychogramm (unten) eine Verteilung wie in Abb. 16 aufweist. Dieser Mensch setzt sich vermutlich mit seinen inneren Dialogen häufig unter Druck.

Abb. 16: Egogramm und zugehöriges Psychogramm

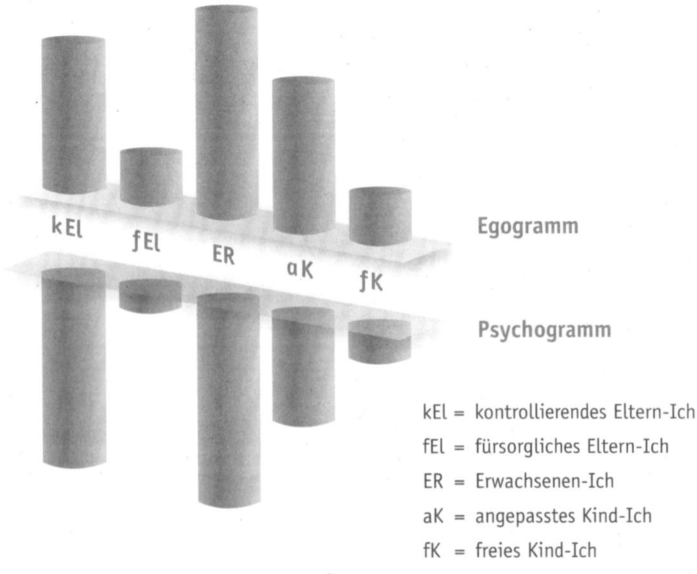

Ist das angepasste Kind des Egogramms sehr hoch, so muss auch das kontrollierende Eltern-Ich im Psychogramm hoch sein, denn diese „innere Stimme" stimuliert das nach außen gezeigte angepasste Verhalten. Einschränkende, stark steuernde innere Anweisungen wie „Das kannst du doch nicht machen", „Das tut man nicht", „Das gehört sich nicht", „Beherrsch dich" oder „Was sollen denn die anderen denken" sorgen dafür, dass das angepasste Kind nach außen seine Rolle perfekt beherrscht. So zuvorkommend, vielleicht sogar unterwürfig jemand nach außen ist, so streng und unbarmherzig geht er sehr wahrscheinlich mit sich selbst um, begleitet von vielen abwertenden inneren Dialogen. Gerade wenn das angepasste Kind nach außen sehr hoch ist, sind die inneren Dialoge nicht hilfreich zum Entwickeln eines gesunden Selbstbewusstseins.

Zeigt sich nach außen ein starkes angepasstes Kind-Ich, wirkt im Inneren ein ausgeprägtes kontrollierendes Eltern-Ich.

Menschen, die aufgrund des Coachings darauf zu achten beginnen, wie sie mit sich selbst umgehen, sind meist erschrocken darüber, wie oft sie sich selbst beschimpfen: „Du Idiot, das hättest du dir doch gleich denken können", „Blödmann, was hast du denn da wieder gemacht", „So dämlich kannst auch nur du sein" – und das ist wahrscheinlich noch die harmlose Variante.

Erst wenn der Fokus gezielt darauf gelenkt wird, werden diese vielen Abwertungen der eigenen Person wahrgenommen. Denn die inneren Dialoge, die das Zusammenspiel von Psychogramm und Egogramm steuern, spielen sich häufig unterhalb der Bewusstseinsschwelle ab. Sie sind so automatisiert, dass sie normalerweise nicht bewusst wahrgenommen werden. Ihre destruktive Wirkung entfalten sie natürlich trotzdem. Wer jedoch gelernt hat, sich selbst zu beobachten, ist in der Lage, auch automatisierte innere Dialoge bewusst zu hören, und ist dann meist schockiert, wie viel Negatives dabei an die Oberfläche kommt. Das ist zwar zunächst eine unangenehme Erfahrung, sie gibt jedoch dem Erwachsenen-Ich Gelegenheit, all diese negativen Bewertungen einmal auf den Prüfstand des Verstandes zu stellen – und sie anschließend ganz einfach zu entsorgen.

Innere Dialoge finden oft unbewusst statt. Selbstreflexion hilft, sie zu entschärfen.

Ein im Psychogramm hohes angepasstes Kind-Ich bedeutet, dass das freie Kind auch nach innen wenig Raum erhält. So richtig ausgelassen sein kann diese Person eigentlich nur, wenn das ebenfalls hohe Erwachsenen-Ich mit Alkohol oder ähnlichem außer Gefecht gesetzt wird – das lässt dann auch das Eltern-Ich mit seinen mahnenden inneren Dialogen verstummen.

Jemand, der ein Egogramm mit sehr viel freiem Kind hat, der nach außen wenig fürsorglich ist, aber viel kontrollierendes Eltern-Ich zeigt, der jeden steuern will und schnell dabei ist, andere zurechtzuweisen, dessen Psychogramm sieht vermutlich wie in Abb. 17 aus.

Abb. 17: Egogramm und zugehöriges Psychogramm

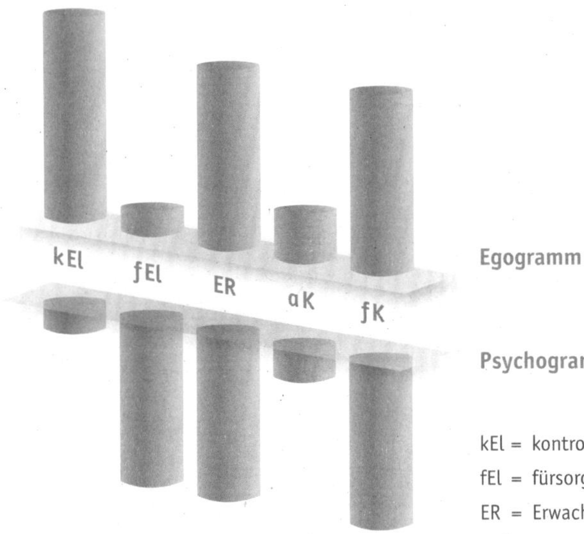

kEl = kontrollierendes Eltern-Ich
fEl = fürsorgliches Eltern-Ich
ER = Erwachsenen-Ich
aK = angepasstes Kind-Ich
fK = freies Kind-Ich

Jemand mit dieser Persönlichkeitsstruktur wird selten die Schuld bei sich suchen, wenn irgendetwas schief gelaufen ist, und er setzt sich selbst nicht halb so sehr unter Druck, wie er das mit anderen macht, denn sein kontrollierendes Eltern-Ich nach innen ist nur gering ausgeprägt.

Ein inneres fürsorgliches Eltern-Ich fördert nach außen das freie Kind-Ich, aber nicht unbedingt die Fürsorge anderen gegenüber.

Es gibt auch einen Zusammenhang zwischen dem freien Kind-Ich im Egogramm und dem fürsorglichen Eltern-Ich im Psychogramm. Wer nach außen sehr frei und ungezwungen agiert, ohne sich um die Belange anderer Menschen zu kümmern, braucht eine innere Instanz, die ihm diesen Freiraum gibt. Das heißt nicht unbedingt, dass sich diese innere Fürsorglichkeit auch auf andere Personen erstreckt, denn sie gilt in erster Linie sich selbst. Jemand mit extrem viel freiem Kind, der nachts um zwei ein tolles Lied im Radio hört und davon so begeistert ist, dass er es ganz laut aufdrehen muss, hat innen das fürsorgliche Eltern-Ich, das ihm gestattet: „Das ist in Ordnung, dass du deinen Spaß hast." Um die Nachtruhe der Nachbarn besorgt zu sein, dafür fehlt ihm eben das fürsorgliche Eltern-Ich nach außen. Es ist ja gerade ein Kennzeichen des freien Kindes, dass es stark auf sich selbst fokussiert ist und wenig auf andere. Was andere von ihm erwarten, darüber macht das freie Kind sich keine Gedanken.

Ein hohes Erwachsenen-Ich im Egogramm findet sein Pendant im Psychogramm.

Was das Erwachsenen-Ich betrifft, so kann man ganz allgemein zur Verteilung dieses Ich-Zustands in Egogramm und Psychogramm sagen: Ein hohes Erwachsenen-Ich im Egogramm drückt sich auch durch ein ebensolches im Psychogramm aus. Wer mit anderen sehr vernünftig und analytisch umgeht, tut das für gewöhnlich auch mit sich selbst.

Ein ausgeprägtes angepasstes Kind-Ich nach außen drückt sich mit einem ebensolchen angepassten oder rebellischen Kind-Ich nach innen aus.

Für das angepasste Kind gilt, dass es nach innen wahrscheinlich genauso hoch ist wie nach außen, doch gelegentlich mit der Variante, dass es sich nach innen in seine rebellische Seite verkehrt: Es kann sein, dass jemand, der sich fortwährend zähneknirschend fügt, immerzu innerlich erst einmal dagegen ist, aber weiß oder zu wissen glaubt, dass er ja doch machtlos ist und damit tut, was von ihm verlangt wird.

Das freie Kind-Ich kann innerlich und äußerlich sehr unterschiedlich ausgeprägt sein.

Untersucht man die Repräsentanz des freien Kindes, so erkennt man eine Besonderheit, die sich nicht aus dem Egogramm ableiten lässt. Denn es kann durchaus im Psychogramm hoch ausgeprägt sein, selbst wenn es nach außen hin kaum auftaucht. Sehr häufig ist es so, dass ein niedriges freies Kind im Egogramm korrespondiert mit einem niedrigen im Psychogramm. Aber das darf der Coach nicht voraussetzen, das muss er erfragen. Es gibt eine Spezies sehr kreativer Menschen, die in der persönlichen Begegnung still und zurückhaltend, geradezu scheu sind, die aber, alleingelassen mit ihrer Arbeit, ein großes kreatives Potenzial an den Tag legen. Programmierer, die an ihrem Rechner zur Höchstform auflaufen, wenn es um Problemlösungen geht, Künstler, die unglaubliche Werke schaffen, aber im Zusammentreffen mit anderen Menschen kaum den Mund aufbekommen, sind Beispiele dafür.

! Das Psychogramm ist ein Indikator dafür, wie jemand mit sich selbst umgeht.

Vom Egogramm auf das Psychogramm schließen zu können, erlaubt dem Coach, sich schnell ein gutes Bild davon zu machen, ob der Klient sich selbst mit Verständnis begegnet oder ob er ganz schlecht mit sich umgeht. Manchmal kann er dem Klienten „vorhersagen", wie er sein Leben gestaltet. Man erkennt zum Beispiel sehr schnell, ob einem jemand gegenübersitzt, der, bei aller äußeren Souveränität, sich selbst stark unter Druck setzt und das Gespür für die eigenen Wünsche und Bedürfnisse gänzlich verloren hat.

Fallbeispiel: Der selbstlose Geschäftsführer.

Wie sehr jemand sich selbst hintanstellen kann, hat sich zum Beispiel im Coaching mit einem Geschäftsführer gezeigt, der an einem Ende Deutschlands arbeitete und am anderen Ende „lebte" – wenn man die Tatsache, dass dort seine Familie zu Hause war, so nennen kann. Er besaß hohe Anteile sowohl an kontrollierendem als auch fürsorglichem Eltern-Ich, aber auch ziemlich viel angepasstes Kind. Er setzte sich unter der Woche ständig für die Mitarbeiter und die Firma ein und war am Wochenende ausschließlich für die Familie da, für die er das Leben so schön gestaltete, wie es ihm möglich war. Im ersten Coaching-Gespräch machte er deutlich, dass er überhaupt nicht daran gewöhnt war, mit anderen über sich und seine Probleme zu sprechen. Wie sollte der Coach bei ihm die nötige Offenheit erreichen? Gelungen ist es durch eine Überraschung. Nachdem der Coach ihm eine Weile zugehört hatte, wagte er eine Vorhersage: „Nach allem, was Sie mir jetzt geschildert haben, gehe ich davon aus, dass Sie hier, wo Sie arbeiten, ein teures Appartement in einer guten Gegend haben – und dass es total ungemütlich und lieblos eingerichtet ist."

Der Klient war ziemlich verblüfft darüber, woher der Coach das wusste. Es war abgeleitet aus der Kenntnis, dass jemand mit dieser Verteilung der Ich-Zustände im Egogramm – wenig freies Kind, viel angepasstes – im Psychogramm kein fürsorgliches Eltern-Ich für sich selbst hat, das beispielsweise für eine Wohnung sorgt, in der er sich auch unter der Woche richtig wohlfühlt. Er sorgt mit seinem fürsorglichen Teil im Egogramm nur dafür, dass es allen anderen gut geht. Die „prophetische" Schlussfolgerung des Coachs hat beim Klienten bewirkt, dass er sich von Beginn an sehr verstanden fühlte und dadurch auch das Vertrauen fassen konnte, sich auf das Coaching einzulassen.

Egogramm und Psychogramm helfen, Klienten die eigene „Psycho-Logik" vor Augen zu führen.

Aus diesem Beispiel lässt sich ableiten, dass es einen guten Grund gibt, weshalb der Coach immer auch das Psychogramm seines Klienten im Auge behalten sollte. Wenn es um Verhaltensänderungen geht, muss der Klient nämlich lernen, auch mit sich selbst anders umzugehen, sonst wird sich an seinem äußeren Verhalten auf Dauer nicht allzu viel verändern. Diese Notwendigkeit mithilfe des Egogramms und des Psychogramms visualisieren zu können, ist für viele Klienten aufschlussreich. Sie verstehen dann plötzlich die Zusammenhänge, erkennen die „Psycho-Logik" ihres Verhaltens. Das hilft ihnen, im Alltag achtsamer zu sein und zum Beispiel ihre inneren Dialoge wahrzunehmen. Gerade wenn eine Führungskraft sich selbst zu sehr ausbeutet, weil das fürsorgliche Eltern-Ich im Psychogramm niedrig und das freie Kind schon fast nicht mehr vorhanden ist, so muss sie lernen, den Druck zu erkennen, den sie auf sich selbst ausübt, und die damit einhergehende Burnout-Gefährung. Dem Erwachsenen-Ich-Lastigen fällt das leichter, wenn er dazu ein so gut nachvollziehbares Konzept an die Hand bekommt.

Kapitel 2

Der Bezugsrahmen

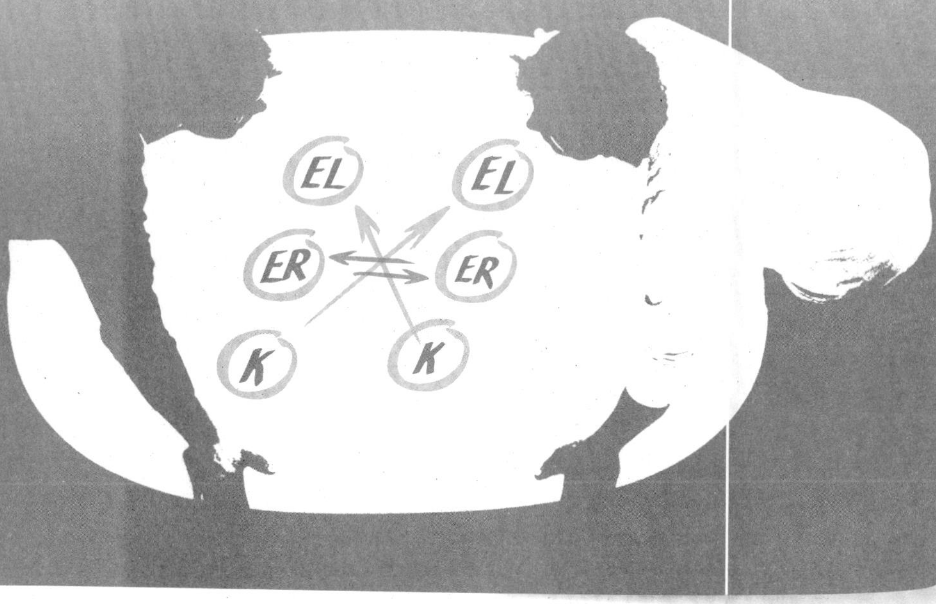

Im zweiten Kapitel lesen Sie:

▶ **Das Modell des Bezugsrahmens:** Wie nimmt der Klient seine Lebenswelt wahr und welche unterschiedlichen Werte, Vorstellungen und Glaubenssätze prägen ihn? Glaubenssätze spielen häufig eine Rolle bei der Konstruktion von Problemen und Interventionen sind nur erfolgreich, wenn sie den Werten des Klienten nicht zuwiderlaufen. Daher muss der Coach Zugang finden zum Bezugsrahmen seines Klienten sowie gleichzeitig seinen eigenen Bezugsrahmen im Blick behalten. Denn das Zusammenspiel von beiden bestimmt die Qualität des Coaching-Prozesses. .... S. 99

▶ **Interventionen auf der Ebene des Bezugsrahmens:** Unter welchen Voraussetzungen ist eine Intervention auf Ebene des Bezugsrahmens erfolgreich? .... S. 108

Sechs Möglichkeiten der Intervention:

- das Problem umdefinieren .... S. 109
- Reframing .... S. 111
- für Verwirrung sorgen .... S. 112
- die 180-Grad-Wende .... S. 115
- unangenehme Konsequenzen ableiten .... S. 117
- die gezielte Provokation .... S. 119

Das Modell des Bezugsrahmens

Der Bezugsrahmen eines Menschen bestimmt, wie er an Aufgaben und Probleme herangeht.

Das Modell des Bezugsrahmens ist neben der Theorie der Ich-Zustände ein wesentliches Konzept, wenn es darum geht, möglichst schnell zu verstehen, wie der Klient „tickt". Denn der Bezugsrahmen eines Menschen bestimmt, wie er an seine Rolle in den diversen Lebensbereichen, an seine Arbeit und an seine Probleme herangeht.

Der Coach muss sich den Bezugsrahmen des Klienten durch dessen Wortwahl und präzises Nachfragen erschließen.

Den Bezugsrahmen kann jedoch nicht einfach erfragt werden: „Guten Tag Herr Maier, schildern Sie mir doch bitte einmal ausführlich Ihren Bezugsrahmen" – das funktioniert leider nicht. Erstens sind die wenigsten Menschen, die sich nicht professionell mit den Funktionen ihrer Psyche befassen, so selbstreflektiert, dass sie wenigstens in Teilen ihren Bezugsrahmen kennen. Zweitens ist der Bezugsrahmen selten ein Ergebnis der bewussten Entscheidung, sondern er speist sich aus den oftmals dunklen Quellen unserer Erlebnisse und Erfahrungen, die bis in die Zeit als Kind zurückreichen. Der Bezugsrahmen ist also etwas, das sich der Coach aus dem erschließen muss, was er hört. Die Sprache gibt meist sehr viel mehr preis, als den Menschen bewusst ist – für den Coach bedeutet das ein permanentes Training in genauem Hinhören. Hinhören allein genügt jedoch nicht, er muss auch nachfragen, denn um hinter den Bezugsrahmen seines Klienten zu kommen, muss er die „Worthülsen", die dieser verwendet, mit einer konkreten Bedeutung füllen.

> Worthülsen müssen mit Inhalt gefüllt werden. !

Worthülsen werden von jedem Menschen permanent gebraucht und wir verstehen darunter Begriffe, die eine scheinbar allgemeinverständliche Bedeutung haben, in Wirklichkeit jedoch je nach Nutzer etwas ganz Unterschiedliches meinen können. Was ist ein „großes Fest“? Für den einen eines mit zwanzig Gästen, für einen anderen ist das jedoch erst eine kleine Zusammenkunft, die den Namen „Fest“ überhaupt noch nicht verdient hat. Im Coaching-Gespräch wird der Klient immer wieder Worthülsen verwenden, die er beim Sprechen mit einer ganz bestimmten Bedeutung füllt und in die der Coach beim Hören seinerseits eine ganz bestimmte Bedeutung hineinlegt. Sind die Bedeutungen gleich, ist alles in Ordnung, sind sie es nicht, weiß der Coach überhaupt nicht, worüber sein Klient spricht. Und das kann für den Coach manchmal ganz schön überraschend sein. Ein Coach, der gewohnt war, sehr viel und sehr lange zu arbeiten, glaubte seinen Klienten bestens zu verstehen, als der davon sprach, dass ihn das ewige „Erst-so-spät-aus-dem Büro-Herauskommen“ sehr belaste. Allerdings fiel er im Stillen für sich aus allen Wolken, als er geraume Zeit später dahinterkam, dass der Klient jeden Abend „erst“ um sieben seine Firma verließ – das wäre im Bezugsrahmen des Coachs reichlich früh gewesen, geradezu paradiesisch. Jeder Mensch spielt eben seinen eigenen Erfahrungshintergrund in die Worthülsen ein. Deshalb sollte ein Coach niemals zu schnell glauben, er wüsste, wovon die Rede ist, sondern fragen, fragen, fragen und das, was er hört, mit seinem eigenen Bezugsrahmen abgleichen. Es kostet einfach zu viel Zeit, eine Worthülse, die dem Coach vertraut ist, nicht zu konkretisieren: Coach und Klient können dann ziemlich lange aneinander vorbeireden, ohne sich wirklich zu verstehen und ohne zum Punkt zu kommen.

Durch Nachfragen sicherstellen, dass Coach und Klient mit denselben Worten auch das Gleiche meinen.

Wenn der Coach die Worthülsen hinterfragt, so schafft das nicht nur für ihn die nötige Klarheit, oftmals wird dadurch auch dem Klienten erst klar, um was es ihm tatsächlich geht. Ein Mensch kommt ins Coaching, weil er ein Problem hat. Er glaubt auch genau zu wissen, um was es sich dabei handelt, denn er hat eine wunderbare Überschrift dafür gefunden: Er hat ein Prioritätenproblem. Erst als der Coach durch seine Fragen diese Worthülse öffnet:

- „Was genau verstehen Sie darunter?“
- „Woran merken Sie das?“
- „Wie kann ich mir das vorstellen?“
- „In welchen Bereichen fällt es Ihnen schwer, Prioritäten zu setzen?“
- „Ist das immer der Fall oder gibt es Ausnahmen?“
- „Können Sie mir vielleicht ein Beispiel schildern?“

merkt auch der Klient, dass es ihm nur unter bestimmten Bedingungen schwerfällt, seine Arbeit richtig zu strukturieren, er also keineswegs das Problem hat, seine Prioritäten richtig zu setzen. Die oben angeführten Fragen dienten dazu, Worthülsen mit Inhalt zu füllen, dadurch ist das Problem konkret geworden – und damit sehr viel besser zu handhaben. Nur die Überschrift zu kennen, führt einen schnell auf eine falsche Fährte. Da das Coaching etwas verändern soll, sollte man sehr genau wissen, woran man arbeitet. Das Konkretisieren der Begrifflichkeiten, die der Klient verwendet, gehört deshalb zu den allerersten Aufgaben des Coachs.

Zentrale Aufgabe des Coachs: Die Begrifflichkeiten des Klienten konkretisieren.

Im Coaching kann es manchmal auch erforderlich sein, mit dem Klienten zu üben, wie er seinerseits Worthülsen hinterfragen kann. Dies gilt gerade im Umgang mit Konflikten. Führungskräfte haben sich häufig anerzogen – und brauchen es im Berufsalltag ja auch oft – Sachverhalte schnell zu verstehen und anschließend schnell zu handeln. Zügig Lösungen herbeizuführen, ist geradezu eines der Kennzeichen einer guten Führungskraft. Im Konfliktfall bedeutet dies allerdings, Zeit am falschen Ende zu sparen. Denn wenn sie sich nicht die Mühe macht, die Begrifflichkeiten genau zu klären und zu versuchen, den jeweiligen Bezugsrahmen der beteiligten Parteien zu verstehen, gelangt sie ganz schnell zu falschen Schlussfolgerungen.

Im Konfliktfall geht es zuerst um genaues Zuhören.

> Die Qualität eines Coachs hängt auch von der Bandbreite seines Bezugsrahmens ab.

!

Um gute Arbeit leisten zu können, braucht ein Coach einen möglichst weiten Bezugsrahmen. In dieser Hinsicht ist es für einen Coach von großem Vorteil, wenn er Erfahrungen mit den Abläufen in Firmen sammeln konnte und Erfahrungen in unterschiedlichen Arbeits- und Lebenswelten gemacht hat. Wer zum Beispiel als studierter Psychologe nur von therapeutischen Erfahrungen ausgeht, der macht sich oft falsche Vorstellungen, wie innerbetriebliche Beziehungen aussehen oder was in einem Industrieunternehmen ein sinnvolles Vorgehen ist und was nicht. So ist es zum Beispiel schon vorgekommen, dass jemand, der aus einem therapeutischen Umfeld zum Coaching kam, fest davon überzeugt war, dass Mitarbeiter

Ein Coach muss Bezug zur Lebenswelt des Klienten herstellen können.

grundsätzlich kein Vertrauen in ihre Vorgesetzten haben. Oder es wurden Vorschläge gemacht, die in der realen Arbeitswelt eher zu einer Abmahnung als zu einer Lösung des Problems führen. Schlichte Arbeitsverweigerung ist nun einmal kein Mittel, den Konflikt mit einem Chef konstruktiv auszutragen. Wenn ein Coach so gar keinen Bezug zur Lebenswelt seiner Klienten hat, nutzt ihm auch das beste psychologische Gespür nichts.

Mitarbeiter der gleichen Firma können sehr unterschiedliche Bezugsrahmen besitzen. Das birgt Konfliktpotenzial.

Ein Coach sollte, abgesehen von der Erweiterung seines eigenen Bezugsrahmens, auch gelernt haben, dass es bei den unterschiedlichen Berufsgruppen ebenfalls unterschiedliche Bezugsrahmen gibt. Ein Vertriebsmitarbeiter blickt anders auf die Welt als ein Controller oder ein Buchhalter, auch wenn alle drei in der gleichen Firma beschäftigt sind. Die Basis vieler Konflikte zwischen unterschiedlichen Abteilungen einer Firma beruht auf unterschiedlichen Bezugsrahmen: Für jemanden aus dem Vertrieb hat die Erfüllung von Kundenwünschen meist die oberste Priorität, denn er denkt an den Umsatz, der damit generiert werden kann. Für den Sachbearbeiter, der mehr in fließenden Arbeitsabläufen denkt, ist dieser Mann aus dem Vertrieb ein Störenfried, der ihm mit seinen Sonderwünschen alles durcheinander bringt. Da prallen zwei Bezugsrahmen aufeinander und keiner der beiden kann verstehen, „wie jemand so denken kann!".

In letzter Zeit lässt sich ein anderes Bezugsrahmenproblem zwischen älteren und jüngeren Führungskräften beobachten, dass nämlich ältere, die ihr ganzes Leben ihrer Karriere untergeordnet haben, überhaupt nicht nachvollziehen können, dass jüngere auf Karriereschritte freiwillig verzichten, weil sie andere Prioritäten setzen. Dementsprechend ungehalten reagieren sie manchmal auf diese Sicht der Dinge. Sie aufgrund ihres Alters als stur oder eigensinnig zu bezeichnen, greift zu kurz: Es ist ein allgemein zu beobachtendes Phänomen, dass ein anderer Bezugsrahmen leicht Ablehnung auslöst. Wie schnell reagiert man selbst ärgerlich, wenn man auf jemanden trifft, der „ganz unmögliche Ansichten" hat? Unbewusst steckt wohl die Überzeugung dahinter, dass der eigene Bezugsrahmen der „richtige" ist und dass man stillschweigend von der Annahme ausgeht, dass alle anderen die Welt genauso sehen, wie man selbst das tut. Einigermaßen akzeptieren lässt sich ein anderer Bezugsrahmen noch bei einer fremden Kultur, da wird geradezu erwartet, dass andere Werte, Sitten und Gebräuche herrschen. Konfrontiert aber der

Typisches Phänomen: Der eigene Bezugsrahmen ist der einzig „richtige".

gewohnte Alltag jemanden mit einem anderen Bezugsrahmen, fällt es ihm erheblich schwerer anzuerkennen, dass er selbst nicht das Maß aller Dinge ist. Und statt neugierig zu werden – was ja auch eine mögliche Reaktion wäre, die noch dazu den Vorteil hätte, dass so der eigene Bezugsrahmen erweitert und um neue Sichtweisen bereichert werden könnte –, ist die Reaktion oft Ärger, am liebsten über die „Beschränktheit" der anderen. Aber es gibt keine einzig wahre, richtige Sichtweise: Von seinem jeweiligen Bezugsrahmen aus gesehen, hat jeder immer Recht!

Glaubenssätze

Es gibt keine „objektive" Wahrnehmung der Wirklichkeit, auch wenn man sich das gerne einredet, denn der Bezugsrahmen eines jeden Menschen wirkt wie ein Wahrnehmungsfilter. Es ist dieser Filter, der bestimmt, wie Menschen die Außenwelt interpretieren. Im Bezugsrahmen eines Menschen fließen Selbstbild und Weltbild zusammen. Hinzu kommen die Erfahrungen, die im Laufe eines Lebens gemacht wurden sowie die Werte, die von Eltern und anderen Autoritätsfiguren übernommen wurden und jene, die jeder sich selbst angeeignet hat. Der Bezugsrahmen ist die Brille, durch die der Mensch auf die Welt schaut. Als Filter wirken dabei die eigenen Vorlieben, die Vorstellungen und die selbst gebildeten Meinungen sowie die bewussten und unbewussten Glaubenssätze, die man sich im Laufe des Lebens angeeignet oder von Autoritätspersonen übernommen hat. So hat jede Führungskraft bewusste und unbewusste Glaubenssätze darüber, was eine „gute" Führungskraft ist, wie sie ihre Rolle zu gestalten hat, aber auch, wie die Mitarbeiter ihre Rolle auszufüllen haben, um „gute" Mitarbeiter zu sein.

Ihre Glaubenssätze, Werte und Meinungen bestimmen, welchen Bezugsrahmen Menschen haben, wie sie ihre Außenwelt interpretieren.

Und natürlich haben auch Coachs bewusste und unbewusste Glaubenssätze darüber, wie ein guter Coach zu sein hat. Manchmal spielen auch unbewusste alte Glaubenssätze in die Arbeit hinein. Das war bei einem Coach der Fall, der eine Situation in die Supervision einbrachte, die ihm sehr zu schaffen machte: Als interner Coach in einer großen Firma arbeitete er mit einem Mitarbeiter, der immer wieder mit seinem Abteilungsleiter wegen der gleichen Probleme in Konflikt kam. Er hatte den Eindruck, in den Coaching-Sitzungen

Auch Coachs haben (un-)bewusste Glaubenssätze, die ihre Coachings beeinflussen können.

immer wieder gute Lösungsmöglichkeiten mit dem Mann zu erarbeiten, der jedoch in der konkreten Situation regelmäßig in sein altes Verhalten zurückfiel. Der Coach entwickelte einen ungeheuren Ehrgeiz, um zu verhindern, dass dem Mitarbeiter der Stuhl vor die Tür gestellt wurde. Immer wieder versuchte er, zwischen dem Mitarbeiter und dessen Vorgesetzten zu vermitteln. In der Supervision stellte sich heraus, dass der Coach Angst davor hatte, in diesem Fall zu scheitern, und dass das für ihn persönlich schlimm wäre. Auf weiteres Nachfragen wurde klar, dass sich in diesem Coachingfall ein altes Muster für den Coach wiederholte.

Schon in seiner Kindheit hatte er die Rolle übernommen, ständig zwischen Mutter und Vater zu vermitteln, um die Trennung der beiden zu verhindern. Er sah seine Aufgabe darin, die beiden zusammenzuhalten. In seinem Bezugsrahmen offenbarte sich somit ein unbewusster Glaubenssatz: Dass es für ihn ganz wichtig ist – und in seiner Kindheit war es für ihn ja auch quasi überlebenswichtig –, dass Leute im Konfliktfall zusammenkommen, sich einigen und keinesfalls trennen. Mit der Kenntnis dieses Glaubenssatzes, dass es seine Verantwortung sei, dafür zu sorgen, dass Menschen zusammenbleiben, war plötzlich nachvollziehbar, weshalb ihn dieses Coaching emotional so stark belastete.

Glaubenssätze werden nur implizit mitgeteilt.

Für Glaubenssätze gilt das gleiche wie für den Bezugsrahmen allgemein: Sie können nicht direkt erfragt werden, sie werden einem nur implizit mitgeteilt. Im Coaching ist es wichtig, sich Klarheit über die bewussten und unbewussten Glaubenssätze zu verschaffen, um Probleme lösbar zu machen.

! Glaubenssätze spielen bei der „Konstruktion" von Problemen häufig eine große Rolle.

Fallbeispiel: Der Glaubenssatz, ständig ansprechbar sein zu müssen.

Ein Manager, der ins Coaching kam, um sein „Zeitmanagement zu optimieren", gab als Grund an, dass er nie mit seiner Arbeit zu Rande käme, in Überstunden erstickte und kaum noch Zeit für Familie und Privatleben hätte. Bei näherem Nachfragen stellte sich heraus, dass er dem Glaubenssatz anhing: „Ein Chef ist nur dann wirklich gut, wenn er für seine Mitarbeiter jederzeit ansprechbar ist." Und so gestaltete er auch sein Arbeitsleben. Seine Tür stand immer offen, weshalb er ständig gestört wurde und seiner eigentlichen Arbeit erst nachgehen konnte, wenn alle anderen bereits zu Hause waren.

Da ihm dieser Glaubenssatz zunächst gar nicht bewusst war, hatte er ihn folglich auch nie infrage gestellt. Genau an diesem Punkt setzt die Arbeit des Coachs an: herauszuhören, dass jemand Glaubenssätze hat, die die Basis für sein Problem bilden. Der Coach muss sie sich aus dem, was implizit in den Schilderungen des Klienten mitgeteilt wird, erschließen, um sie dann ihm gegenüber auf den Punkt bringen zu können: „Verstehe ich Sie richtig, dass Sie das Gefühl haben, kein guter Chef zu sein, wenn Sie nicht den lieben langen Tag für Ihre Mitarbeiter da sind und jederzeit ein offenes Ohr für sie haben?“ Es wurde dem Manager erst in diesem Moment bewusst, dass das tatsächlich einer seiner Glaubenssätze war und dadurch konnte er sich damit auseinandersetzen, ob sein Verhalten, das darauf basierte, wirklich so sinnvoll war.

Glaubenssätze werden vehement verteidigt und mit Extrembeispielen gerechtfertigt.

Wenn jemand mit seinen Glaubenssätzen konfrontiert wird, wird er sie meistens zunächst einmal vehement verteidigen. Das geschieht oft, indem jemand von einem Extrem ins andere wechselt, um das andere Extrem als Rechtfertigung für seine Haltung zu nutzen: „Soll ich mich denn überhaupt nicht um meine Mitarbeiter kümmern? Ich hatte mal einen Chef, mit dem konnte man niemals reden, und ich habe mir geschworen, dass ich so nie werden will!“ In diesem Fall muss der Coach deutlich machen, dass „immer für die Mitarbeiter da sein“ und „nie für jemanden zu sprechen sein“ zwei extreme Pole sind und es darum geht, die für alle verträgliche Mitte zu finden. Indem man sich also bewusst Zeiten nimmt, in denen man nicht gestört werden will, und andere, in denen die Tür offen steht.

Glaubenssätze haben ihren Ursprung oft in Mustern aus der Kindheit.

Unbewusste Glaubenssätze haben ihre Ursache, wie wir bereits gesehen haben, sehr häufig in Mustern aus der Kindheit. Bei einem Klienten, der an seiner mangelnden Durchsetzungsfähigkeit arbeiten wollte und der sich nicht traute, seine Mitarbeiter auch einmal wegen offensichtlicher Arbeitsmängel zu konfrontieren, wurde durch Nachfragen offenbar, dass dahinter der Glaubenssatz stand: „Wenn ich meine Mitarbeiter konfrontiere, hören sie auf, mich zu mögen.“ Das Kind-Ich in der Führungskraft hatte Angst, abgelehnt zu werden. Erst nachdem der Coach das klar herausgearbeitet hatte, konnte der Klient daran gehen, etwas an seinem Verhalten zu ändern.

Glaubenssätze müssen nicht unbedingt etwas ausschließlich Individuelles sein: Es gibt Glaubenssätze, die in Firmen gelten und denen sich jeder Mitarbeiter zu unterwerfen hat. Ein berüchtigtes Beispiel ist ein Glaubenssatz, der in vielen Firmen herrscht und der besagt, dass E-Mails spätestens innerhalb von zwei Stunden beantwortet werden müssen, koste es, was es wolle. Da niemand sich traut, diesen Glaubenssatz infrage zu stellen, leiden die Führungskräfte ergeben unter der immerwährenden Störung ihrer Arbeit und sind ihrerseits sauer, wenn sie mal ein bisschen länger auf eine Antwort warten müssen. Hinter der Idee dieser Gewehr-bei-Fuß-Erwartung steckt natürlich ein weiterer Glaubenssatz, nämlich dass es für die Firma gut sei, sofort auf Mails zu reagieren: Es wird miteinander kommuniziert, jeder weiß über alles Bescheid, andere werden eingebunden – und dabei wird geflissentlich ausgeblendet, dass in Wirklichkeit lediglich ein komplexes System von Störungen etabliert wird, mit der Folge, dass Arbeiten die doppelte Zeit beanspruchen. Das aber ist genau das, was unbewusste Glaubenssätze bewirken: *Derjenige, der sie hat, blendet aus, welche negativen Implikationen in seinem gutgemeinten Handeln stecken.*

Glaubenssätze können sich auch firmenweit etablieren.

Negative Folgen gut gemeinter Glaubenssätze werden nicht auf diese zurückgeführt.

Die Führungskraft, die den Glaubenssatz hat „Ich bin nur dann ein guter Chef, wenn ich allzeit für meine Mitarbeiter da bin", und die ihnen deshalb viel zu viel von ihrer Arbeit abnimmt und für sie nach Problemlösungen sucht, blendet aus, dass sie die Mitarbeiter geradezu zur Passivität und Unselbstständigkeit „erzieht". Es ist zwar bequem für sie, schadet ihnen aber letztlich. Auf die Dauer ist kaum etwas so unbefriedigend, wie unterfordert zu werden – und spätestens bei einem anderen Chef gibt es ein böses Erwachen.

Werte

Die Glaubenssätze des Klienten verraten dem Coach, was ihm wirklich wichtig ist.

Die Glaubenssätze, ebenso wie das Öffnen der Worthülsen, verraten dem Coach viel über die Werte seines Klienten. Unter „Wert" wird in diesem Zusammenhang nicht lediglich ein moralischer Wert verstanden wie Ehrlichkeit, Pünktlichkeit, Fleiß oder Treue. Vielmehr bezeichnen wir mit Wert alles, was dem Klienten wichtig ist: Vielleicht ist ihm sein Ansehen sehr wichtig, dann stellt das einen hohen Wert für ihn dar. Oder es ist ihm wichtig, dass seine Mitarbeiter sich immer wohlfühlen, dann ist das Betriebsklima oder die Harmonie ein hoher Wert für ihn. Alles, was dem Menschen wichtig ist, fügt sich in eine, oft unbewusste, innere Werte-Hierarchie ein – und der Coach muss verstehen, wie die Werte-Hierarchie seines Klienten aussieht. Es macht nämlich keinerlei Sinn zu versuchen, eine Veränderung ausgerechnet gegen den höchsten Wert des Klienten zu erreichen.

Gegen die Werte-Hierarchie seines Klienten kann der Coach Veränderungen nicht durchsetzen.

Wenn absolute Zuverlässigkeit der höchste Wert ist, wird keine Intervention des Coachs greifen, die im Bezugsrahmen des Klienten auf „Unzuverlässigkeit" hinausläuft. Wenn es um Veränderungen geht, kann der Coach jedoch versuchen, den Wert des Klienten mit modifizierten Inhalten zu füllen, um ein nicht zielführendes Verhalten aufzulösen. Denn manchmal kann dem Klienten aufgezeigt werden, dass sein tatsächliches Verhalten nicht seinen guten Absichten entspricht. Beispielsweise wenn er seinen Mitarbeitern viel zu viel abnimmt, weil er glaubt, so seinem Wert „Mitarbeiter fördern" gerecht zu werden. Kann der Coach ihm aber klarmachen, dass er seine Mitarbeiter auf diese Weise klein hält, statt sie zu fördern, wird der Klient eher bereit sein, von ihnen auch etwas zu erwarten und dazu seinen Führungsstil zu ändern. Denn sein Wert gibt ihm die Motivation für die Veränderung.

Der Coach kann dem Klienten aufzeigen, wenn sein Verhalten seinem Wert entgegenwirkt.

Interventionen auf Ebene des Bezugsrahmens

Der Bezugsrahmen ist nichts, was so leicht gewechselt werden kann wie ein Hemd, dazu ist er zu sehr mit der eigenen Geschichte, den gemachten Erfahrungen und den fest verankerten Glaubenssätzen verbunden. Um Veränderungen auf der Ebene des Bezugsrahmens bewirken zu können, muss der Coach deshalb für den Klienten bedeutsam geworden sein. Er muss wichtig für ihn sein und der Klient muss seiner allgemeinen Kompetenz sowie seinem Urteil im zu behandelnden Problem vertrauen. Diese Voraussetzung ist unerlässlich, denn von jemandem, der keine Bedeutung besitzt, lässt niemand seinen Bezugsrahmen erschüttern. Die Bedeutsamkeit entscheidet darüber, wie bereitwillig und intensiv sich jemand mit dem auseinandersetzt, was der Gesprächspartner ihm sagt.

Ohne Vertrauen in den Coach wird der Klient seinen Bezugsrahmen kaum verändern.

Wenn ein Coach imstande ist, erfolgreich auf der Ebene des Bezugsrahmens zu intervenieren, so ist das für ihn ein sehr schneller Weg, Veränderungen beim Klienten zu erzielen. Wer einen ganz neuen Blick auf sich, das Problem, die eigene Rolle oder den eigenen Job werfen kann und diese neue Sichtweise akzeptiert, gewinnt sofort wieder jene Handlungsfähigkeit, die vorher verloren war. Aber so einfach die Theorie des Bezugsrahmens ist, so schwierig ist es, in der Praxis damit zu arbeiten.

Veränderungen im Bezugsrahmen sind die Voraussetzung für schnelle Verhaltensänderungen.

Das beginnt damit, dass ein Coach die Teile des Bezugsrahmens erfassen muss, die für das Problem relevant sind. Wenn das geschehen ist und der Coach zu verstehen glaubt, mit welchen Denkmustern und Glaubenssätzen der Klient an sein Thema herangeht, sollte er ihm darüber eine Rückmeldung geben. Damit bestätigt der Coach in gewisser Weise den Bezugsrahmen des Klienten, wenn auch nicht im Sinne von „Ich halte Ihren Bezugsrahmen für richtig", sondern im Sinne von „Ich habe Ihren Bezugsrahmen dieses Problem oder diese Aufgabe betreffend verstanden". Diese Art von Bestätigung ist für alle weiteren Interventionen unerlässlich, denn der Klient muss wissen: „Der Coach hat genau verstanden, weshalb das für mich ein Problem ist, er hat verstanden, wie ich denke und warum ich diese oder jene Vorgehensweise gewählt habe." Mit diesem Wissen kann er nämlich die Interventionen, die der Coach mit ihm erarbeitet, nicht abtun als „überflüssige Versuche, denn der Coach kapiert ja nicht, worum es mir geht, was eigentlich Sache ist".

Ein Coach muss dem Klienten überzeugend vermitteln, dass er weiß, worum es ihm geht.

Das Problem umdefinieren

Das Umdefinieren eines Problems gehört zu den wichtigsten Aufgaben eines Coachs, denn meist hat die Definition, die der Klient mitbringt, ihn bisher gehindert, sein Problem zu lösen. Jede Definition setzt eine bestimmte Sichtweise auf das Problem voraus, und wenn die eingenommen wird, so hat das zur Folge, dass auch nur noch über eine beschränkte Anzahl von Handlungsmöglichkeiten verfügt wird. Würde der Coach die Problemdefinition übernehmen, die der Klient anbietet, käme er wahrscheinlich schnell in eine ähnliche Situation wie dieser: Er würde in gleicher Weise auf das Problem schauen und sähe deshalb auch nur die gleichen, nicht funktionierenden Lösungsmöglichkeiten. Zu neuen Lösungsideen kommt man nur, wenn man das Problem von einer ganz anderen Seite her betrachtet. Als Beispiel sei hier der Fall eines jungen Ingenieurs genannt, dem ein Coaching angeraten wurde, weil er „zu unsicher" sei.

Das Umdefinieren eines Problems ermöglicht neue Sichtweisen.

Der Klient kam also mit der Problemdefinition ins Coaching, er sei zu unsicher und würde sich deshalb nichts zutrauen. Zustande gekommen war diese Problemdefinition auf folgende Weise: Der Ingenieur arbeitete bereits seit mehreren Jahren sehr zufriedenstellend als Projektleiter in seiner Firma und wurde eines Tages von seinem Vorgesetzten darüber befragt, wie er sich denn seine weitere Zukunft und seine nächsten Karriereschritte vorstelle. Er antwortete darauf, dass er sich sehr gut vorstellen könne, einfach seinen Job noch etliche Jahre weiterzumachen. Diese bescheidene und wenig karrierebewusste Reaktion ließ jedoch dem Vorgesetzten keine Ruhe. Der befand, ein junger Mann mit solchen Fähigkeiten müsse doch ehrgeizigere Ziele haben, er sei also wohl „zu unsicher und traue sich

Fallbeispiel: Die Problemdefinition eines Klienten, er sei zu unsicher, erweist sich als falsch.

zu wenig zu". Das gab nun seinerseits dem Ingenieur zu denken, der dadurch ziemlich verunsichert wurde und sich deshalb dem Rat, ein Coaching zu machen, nicht verschloss, weil er dachte, er müsse wahrscheinlich wirklich stärker an seiner Selbstsicherheit arbeiten.

Im Coaching stellte sich sehr schnell heraus, dass der Ingenieur sich weder seinen Projektmitarbeitern noch seinen Kunden gegenüber unsicher verhielt oder fühlte. Der Coach brachte jedoch einen anderen Ansatz ins Spiel, indem er sagte: „Mein Eindruck ist, dass Sie bisher nie überlegt haben – vielleicht weil die innere Erlaubnis dazu fehlte –, was Sie selbst eigentlich wollen. Wenn ich Ihre Lebensgeschichte anhöre, so stellt sich das doch so dar, dass die wesentlichen Impulse immer von außen kamen. Ihnen wurde etwas vorgeschlagen und das haben Sie gemacht – und zwar gut. Aber es hat noch nie den Moment gegeben, in dem Sie wirklich nachgespürt haben, was Sie tatsächlich selbst wollen. Deshalb ist mein Vorschlag, dass wir in erster Linie daran arbeiten, herauszufinden, was Sie wirklich für sich wollen. Denn die Erfahrung hat gezeigt, dass jemand, der weiß, was er will, auch in diese Richtung aktiv wird."

Die Aufgabe des Coachs ist oft, den Klienten zu den „eigentlichen" Problemen zu verhelfen, die zu lösen sind.

Aus der Problemdefinition „zu unsicher", die den Klienten in keiner Weise weitergebracht hätte und mit der er selbst auch tatsächlich nicht viel anfangen konnte, wurde das Problem: „herausfinden, was meine eigentlichen Ziele sind." Und das konnte, obwohl es auch nicht einfach war, schließlich zufriedenstellend gelöst werden. So gesehen, besteht die Aufgabe des Coachs oft nicht darin, die Klienten zu unterstützen, ihre Probleme zu lösen, sondern ihnen zu neuen Problemen zu verhelfen – und zwar solche, die sie lösen können. Das ist zwar etwas überspitzt formuliert, denn tatsächlich sind es meist nicht wirklich neue Probleme, sondern nur neue Sichtweisen auf ihr Problem, aber es zeigt doch, worum es geht: Aus einem unlösbaren ein lösbares Problem zu machen. Der Coach führt den Klienten einmal um sein Problem herum und lässt ihn dadurch von völlig anderen Seiten darauf schauen, sodass er Aspekte daran sieht, die ihm vorher nicht aufgefallen sind. Diese neuen Blickwinkel eröffnen ihm auch die Sicht auf alternative Lösungswege, die er bisher nicht erkannt hatte. Sein Bezugsrahmen hat sich geweitet.

Reframing

Eine Intervention, die sich anbietet, wenn mit dem Bezugsrahmen gearbeitet wird, ist das Reframing. Der Coach kann dem Klienten auf diesem Weg beispielsweise neue Sichtweisen auf das Problem anbieten. Er kann diese neuen Sichtweisen auch anderen Menschen in den Mund legen, etwa indem er sagt: „Ein Freund von mir/ein anderer Klient hatte ein ganz ähnliches Problem und er hat es von folgender Seite betrachtet ..., was ihn dazu gebracht hat, sich so und so zu verhalten ..." Das ist ein indirekter Weg, eine andere Sichtweise anzubieten, die aber trotzdem gut funktioniert, weil sie nicht invasiv ist. Der Coach gibt nicht vor „Man sollte Ihr Problem aber folgendermaßen sehen ...", sondern er erzählt einfach eine Geschichte. Eine Geschichte, die vom Klienten ein ganzes Stück „entfernt" ist, sodass er sich in Ruhe, ohne sich unter Druck zu fühlen, ansehen kann, wie die handelnde Person in dieser Geschichte agiert hat, um dann zu überprüfen, was davon für ihn brauchbar sein könnte.

Neue Sichtweisen indirekt vorschlagen, nicht anordnen.

Ein Beispiel für die heilsame Wirkung einer solchen Geschichte war bei einem Coaching zu erleben, bei dem klar wurde, dass der Klient ein großes Problem damit hatte, in schwierigen Situationen die Verantwortung zu übernehmen, die eine leitende Position nun einmal mit sich bringt. Ganz konkret wollte er sich weigern, Kündigungen auszusprechen und diese undankbare Aufgabe lieber an die Personalabteilung delegieren.

Fallbeispiel: Ein Klient hat Probleme, Verantwortung zu übernehmen.

Der Coach erzählte ihm daraufhin die Geschichte eines Projektleiters, der für ein Projekt verantwortlich war, bei dem es um etliche hundert Millionen Euro ging. Irgendwann im Laufe der Arbeiten wurde klar, dass es durchaus passieren könnte, dass das Projekt scheitert, aus Gründen, auf die das Team wenig Einfluss hatte. Der Projektleiter sagte daraufhin seinem Chef, dass er dafür die Verantwortung nicht würde übernehmen wollen. Der Chef hörte sich das stillschweigend an und rief nach seiner Sekretärin. Zu ihr sagte er: „Frau Sowieso, bitte informieren Sie doch die Personalabteilung, dass Herr X hier eine Änderungskündigung machen will!" Der erschrockene Projektleiter fiel aus allen Wolken und fragte: „Wie bitte, wie kommen Sie denn darauf? Ich will doch keine Änderungskündigung machen!" Der Chef antwortete seelenruhig: „Doch, das haben Sie gerade gesagt. Sie wollen nicht mehr verantwortlich sein für das Projekt, also wollen Sie als Leiter zurücktreten. Ich kann doch keinen Projektleiter brauchen, der nur für die Schönwettertage zuständig ist! Wer die Verantwortung haben will – und dafür auch gut bezahlt wird –, der hat die gesamte Verantwortung. Und das wollen Sie ja offenbar nicht!" Der Projektleiter überlegte sich daraufhin seine Haltung noch einmal.

Nun kann man vielleicht geteilter Meinung darüber sein, ob das drastische Vorgehen des Chefs hundertprozentig wünschenswert ist. Aber diese Geschichte verfehlte nicht ihre Wirkung auf den Klienten, dem dabei klar wurde, dass auch er sich nicht einfach nur die Rosinen aus seinem Job herauspicken konnte. Ohne den Klienten knallhart zu konfrontieren, konnte der Coach ihm mit der Geschichte die Fragwürdigkeit seiner Haltung aufzeigen.

Für Verwirrung sorgen

Den Bezugsrahmen durch Verwirrung erweitern.

Eine weitere Möglichkeit, den Bezugsrahmen des Klienten zu erweitern, ist, gezielt für Verwirrung zu sorgen. Diese Intervention ist interessant, weil Verwirrung immer zur Folge hat, dass der vorhandene Bezugsrahmen für einen Moment außer Kraft gesetzt ist. Der Klient kann also im Moment nicht einordnen, was der Coach sagt, er kann kein Urteil darüber fällen. Dazu muss der Coach dem Klienten allerdings vorab eindeutig signalisiert haben, dass der ihn richtig verstanden hat. Ansonsten würde der Klient aufgrund der verwirrenden Aussage des Coachs zu dem Schluss kommen: „Der Coach versteht gar nicht, worum es mir geht." Wenn dem Klienten diese Möglichkeit nicht bleibt, er aber mit einer ihn völlig verwirrenden Äußerung des Coachs konfrontiert ist, hat er nur die Alternative, sich auf die Sinnsuche zu begeben. Das ist der gewünschte Effekt: Die Verwirrung löst intensive innere Suchprozesse aus.

Bevor der Coach den Klienten verwirrt, muss er ihm bewiesen haben, dass er ihn versteht.

Voraussetzung ist allerdings auch hier, dass der Coach für den Klienten bedeutsam geworden ist. Verwirrende Äußerungen aus dem Mund eines Menschen, von dem er nichts hält, tut er einfach ab, über die denkt er nicht nach. Wenn der Coach jedoch bedeutsam ist für den Klienten und der Ausweg „Der Coach ist plötzlich verrückt geworden" oder „Der Coach hat das Problem nicht verstanden" nicht funktioniert, wird er anfangen, nach dem Sinn zu suchen.

Diese Suchprozesse führen oft dazu, dass der Suchende kreativ wird und probiert, die Dinge auf eine neue Art zu verstehen, was ihn auch zu neuen Lösungsansätzen bringt.

Die Sichtweise des Klienten verwirren, indem er mit seinem höchsten Wert in Konflikt gebracht wird.

Die Verwirrung kann durch unterschiedliche Strategien ausgelöst werden. Der Coach kann den Klienten zum Beispiel mit seinem höchsten Wert in Konflikt bringen. Dazu muss er bereits in der Problemanalyse und beim Erfassen des Bezugsrahmens herausgearbeitet und verstanden haben, was dem Klienten wirklich wichtig ist. Weiter oben haben wir gesagt, dass es keinen Sinn macht, gegen den höchsten Wert eines Klienten anzugehen – es wird zwar immer wieder probiert, aber nie erfolgreich. Erfolgversprechender ist der Versuch, den höchsten Wert anders zu füllen.

Fallbeispiel: Eine Führungskraft, die immer für ihre Mitarbeiter da sein will.

Nehmen wir das Beispiel einer Führungskraft, die als einen der höchsten Werte hat, immer für ihre Mitarbeiter da zu sein und sie nach Kräften zu unterstützen. Die Folge des Glaubenssatzes des Klienten, dass er nur dann eine gute Führungskraft ist, wenn er immer für seine Mitarbeiter ansprechbar ist, ist zum einen, dass seine Tür immer und allezeit für jeden offen steht, und zum anderen, dass er immerzu die Verantwortung für die Lösung der Probleme übernimmt, mit dem die Mitarbeiter zu ihm kommen. Er will sie schließlich unterstützen. Für die Mitarbeiter hat das auf den ersten Blick viele Vorteile: Wenn das, was der Chef als Lösung vorschlägt, schiefgeht, sind sie fein raus, denn es war ja nicht ihre Idee. Selbst nachdenken und aktiv werden müssen sie auch nicht, also ist solch ein Chef eine bequeme Sache. Die Nachteile für die Mitarbeiter fallen erst beim zweiten Hinsehen auf: Sie brauchen keinerlei Kompetenz zu entwickeln, um Probleme zu lösen. Sie sind überhaupt nicht darin trainiert, die Verantwortung für ihre Probleme zu tragen, und erhalten auch damit keine Anregung, ihr volles Potenzial zu entwickeln. Das ist nicht unbedingt von Belang, solange sie für diesen Vorgesetzten arbeiten. Aber wie würde es für sie aussehen, wenn sie, aus welchem Grund auch immer, einen anderen Chef haben? Dann könnte sich das, was vorher so bequem und praktisch war, durchaus als Fallstrick erweisen.

Ins Coaching ist der Klient gekommen, weil er ein großes Problem mit seinem Arbeitspensum hat, denn die Rückdelegationen, die er annimmt, fressen seine ganze Zeit auf. Um daran etwas zu ändern, muss er seine Mitarbeiter mehr fordern. Doch wie kann er das, wenn er glaubt, dann kein guter Chef mehr zu sein? Gegen seinen höchsten Wert „Mitarbeiter nach besten Kräften unterstützen" zu argumentieren, wäre fruchtlos. Der Coach kann allerdings all die negativen Aspekte seines Verhaltens, die bislang noch gar nicht in seinen wohlmeinenden Blickwinkel geraten waren, dazu nutzen, ihn in Konflikt mit der bisherigen Auslegung seines höchsten Wertes zu bringen. Der Coach könnte zum Beispiel die für den Klienten zunächst schockierende Aussage machen: „Ich kann überhaupt nicht verstehen, dass jemand wie Sie, dem es angeblich so wichtig ist, für seine Mitarbeiter da zu sein, die Mitarbeiter so im Regen stehen lässt." Der Klient, der das nicht versteht, wird nachfragen, wie der Coach das meint. Und der Coach, der das so schnell nicht durch eine Erklärung auflösen will, wird die Verwirrung noch erhöhen, indem er erwidert: „Genauso, wie ich es gesagt habe: Ich finde es schon fast grenzwertig, was Sie mit Ihren Mitarbeitern machen. Das hat mit Unterstützung nichts zu tun."

Das macht den Klienten noch ratloser, denn nach seinem Weltverständnis gibt er sich doch redlich Mühe mit seinen Mitarbeitern. Nun kann der Coach entweder noch einmal in die gleiche Kerbe hauen, wobei man es damit auch nicht übertreiben sollte, oder er kann beginnen, das Rätsel aufzulösen: „Schauen Sie, mit Ihnen als Chef geht es den Mitarbeitern scheinbar gut, aber in Wirklichkeit lernen sie nichts und bleiben hinter ihren Möglichkeiten zurück. Was passiert wohl mit Mitarbeitern, die immer nur mit Problemen, aber nie mit Lösungen kommen und die nur auf Weisung funktionieren, wenn sie einen anderen Chef haben? Die sind schneller gefeuert, als sie ‚Aber warum denn?' fragen können. Man tut niemandem einen Gefallen, wenn man seine Passivität und Inkompetenz fördert, statt ihn zu selbstständigem Denken und Handeln zu ermutigen. Erweisen Sie Ihren Mitarbeitern also einen wirklichen Dienst, indem Sie Rückdelegationen ablehnen. Ermuntern Sie diese vielmehr, aktiv zu werden, fordern Sie Lösungen und tragen Sie so zur Entwicklung Ihrer Mitarbeiter bei."

Der Coach zwingt den Klienten zum Nachdenken, ob sein Verhalten seinen Werten wirklich entspricht.

Wenn die Beziehung zwischen Coach und Klient gut und die nötige Bedeutsamkeit des Coachs vorhanden ist, wird der Klient nun innehalten und die bisherige Definition seines höchsten Wertes überdenken, denn sein Bezugsrahmen ist ins Wanken gekommen. Sein höchster Wert hat zwar nach wie vor Gültigkeit, aber er ist verunsichert, ob er mit seinem

Verhalten diesem Wert gerecht wird. In diesem Moment sind die Weichen für eine Verhaltensänderung gestellt. Das ist zwar noch ein „instabiler" Zustand, da die alten Verhaltensweisen durch viele Gewohnheiten und lange Übung sehr gefestigt sind, aber es wurde schon an der Grundmauer gerüttelt.

Anschauliche Geschichten bleiben im Gedächtnis und können die neue Sichtweise festigen.

Wenn der Coach merkt, dass der Bezugsrahmen erschüttert ist und der Klient bereit ist, seinen Blickwinkel zu verschieben, wird er diese neue Sichtweise sofort, so gut es geht, festigen – zum Beispiel mit Geschichten, die diese Sicht der Dinge unterstützen. Der Klient erhält auf diese Weise „Material" für seine Denkprozesse, das ihm hilft, den veränderten Blick auf die Welt einzuordnen. Es schadet gar nichts, wenn der Coach zwei oder drei ganz ähnliche Geschichten mit der gleichen „Moral" erzählt, beispielsweise von Mitarbeitern, die in Teufels Küche kamen, nachdem ein Chefwechsel stattgefunden hatte. Denn Geschichten bleiben wesentlich besser im Gedächtnis haften, als wenn dem Klienten unter Zuhilfenahme von Führungstheorien erklärt wird, weshalb sein Verhalten nicht nur für ihn, sondern auch für die Mitarbeiter ungünstig ist.

Die Beispiele aus den Geschichten helfen ihm, sich im Alltag daran zu erinnern: „Halt! Ich will jetzt nicht sofort daran gehen, das Problem meines Mitarbeiters zu lösen, sondern will ihn dazu bringen, das selbst zu tun." Sein Denken wird sich dadurch in eine neue Richtung orientieren, dahingehend, seine Mitarbeiter tatsächlich zu entwickeln. Sein Bezugsrahmen darüber, wann er seine Rolle als Führungskraft gut ausfüllt, hat eine Erweiterung erfahren: Er ist nicht dann gut, wenn er den Mitarbeitern alles abnimmt, sondern dann, wenn er sie so gut vorbereitet, dass sie ihre Aufgaben möglichst selbstständig und kompetent erledigen können. Der Coach hat – ohne gegen den höchsten Wert des Klienten zu argumentieren – erreicht, dass er den Wert mit einem neuen Inhalt füllt. Ein Inhalt, der ihm erlaubt, während seiner Arbeitszeit seine eigenen Aufgaben zu erledigen.

Die 180-Grad-Wende

Eine andere Möglichkeit, einen Bezugsrahmen durch „Schock" zu erschüttern, kann als die „180-Grad-Wende" bezeichnet werden. Ein Klient hat zum Beispiel das Problem, mit einem schwierigen Vorge-

Fallbeispiel: Probleme als Glücksfall sehen – und die Bedrohung zur Herausforderung werden lassen.

setzten geschlagen zu sein oder mit einem schwierigen Mitarbeiter, den er nicht in den Griff bekommt – und die Situation ist wirklich so prekär, dass auch ein Coach denken könnte: „Wenn nur die Hälfte von dem stimmt, was der Klient erzählt, möchte ich nicht mit ihm tauschen." Der Coach hört sich das Elend eine ganze Weile geduldig an und reagiert dann mit einer völlig unerwarteten Intervention: Er definiert das, was der Klient als sein Unglück geschildert hat, als einen eigentlichen Glücksfall für ihn. Der Coach könnte zum Beispiel sagen „Im Moment kann Ihnen doch gar nichts Besseres passieren als genau so ein Chef oder genau so ein Mitarbeiter" und lässt diesem gänzlich unverständlichen Satz eine Pause folgen. Der Klient braucht schließlich Zeit, um nach möglichen Lösungen für diese rätselhafte Äußerung zu suchen. Der Coach ist nicht verrückt geworden, er schien das Problem auch verstanden zu haben. Was also kann er meinen?

Auch auf Nachfragen bestätigt der Coach, dass er es genauso meint, wie er es sagt, um dann die Verwirrung des Klienten aufzulösen – selbstverständlich mit einer sinnvollen und stichhaltigen Erklärung, damit der Klient sich nicht verschaukelt fühlt. Eine Auflösung könnte zum Beispiel lauten: „Solche Chefs wie Ihren gibt es immer wieder. Selbst wenn Sie jetzt kündigen und sich eine neue Stelle suchen, ist das doch keine Garantie dafür, dass Sie nicht wieder an einen ganz ähnlichen Typen geraten. Deshalb ist es doch sehr sinnvoll, zu lernen, mit so schwierigen Menschen umzugehen. Und im Moment haben Sie mit Ihrem Chef einen hervorragenden Trainingspartner – der lehrt Sie echt alles, was es zu lernen gibt, und trainiert Sie täglich. Sie können jetzt sehr kreativ werden, wie Sie mit ihm umgehen und wir können gemeinsam untersuchen, welche Reaktionsmöglichkeiten Sie haben, wie Sie vielleicht auch einmal ungewöhnlich reagieren können." Die gleiche Argumentation gilt natürlich auch für den Fall des schwierigen Mitarbeiters.

Diese neue Sichtweise – „Ich könnte den Chef/den Mitarbeiter nicht als mein größten Unglück ansehen, sondern als einen Sparringspartner", der natürlich, wie beim Boxtraining auch, nicht nur dasteht und sich verprügeln lässt, sondern der seinerseits angreift und dadurch schwierig auszurechnen ist – verändert oft grundlegend die innere Haltung und auch die Emotionalität. Was vorher eine Bedrohung war, wird jetzt als Herausforderung betrachtet, als Möglichkeit, etwas zu lernen.

Damit diese Intervention funktioniert, muss die Verwirrung vorher groß genug gewesen sein. Nur platt zu sagen „Betrachten Sie Ihren Chef doch einfach als Trainingspartner" hat keinerlei Wirkung, sondern zieht nur ein „Ja, aber ..." nach sich – verbunden mit einer noch intensiveren Schilderung, wie schrecklich alles ist. Erst eine Intervention, die alle Einordnungsmöglichkeiten außer Kraft setzt und das unangenehme Gefühl der Verwirrung entstehen lässt, öffnet den Menschen für neue Sichtweisen. Auch deren Gelingen setzt allerdings voraus, dass die Beziehung zum Klienten gut ist und der Coach bereits Bedeutsamkeit für ihn gewonnen hat. Er darf solch eine Intervention deshalb nicht zu früh einbringen, sonst wird sie lediglich als Unfug abgetan oder der Coach verliert seine Vertrauenswürdigkeit. Und man darf sie keinesfalls mit Provokation verwechseln. Es geht dem Coach nicht darum, den Klienten zu provozieren, sondern ihn dahin zu bringen, seine Situation aus einer radikal anderen inneren Haltung zu betrachten und einzuordnen. Provokation hat ja häufig etwas mit Übertreibung zu tun, man macht die Dinge so viel größer oder kleiner (ohne das wirklich so zu meinen), dass der andere beginnt, sich gegen diese Sichtweise zu wehren. Doch das ist hier keineswegs die Absicht des Coachs. Der meint seine Aussage „Ihnen könnte im Moment gar nicht Besseres passieren" ganz ernst und sagt sie nicht einfach so dahin.

Solche Interventionen setzen ein gewachsenes Vertrauen voraus, sie dürfen daher nicht zu früh eingesetzt werden.

Ändert der Klient seine Einstellung, lässt sich als Folge übrigens häufig beobachten, dass auch im Verhalten seines Konfliktpartners eine Änderung eintritt. Wenn der eine nicht mehr im Kampfmodus auftritt, verändert das seine Kommunikation so grundlegend, dass auch der andere eine veränderte Haltung einnehmen kann. Kommunikation ist eben immer ein systemisches Gefüge.

Unangenehme Konsequenzen ableiten

Will der Coach eine Erweiterung des Bezugsrahmens erzielen, hat er auch die Möglichkeit, den Bezugsrahmen des Klienten zu übernehmen, daraus jedoch Konsequenzen abzuleiten, die gar nicht in dessen Sinne sind. In einem Coaching gab es den Fall einer Führungskraft, die davon überzeugt war, ausschließlich von Nichtskönnern umgeben zu sein. Die einzige Abhilfe für ihre Probleme sah die Führungskraft darin, das gesamte Team auszutauschen. Da

Den Bezugsrahmen des Klienten übernehmen, aber gänzlich andere Rückschlüsse daraus ziehen.

Fallbeispiel: Eine Führungskraft hält das gesamte Team für unfähig.

die Beziehung zwischen Coach und Klient wirklich gut war, konnte der Coach folgende Intervention wagen: Er fragte, wer die Leute denn alle eingestellt hätte. Als sich, wie erwartet, herausstellte, dass der Klient beim Auswahlprozess mitgewirkt hatte, verwirrte ihn der Coach mit der Aussage: „In meinen Augen sind Sie in der Firma am vollkommen falschen Platz – Sie machen einfach den falschen Job!" Auf die Nachfrage, warum der Coach das glaube, antwortete er: „Sie sollten eigentlich in der Personalabteilung arbeiten." „Aber wieso?" „Weil Sie der denkbar beste Vorfilter wären für all die Leute, die man besser nicht einstellt, weil sie sich dann doch als Luschen erweisen. Auf all die, die Sie auswählen, sollte man besser gleich verzichten." Das war eine Schlussfolgerung aus seinem Problem, die dem Klienten so gar nicht gefiel. Dass seine Schwierigkeiten daher rühren sollten, dass er eine idiotische Personalauswahl getroffen hatte, konnte er so nicht stehen lassen – und peu à peu wurden auf magische Weise die Mitarbeiter besser. Allerdings muss für eine solche Intervention die Beziehung zwischen Coach und Klient wirklich gut sein, sonst fühlt sich der Klient lediglich auf den Schlips getreten.

Fallbeispiel: Der Klient führt seine Vorgesetzten vor.

Ein anderes Beispiel ist das eines Klienten, der aufgrund seines Verhaltens einen empfindlichen Karriereknick hinnehmen musste und sogar kurz vor dem endgültigen Aus in seiner Firma stand. Er ließ sich immer wieder dazu verleiten, hierarchisch Höherstehende vorzuführen und „anzuschießen", wenn er Inkompetenz oder Ungerechtigkeit witterte. Da er fachlich hervorragend und sehr intelligent war, traf er dabei immer ins Schwarze. Seine Oberen wussten das natürlich gar nicht zu würdigen, fanden ihn einfach unerträglich und zur Zusammenarbeit nicht fähig. Seine buchstäblich letzte Chance in dieser Firma war ein Coaching. Dem Coach gegenüber begründete er sein Verhalten damit, dass er eben sehr geradeheraus sei, sich nicht verbiegen wolle und immer offen und ehrlich seine Meinung sage. Und das alles könne er auch leider nicht ändern, denn: „Ich bin eben so, da kann man gar nichts machen!"

Eine denkbar schlechte Voraussetzung für ein Coaching – denn wenn jemand so ist, wie er ist, hilft auch der beste Coach nichts. Der Coach ging auf die Problematik sehr verständnisvoll ein und übernahm zunächst diesen Bezugsrahmen: „Ja, das sehe ich ein. Sie sind, wie Sie sind – und da kann man auch nichts machen. Es steckt vielleicht in Ihren Genen, da ist man machtlos." Dann zog er daraus jedoch eine Schlussfolgerung, die so gar nicht in das Selbstbild dieses aufrechten Kämpen passte: „Aber Sie sind dadurch natürlich total manipulierbar. Sie müssen ja so sein, wie Sie nun einmal sind. Das ist wie bei einem Hampelmann: Wenn man bei dem unten zieht, dann reißt er die Arme hoch!" Der Coach unterstrich diese Deutung noch, indem er seine Arme nach oben riss, sodass dem Klienten sehr plastisch vor Augen geführt wurde, was mit Hampelmann gemeint war. Im Verlauf der Sitzung brachte er die Hampelmann-Metapher noch mehrere Male ins Spiel, ließ ihn immer wieder wissen: „Wenn man halt so ist, wie man ist, reagiert man zwangsläufig wie ein Hampelmann. Und die anderen können dann mit einem machen, was sie wollen, denn sie können sich ja darauf verlassen: Sie brauchen nur am Fädchen zu ziehen, schon reißt er die Arme hoch!"

Schließlich hatte der Klient genug von diesem Bild, statt als aufrechter Kämpfer als willenloser Hampelmann dazustehen. Nach etwa dem fünften Mal begann er zu überlegen, dass er sein Verhalten eigentlich doch selbstbestimmt gestalten und damit verändern könnte. Sein Bezugsrahmen hatte sich um die Erkenntnis „Ich kann mich verändern, ohne mich zu verbiegen" erweitert.

Gezielte Provokation

Der oben geschilderte Umgang mit dem Bezugsrahmen des Klienten besaß zwar schon ein provokatives Element, aber es war schwer für den Klienten, sich dagegen zu wehren, denn seine Sicht ist ja voll und ganz vom Coach übernommen worden, nur die daraus abgeleitete Konsequenz war ihm ganz und gar nicht recht. Man kann auch ganz auf die Provokation setzen, um dem Klienten einen Impuls zu geben und seinen Blickwinkel zu verändern. Ein berühmtes Beispiel dafür ist der amerikanische Therapeut Frank Farelly, der die „Provokative Therapie" entwickelt hat und deren Methoden inzwischen auch Eingang ins Coaching gefunden haben. Ein Hauptbestandteil dieser Technik besteht darin, als Coach ganz konsequent den Standpunkt der Nichtveränderung zu vertreten: „Ändern Sie keinesfalls irgendetwas, denn dadurch wird alles nur noch schlimmer!" Dieses „Schlimmer werden" wird schließlich so maßlos übertrieben, bis es einen Grad an Absurdität erreicht hat, der auch den verstocktesten Klienten zum Lachen bringt.

Provokative Therapie: Als Coach konsequent den Standpunkt der Nichtveränderung vertreten.

Provokatives Arbeiten funktioniert umso leichter, je höher das Ansehen ist, dass der Coach beim Klienten genießt. Der Coach muss jedoch nicht nur große Fachkompetenz besitzen, sondern auch in der Lage sein, jederzeit sein freies Kind-Ich zu besetzen. Es ist nicht jedem Coach gegeben, so zu arbeiten, denn er muss selbst sehr viel Humor mitbringen und er muss eine wirklich sehr gute Beziehung zum Klienten haben. Schließlich darf er sich nicht scheuen, unter Umständen ziemlich drastisch in seinen Zuschreibungen zu werden, etwa indem er dem Klienten erklärt: „Es gibt nunmal zwei Sorten Menschen. Die einen klettern die Erfolgsleiter hoch, die anderen halten sie fest, damit die, die hochklettern, nicht runterfallen – und Sie gehören eben zur zweiten Sorte!"

Der Coach soll den Klienten nicht verärgern, sondern zum Lachen und Argumentieren bringen.

Es zeichnet einen guten provokativen Coach aus, dass der Klient daraufhin nicht wutschnaubend geht, sondern darüber lachen muss – um dies zum Anlass zu nehmen, sich gegen die Zuschreibungen zu wehren und somit zu beginnen, die Seite der Veränderung einzunehmen. Das darf den Coach jedoch nicht dazu verleiten, den Klienten nun sofort zu seiner neuen Erkenntnis zu beglückwünschen und auf dieser Schiene einzusteigen. Er muss vielmehr noch eine Weile auf seinem Standpunkt der Nichtveränderung beharren und dagegen halten, sodass der Klient gezwungen ist, seine Seite durch eine Reihe weiterer Argumente zu stabilisieren.

Auch wer nicht gleich ganz und gar auf die provokative Linie einschwenken möchte, kann Elemente davon in seine Arbeit übernehmen, etwa indem man einzelne Aspekte übertreibt. Aber auch das geht nur, wenn die Beziehung zwischen Coach und Klient vollkommen intakt ist. Absolut ausgeschlossen sind alle provokativen Ansätze, wenn der Coach sich gerade über seinen Klienten geärgert hat – das soll ja gelegentlich vorkommen –, denn dann ist die Gefahr zu groß, dass der Coach die provokative Äußerung nutzt, um seinen Ärger loszuwerden. Das wird der Klient mit Sicherheit spüren mit der Konsequenz, dass ihm bei der Äußerung des Coachs kaum zum Lachen zumute ist. Damit fällt aber auch das wesentliche Moment weg, weshalb die provokative Arbeit überhaupt funktioniert.

Vorsicht: Provokatives Arbeiten wird kontraproduktiv, wenn sich der Coach über seinen Klienten ärgert.

Frank Farelly hat als Hauptkriterium für das Gelingen von provokativer Arbeit definiert, dass der Coach den Klienten mit seinen

Übertreibungen auch tatsächlich zum Lachen bringt. Wenn das nicht innerhalb von fünf Minuten passiere, so Farelly, könne man davon ausgehen, dass im Prozess etwas nicht stimme. Damit die Provokationen richtig ankommen, sollte der Coach über eine ausgeprägte theatralische Ader verfügen, sodass er seine Übertreibungen mit der entsprechenden Mimik und Gestik würzen kann. Das allein reizt den Klienten zum einen schon zum Lachen und teilt ihm zum anderen auf der nonverbalen Ebene mit: „Ich meine das nicht im Ernst, dass du ein Idiot und Versager bist. Ich will dir nur zeigen, wohin das führt, wenn *deine* Gedankengänge konsequent weiter verfolgt werden, damit du selbst siehst, wie absurd das ist."

Theatralik „würzt" die Übertreibung.

Kapitel 3

Skript

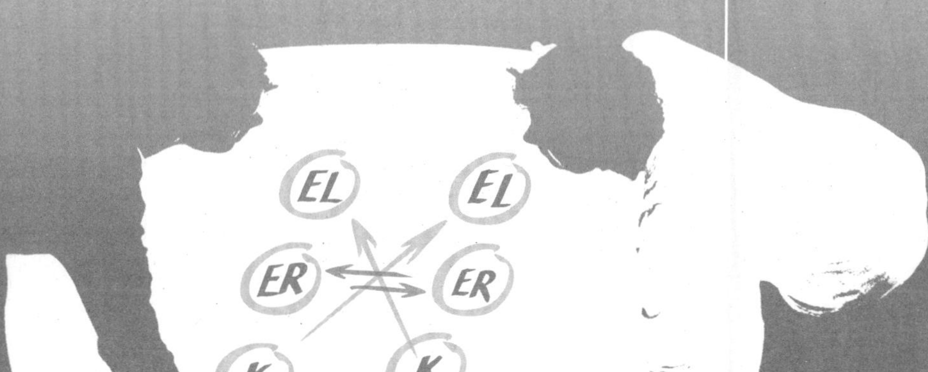

Im dritten Kapitel lesen Sie:

▶ **Grundlegendes zum Skript:** Wie sich der „unbewusste Lebensplan" des Menschen bildet und warum er uns immer wieder in die gleichen Déjà-vu-Erlebnisse tappen lässt. .... S. 125

▶ **Die Einschärfungen:** Die zwölf zentralen Einschränkungen und Verbote eines Skripts, welches Verhalten sie prägen und wie ihnen im Coaching begegnet werden kann. .... S. 133

- Sei nicht .... S. 133
- Sei nicht du .... S. 136
- Fühl nicht .... S. 139
- Zeig keinen Ärger .... S. 141
- Sei nicht wichtig .... S. 144
- Sei nicht erfolgreich .... S. 149

Die „Check-your-Mind-Methode" und der „innere Erfolgsfilm" als Möglichkeiten, gegen innere Einschärfungen vorzugehen. ...... S. 155

- Sei kein Kind .... S. 160
- Werd nicht erwachsen .... S. 162
- Denk nicht .... S. 164
- Sei nicht nah .... S. 166
- Gehör nicht dazu .... S. 169
- Sei nicht gesund .... S. 172

▶ **Die Antreiber:** Die fünf Antreiber sind das Pendant der Einschärfungen. Wie entwickeln sie sich, welche Schwierigkeiten lösen sie aus und wie können Antreiber im Coaching entschärft werden? ..... S. 173

- Sei perfekt .... S. 174
- Mach's anderen Recht – Sei gefällig .... S. 180
- Streng dich an .... S. 186
- Sei stark .... S. 189
- Beeil dich .... S. 193

▶ **IntrovisionCoaching:** Ein innovativer Coaching-Ansatz, um innere Konflikte des Klienten aufzulösen .... S. 196

- Die Theorie hinter den Alarmen .... S. 198
- Wie gehen Menschen üblicherweise mit Alarmen um? .... S. 200
- Wie können Alarme gelöscht werden? .... S. 201
- Wie IntrovisionCoaching wirkt – ein Praxisbeispiel .... S. 203

Grundlegendes zum Skript

Nicht immer kann im Coaching dem Klienten mit relativ einfachen Mitteln wie einem Rollenspiel wirklich weitergeholfen werden. Auch das Beleuchten einer schwierigen Situation aus unterschiedlichen Blickwinkeln genügt manchmal nicht, um das Problem zu beheben. Es bleibt einfach schwierig, weil der Klient nicht in der Lage zu sein scheint, das, was er in der Coachingsitzung erkannt hat, auch in seinem Verhalten umzusetzen. In solchen Fällen muss eine tiefer gehende Problemanalyse erfolgen, bei der man für gewöhnlich auf das „Skript" stößt.

Menschen erwerben in ihrer Kindheit Glaubenssätze und Verhaltensmuster, nach denen sie in immer gleicher Weise agieren.

Das „Skript" ist ein Konzept der Transaktionsanalyse und geht davon aus, dass Menschen in der Kindheit eine Kombination aus Glaubenssätzen und Verhaltensmustern entwickeln, die dazu führt, dass sie immer wieder auf die gleiche Art und Weise agieren. Diese manifestierte Verhaltensweise zieht sich fortan wie ein roter Faden durch die Lebensgeschichte. Das „Skript" ist sozusagen das Lebensdrehbuch des Menschen und daher kommt auch der Begriff, den Eric Berne gewählt hat: das Script als Drehbuch. Denn ähnlich wie bei einem Drehbuch im Film, das die Rolle für den Schauspieler festschreibt und ihm die Möglichkeit nimmt, aus dem Schurken den romantischen Liebhaber zu machen, legt das Skript bestimmte wiederkehrende Verhaltensmuster fest – allerdings ohne dass diese dem Menschen bewusst sind. „Skript" steht somit für den unbewussten Lebensplan, der immer wieder zu ganz bestimmten Ergebnissen führt. Für den Coach heißt das: Hat er das Skript seines Klienten verstanden, kann er mit großer Sicherheit vorhersagen, wie dieser zum Beispiel in Stress-Situationen reagieren wird. Insbesondere wenn sie unter Stress geraten, verhalten sich Menschen nach vertrauten Mustern, quasi „skriptgerecht".

Das Skript ist ein unbewusstes „Lebensdrehbuch" und wirkt besonders in Stress-Situationen.

Nicht bei jedem Menschen ist das Skript in gleichem Maße ausgeprägt. Manche Menschen haben Skriptglaubenssätze, die zwar vorhanden sind, ihr Leben aber nur vergleichsweise gering beeinträchtigen, während bei anderen das Leben davon absolut dominiert wird. Wie stark sich das Skript auswirkt, hängt davon ab, wie intensiv die Gebote und Verbote vermittelt wurden. Wem sie im wahrsten Sinn des Wortes eingeprügelt wurden, dem ist es in der Kindheit kaum gelungen, sich allein auf sich gestellt, ohne die Hilfe eines anderen Menschen, innerlich davon zu distanzieren. Wer jedoch das Glück hatte, Bezugspersonen zu besitzen, die die Einschärfungen von Mutter oder Vater relativierten, weil sie ganz andere Botschaften vermittelten, oder in wessen Leben weniger gravierend eingegriffen wurde, der konnte sich leichter von den Einschränkungen frei machen.

Manche Menschen sind wenig, andere sind stark skriptdominiert.

Fallbeispiel: Ein Unternehmer führt das väterliche Unternehmen in kurzer Zeit an den Rand des Konkurses.

Das Skript erklärt plausibel einige Gegebenheiten aus der Lebensgeschichte mancher Menschen, die ansonsten gänzlich unverständlich wären. So etwa den Fall eines Unternehmers, der ein Coaching machte, weil er das väterliche Unternehmen innerhalb weniger Monate an den Rand des Ruins geführt hatte. Im Coaching wurde die Situation des Unternehmens analysiert und es wurde klar, dass schnell eine Lösung gefunden werden musste. Die Lage war so dramatisch, dass sofort Wege gesucht und gefunden werden mussten, Umsatz zu generieren, um wieder liquide zu werden. Da sich der Klient, bevor er die Firma des verstorbenen Vaters übernahm, in einem Konzern als hervorragender Verkäufer erwiesen hatte, wurde im Coaching vereinbart, dass er von Stunde an vormittags den Vertrieb übernehmen und Akquise betreiben sollte, denn keiner konnte das so gut wie er. Die übrigen Tätigkeiten sollten nachmittags und abends wahrgenommen werden, zumindest so lange, bis die Zahlen wieder besser waren.

In der folgenden Coachingsitzung stellte sich jedoch heraus, dass der Klient kein bisschen akquiriert hatte. Auf die Nachfrage des Coachs, weshalb er sich nicht an die Vereinbarung gehalten habe, lieferte der Klient äußerst fadenscheinige Erklärungen, weshalb „ihm immer etwas dazwischen gekommen" sei, sobald er sein Büro betreten habe. Also wurde in dieser Sitzung vereinbart, dass der Klient am Vormittag quasi „Hausverbot" für sein Büro hatte. Er durfte es vor seinen Kundenbesuchen nicht betreten, sondern musste morgens sofort los. Diese Maßnahme führte dazu, dass sich der Umsatz in kürzester Zeit erheblich steigerte. Die Firma kam zunächst aus den roten Zahlen heraus. Nach einiger Zeit stand das Unternehmen jedoch wieder genauso schlecht da wie zuvor, denn der Klient war dazu übergangen, eine Reihe völlig unsinniger Investitionen zu tätigen.

Warum organisiert jemand immer wieder sein eigenes Scheitern? Bei einer tiefer gehenden Problemanalyse hatte sich folgendes Bild gezeigt: Der Vater des Klienten hatte nicht viel von seinem Sohn gehalten und von dessen Kindheit an keine Gelegenheit ausgelassen, ihm das auch mitzuteilen. Er gab dem Kind und später dem Jugendlichen immer wieder die Botschaft mit auf den Weg: „Aus dir wird sowieso nichts, du bist ein Versager!" Der Junge machte trotzdem eine Ausbildung im väterlichen Betrieb, er wurde aber auch in dieser Zeit vom Vater als Nichtskönner verunglimpft. Erst als Erwachsener löste er sich von der Familie, wechselte in einen Konzern und arbeitete dort sehr erfolgreich. Als er nach dem Tod des Vaters in dessen Fußstapfen treten wollte, holte ihn jedoch ganz offenbar sein Skript ein – denn anders lässt sich sonst nicht nachvollziehen, warum er so gehandelt hat, wie er es tat. Es mangelte ihm nicht an Kenntnissen und auch nicht an Einsicht, er wusste genau, was eigentlich zu tun war, welche Strategien er anwenden musste. Er war betriebswirtschaftlich fit und ihm war völlig klar, was mit seinem Unternehmen passieren würde, wenn er so weitermachte – und trotzdem setzte er alles daran, den Karren an die Wand zu fahren. Er hatte die Botschaft des Vaters „Du bist ein Versager" so verinnerlicht, dass er nicht anders konnte, als sich dieser Botschaft gemäß zu verhalten und sein eigenes Scheitern nahezu perfekt in die Wege zu leiten.

> Man kann sein Skript annehmen – oder dagegen ankämpfen. **!**

Menschen, die gegen ihr Skript ankämpfen, zahlen meist einen hohen Preis.

Dass der Unternehmer in der fremden Firma zuvor so erfolgreich gearbeitet hat, ist nichts Ungewöhnliches. Es lässt sich immer wieder beobachten, dass jemand eine Zeit lang gegen sein Skript angeht, um es dann schließlich doch noch zu erfüllen. Jemand, der wie dieser Unternehmer die Botschaft „Aus dir wird nichts!" erhalten hat, versucht vielleicht lange Zeit mehr oder weniger verzweifelt zu beweisen, dass sehr wohl etwas aus ihm wird – aber meistens auch zu einem hohen Preis. Es kann zum Beispiel sein, dass Menschen, die gegen ihr Skript ankämpfen, sich immerwährend als „Hochstapler" oder „Blender" fühlen, weil permanent die Angst im Hintergrund lauert, sie könnten einen Fehler machen, der jedermann offenbar werden lässt, dass sie doch „eigentlich" völlig unfähig sind, dass sie gar nicht können, was sie (manchmal schon seit Jahren oder Jahrzehnten) tun. So können sie ihren tatsächlichen Erfolg nie genießen. Oftmals führt aber auch der erste Misserfolg dazu, dass das Skript wieder die Oberhand gewinnt, Zweifel und Ängste aufkeimen lässt und Verhaltensmuster in Gang setzt, die denjenigen tatsächlich als Versager erscheinen lassen. Beim obigen Beispiel war es der Versuch des Unternehmers, in die Fußstapfen des Vaters zu treten, der die alten Botschaften wieder wirksam werden ließ und den Unternehmer zu gänzlich irrationalen Handlungen und Entscheidungen veranlasste: Er gab seinem Vater damit selbst immer wieder Recht.

Skript kann mehr als eine Ursache haben

Die klassische Transaktionsanalyse sieht die Eltern als Skriptursache.

Die klassische Theorie der Transaktionsanalyse besagt, dass sich das Skript nur aufgrund der Botschaften der Eltern, die manchmal ganz unbewusst gegeben werden, entwickelt hat. Wenn man sich mit den sogenannten Einschärfungen beschäftigt – so nennt die Transaktionsanalyse die Verbote, die von Eltern oder anderen Bezugspersonen gegeben werden – und auch die Erläuterungen der Transaktionsanalyse, wie diese entstanden sind, hinzuzieht, beschleicht einen schnell ein mulmiges Gefühl: „Wie, letztlich alles nur die Schuld der Eltern? Wäre Mami netter zu mir gewesen, wäre ich also schon längst Abteilungsleiter?" Das ist zwar überspitzt formuliert, doch ursprünglich gingen die Annahmen schon in diese Richtung. Da Eric Berne die Transaktionsanalyse auf der Grundlage der Psychoanalyse entwickelt hat, in der er selbst ausgebildet war, und weil in den sechziger Jahren des vergangenen Jahrhunderts noch ziemlich fest an die Erklärungsmodelle der Psychoanalyse geglaubt wurde, wurde das Verhalten der Eltern für sehr viel gewichtiger und lebensprägender gehalten, als das heute der Fall ist.

Wir glauben inzwischen, dass es das komplexe Zusammenspiel mehrerer Faktoren ist, das Einfluss auf die Herausbildung von

Einschärfungen und damit auf das menschliche Verhalten nimmt. Natürlich ist in Betracht zu ziehen, welche Botschaften permanent oder häufig von Eltern oder Bezugspersonen vermittelt werden. Allein entscheidend ist das jedoch nicht, denn eine große Rolle spielt auch, wie das jeweilige Kind diese Botschaften beziehungsweise die Verhaltensmuster interpretiert. Und diese Interpretationen können, je nach den Voraussetzungen, die das Kind seiner in ihm angelegten Persönlichkeit gemäß mitbringt, doch sehr unterschiedlich ausfallen. Manche Kinder lassen sich sehr stark beeinflussen, nehmen die negativen Botschaften an und leben sie mit allen negativen Konsequenzen aus. Andere hingegen weisen solche Botschaften schon früh von sich. Sie betrachten sie als etwas, das zu den Eltern gehört, aber nichts mit ihnen zu tun hat. Sie scheinen dagegen gefeit zu sein, Skript-Botschaften zu übernehmen, obwohl sie ihnen mit gleicher Intensität vermittelt wurden. Es ist das altbekannte Beispiel: Ein stadtbekannter Säufer und ein strikter Abstinenzler werden nach den Gründen für ihr Verhalten befragt und beide antworten: „Weil mein Vater ein Säufer war."

Kinder können die Botschaften der Eltern von sich weisen.

Ein weiterer Faktor, der für die kindliche Entwicklung eine wichtige Rolle spielt, ist der Platz in der Geschwisterreihe, den es einnimmt. Man braucht sich nur vorzustellen, dass jemand als „Nesthäkchen" in eine Familie hineingeboren wird und aus diesem Grund nie mit den Fähigkeiten der Geschwister mithalten kann. Handelt es sich um eine sehr intellektuelle Familie, in der jeder versucht, geistig zu brillieren und sein Wissen zu zeigen, ist das jüngste Kind immer im Nachteil. Somit kann es sich unter Umständen den Glaubenssatz „Ich bin nie gut genug, ich packe es einfach nicht" aneignen, obwohl es das von niemandem je so gehört hat.

Skripte können auch durch Gegebenheiten wie dem Platz in der Geschwisterreihe entstehen.

Womöglich kommt aber hinzu, dass das Kind ungewollt immer wieder große Lacher erntet, weil es bei den Versuchen, genauso gescheit zu sein wie seine Geschwister, kräftig daneben langt. Dass über das Kind gelacht wird, braucht in keiner Weise böse gemeint zu sein. Es passiert einfach nur, weil die Sachen, die es sagt, so drollig sind. Dies kann trotzdem sehr verletzend wirken und sich schließlich zu einer „Ich-schaff's-nicht"-Einschärfung entwickeln, die denjenigen veranlasst, entweder innerlich dagegen aufzubegehren und zu versuchen, den anderen doch zu beweisen, was in ihm steckt. Oder es kommt dazu, dass derjenige innerlich aufgibt und sich abfindet mit seiner Rolle des „Kleinen", der nicht so richtig auf die Beine kommt und der selbst mit vierzig oder fünfzig immer noch die Unterstützung seiner „großen" Geschwister braucht. In einer solchen Konstellation kann sich die Einschärfung „Sei nicht erfolgreich" entwickeln, obwohl die Eltern dem Erfolg des Kindes gar keine Hindernisse in den Weg gelegt oder eigentlich sogar alles dafür getan haben, dass es sich positiv entwickelt.

Die „Peergroup" kann das Skript beeinflussen.

Ein anderer Punkt, der in der frühen, der „psychoanalytischen" Sicht der Transaktionsanalyse unserer Ansicht nach vernachlässigt wurde, ist der massive Einfluss, den die „Peergroup" auf die Entwicklung von Skript-Glaubenssätzen hat. Je nachdem, wie ein Kind von Spielgefährten und Klassenkameraden akzeptiert wird oder nicht, welche Rolle es als Schüler im Klassengefüge einnimmt, kann sich ein negativer Glaubenssatz festigen, der von den Eltern schon alleine deshalb nicht aufgefangen werden kann, weil sie das meist gar nicht mitbekommen. Manchmal müssen Kinder eine ganz ungünstige Rolle im System Schule einnehmen, um einigermaßen mit diesem System klarzukommen. Wenn davon ausgegangen wird, dass es beim „Skript" immer darum geht, eine Möglichkeit zu finden, unter den vorgefundenen Rahmenbedingungen optimal zu überleben, so sucht ein Kind sich natürlich Wege, wie es auch in einem „feindlichen" Klassenverband gut überleben kann. Das kann zum Beispiel auch bedeuten, die eigene Intelligenz zu verleugnen und schlechte Noten zu schreiben, weil es als „Streber" ganz unten durch fiele. Wenn es für das Kind emotional sehr bedeutsam ist, wie die Klassenkameraden zu ihm stehen, wird es seine schlechten Leistungen kultivieren. Und irgendwann landet es bei: „Sei nicht erfolgreich!"

Eigene Fehlinterpretationen können skriptprägend sein.

Bei der Ausbildung von Skript-Glaubenssätzen spielt ein weiterer Faktor eine Rolle, nämlich die Fehlinterpretation. Vor allem wenn ein Kind in einem sehr frühen Stadium, in dem das Erwachsenen-Ich noch nicht ausreichend funktioniert, eine emotional aufwühlende Situation erlebt, kann es durchaus vorkommen, dass es diese Situation völlig falsch interpretiert. Da ihm das Wissen und die Erfahrung fehlt, das, was gerade passiert, richtig einzuordnen, bastelt es sich selbst eine Erklärung zurecht. Diese wirkt nachher wie eine Einschärfung, hat mit den Eltern jedoch gar nichts zu tun. So etwas konnte beispielsweise früher passieren, als Kinder in Krankenhäusern noch rigoros von den Eltern getrennt wurden. Die Eltern durften häufig gar nicht unmittelbar zu ihren Kindern, sondern konnten sich lediglich getrennt durch eine Scheibe sehen. Ein drei- oder vierjähriges Kind kann eine derartige Situation nicht verstehen. Für Kinder in diesem Alter sind die Eltern noch omnipotent, also wird es als ihre Entscheidung begriffen, das Kind allein zu lassen. Und die Erklärung für diese Entscheidung kann nur lauten: „Sie wollen mich nicht mehr haben." Das kann sich letzten Endes wie eine „Sei-nicht"-Einschärfung auswirken, weshalb das Kind Überlebensstrategien entwickelt hat, um mit dem Glauben, es solle eigentlich gar nicht da sein, zurechtzukommen. Und dies, obwohl von den Eltern niemals solche Botschaften kamen.

Traumata könnten skriptbildend wirken.

Gegenwärtig weitgehend unklar ist auch, was eigentlich in einem Menschen passiert, der ein lebensbedrohliches Trauma erlebt. Ein solches Trauma kann ebenfalls ein Faktor sein, der zur Ausbildung von Skript-Glaubenssätzen führt. Wenn bei einem schweren Unfall oder durch ein Verbrechen urplötzlich die gesamte Existenz infrage gestellt wird, ist es zumindest denkbar, dass dieses Trauma genauso wie eine „Sei-nicht"-Botschaft wirkt. Das Gefühl der „Unsterblichkeit", das jedes Kind und noch jeder Jugendliche besitzt, trägt plötzlich nicht mehr. Daraus entwickelt sich leicht die Angst, jederzeit wieder vom Tod bedroht sein zu können. Vielleicht beginnt derjenige, an der eigenen Lebensberechtigung zu zweifeln und glaubt, irgendetwas tun zu müssen, damit er am Leben bleiben darf. Die Auswirkungen können also ganz ähnlich sein wie bei einer „Sei-nicht"-Einschärfung. Durch eine traumatische Erfahrung kann jemand vermutlich noch als Erwachsener ein Erlebnis wie eine Einschärfung verarbeiten.

Das Skript führt zu Glaubenssätzen, wie jemand sich als Person zu verhalten hat.

Denkbar ist natürlich auch eine Kombination der aufgezählten Faktoren, sodass sich prägende Muster herausbilden, die sich sehr lange durch das Leben eines Menschen ziehen können. Wirklich entscheidend scheint uns jedoch nicht zu sein, wie genau ein Skript entstanden ist. Entscheidend ist vielmehr, dass das Kind den Glauben entwickelt hat, bestimmte Erlaubnisse nicht zu besitzen und aus diesem Glauben heraus für sich einen Weg gesucht hat, wie es trotzdem mit seinem Leben klarkommen kann. Das wiederum führt zu Glaubenssätzen darüber, was für eine Art von Person es ist, wie es sich verhalten muss, was es tun und lassen muss – womit sich ganz bestimmte Muster herausgebildet haben, die sich durch sein ganzes Leben ziehen.

! Skript-Botschaften sind immer einschränkend!

Skript ist das Ergebnis der einschränkenden Botschaften bzw. der im nächsten Kapitel erläuterten „Einschärfungen" (siehe S. 133 ff.), die zu einem Glaubenssatz über sich, die anderen und die Welt führen, sowie der daraus entwickelten Verhaltensmuster. Diese Verhaltensmuster sind entweder aus dem Versuch entstanden, dem Glaubenssatz zu folgen, oder aus dem verzweifelten Bemühen, gegen diesen Glaubenssatz anzugehen. Denn auch wenn ein Mensch sich abstrampelt, den Glaubenssatz Lügen zu strafen, so bleibt er doch gebunden an die ursprüngliche Einschärfung.

Skript ist immer einschränkend – und kann daher grundsätzlich als negativ gesehen werden.

Innerhalb der Transaktionsanalyse wurde diskutiert, ob es nicht auch ein „positives Skript" geben könne und ob es daher nicht Ziel sein müsse, aus einem „negativen" ein „positives" Skript zu machen. Dagegen wurde argumentiert – und die Autoren schließen sich dieser Argumentation an –, dass Skript per definitionem immer einschränkend ist, weil ein Drehbuch nun einmal keine Wahlfreiheit lässt. Selbst wenn die Rolle die des „Guten" und „Erfolgreichen" ist, so ist jemand dadurch festgelegt und kann sich nicht frei entscheiden – wohingegen das Ziel für einen selbstbestimmten Menschen doch die größtmögliche Autonomie ist. Sobald es einen „Regisseur" gibt, wird dieser sofort einschreiten, wenn ein Schauspieler nicht seiner Rolle gemäß agiert. Wirkliche Freiheit für den Akteur gibt es nur im „Improvisationstheater", bei der ganz auf Rollenzuschreibungen verzichtet wird und jeder ganz selbstständig und in jede Richtung, die er will, seine Rolle gestalten kann. Beim Skript mit seinen Einschärfungen lauert immer die Drohung: „Wenn du dich nicht an die Verbote und deine Rolle hältst, wirst du es bitter bereuen!"

Skriptarbeit sollte darauf hinwirken, Skripte zu überwinden und stattdessen Erlaubnisse zu geben.

Außerdem ist das Gegenteil eines Verbots eine Erlaubnis. Jemandem eine Erlaubnis zu geben, legt den anderen jedoch nicht fest, sondern überlässt ihm die Wahl – auch das lässt sich nicht mit dem Modell des „Skripts" vereinbaren. In diesem Sinne sollte Skriptarbeit deshalb darauf hinwirken, das Skript zu überwinden, die Skriptglaubenssätze hinter sich zu lassen, um mehr Wahlmöglichkeiten und größere Entscheidungsfreiheit für das eigene Leben zu bekommen.

Die Einschärfungen

Eric Berne hat zwölf grundlegende Einschärfungen erkannt, die Eltern oder Elternfiguren (oder, wie wir gesehen haben, auch Lehrer, Peergroup oder Freunde beziehungsweise Lebenssituationen oder im Extremfall traumatische Erlebnisse) den Kindern in Form von Verboten mit auf den Weg geben können:

Zwölf grundsätzliche Einschärfungen im Skript.

- Sei nicht
- Sei nicht du
- Fühl nicht
- Zeig keinen Ärger
- Sei nicht wichtig
- Sei nicht erfolgreich
- Sei kein Kind
- Werd nicht erwachsen
- Denk nicht
- Sei nicht nah
- Gehör nicht dazu
- Sei nicht gesund

Sei nicht

Die existenziell bedrohlichste dieser Einschärfungen ist die sogenannte „Sei-nicht"-Botschaft. Wenn sie von Menschen und nicht von einem traumatischen Ereignis herrührt, wird sie sicherlich nur von Eltern oder Elternfiguren gegeben. Kinder, die unerwünscht waren und das auch blieben, die von ihren Eltern nie angenommen wurden, die immer nur erfahren haben, dass sie im Weg sind, dass sie stören, dass es besser wäre, sie wären gar nicht da, erleben diese Ablehnung massiv als Verbot, überhaupt auf der Welt zu sein. Die „Sei-nicht"-Einschärfung ver-

Eine existenziell bedrohliche Einschärfung.

mittelt sich Kindern aber auch, wenn sie von Eltern immer und immer wieder hören, dass „nur wegen dir" irgendein Unglück seinen Lauf nahm: „Nur wegen dir habe ich diesen Mann/diese Frau geheiratet!"; „Nur wegen dir habe ich meine Ausbildung abgebrochen!"; „Nur wegen dir konnte ich keine Karriere machen!"; „Nur wegen dir haben wir nie Geld!". Das Kind spürt die Botschaft „Es wäre besser, wenn es dich nicht gäbe" sehr deutlich und wünscht sich dann oft selbst, es wäre gar nicht da.

Drei Strategien, mit dieser schmerzhaften Botschaft umzugehen.

Mit dieser schmerzhaften Botschaft umzugehen, ist für ein Kind natürlich sehr schwierig. Damit es überhaupt gelingt, entwickelt es eine Überlebensstrategie, nach der es sich verhält. Erfahrungsgemäß gibt es drei klassische Überlebensstrategien, zwischen denen Kinder wählen. Das ist zum einen, dass das Kind den Glaubenssatz für sich entwickelt: „Wenn ich immer sehr brav und besonders unscheinbar bin, sodass ich überhaupt nicht störe, dann lässt man mir vielleicht doch ein Plätzchen auf der Welt." Als Folge wird auch der Erwachsene noch versuchen, möglichst nicht aufzufallen und sich überall anzupassen. Er wird keine eigenen Wünsche äußern, sondern sich immer bemühen, nur ja keinem zur Last zu fallen und sich niemandem zuzumuten.

Erste Möglichkeit: Sich brav und unauffällig verhalten und niemandem zur Last fallen.

Zweite Möglichkeit: Sich extrem hilfsbereit verhalten, um gebraucht zu werden.

Die zweite Möglichkeit, mit der „Sei-nicht"-Botschaft umzugehen, ist der Glaubenssatz: „Wenn ich immer folgsam und hilfsbereit bin, wenn ich so viel helfe, dass die anderen mich brauchen, dann erarbeite ich mir damit mein Recht zu leben." Für solche Menschen ist das Gefühl, gebraucht zu werden, im eigentlichen Sinne des Wortes überlebenswichtig. Sie brauchen es, dass jemand von ihnen abhängig ist, dass man auf sie angewiesen ist, denn wenn das nicht gegeben ist, erleben sie existenzielle Krisen.

Dritte Möglichkeit: Höchstleistungen beweisen.

Der dritte Weg geht über die Leistung. Beim Kind hat sich der Glaubenssatz gebildet: „Wenn ich immer Höchstleistung bringe, die besten Noten, die besten Ergebnisse vorweisen kann und immer ganz viel arbeite, dann habe ich dadurch das Recht zu leben." So wird Leistung beziehungsweise Leistungsfähigkeit etwas absolut Existenzielles. Wenn die Leistungskraft aus irgendeinem Grund geschmälert wird, bedeutet das für denjenigen eine lebensbedrohliche Katastrophe. Ein Top-Manager, der nach einem Schlaganfall eine etwa zehnprozentige

Minderung seiner vorher überdurchschnittlichen Merkfähigkeit davongetragen hatte, war suizidgefährdet, weil er glaubte, nun könne er nichts „Ausreichendes“ mehr leisten.

Die Strategien funktionieren als „Gegendruck“, setzen die Einschärfung aber nicht außer Kraft.

Die Beispiele zeigen, dass auch die gewählten Überlebensstrategien die darunterliegende Einschärfung „Sei nicht“ nicht wirklich außer Kraft setzen konnten. Sie fungieren lediglich als „Gegendruck“, um dem Druck der Einschärfung standzuhalten. Das, was als eigentliche Botschaft verinnerlicht wurde, lauert immer im Hintergrund. Wie stark diese ursprüngliche Botschaft wirkt, lässt sich auch daran erkennen, dass selbst sehr rationale Menschen das dahinterliegende Konzept, sie selbst trügen die Verantwortung für ihre bloße Existenz, von sich aus meist nicht infrage stellen. Erst wenn sie von außen, durch einen Coach oder Therapeuten, dazu angeregt werden, verschaffen sie sich auch emotionale Klarheit darüber, dass sie nichts, aber auch gar nichts hätten tun können, um ihre Zeugung zu verhindern. Die ganze Verantwortung, die wie ein Damoklesschwert über ihnen hing, beruhte auf: Einbildung! Wenn ihre Eltern zu unbedarft waren, Empfängnisverhütung zu betreiben, so lastet die Verantwortung für ihr vermeintliches „Unglück“ absolut auf deren eigenen Schultern. Diese an und für sich simple Erkenntnis, dass ein Kind nicht für sein Vorhandensein haftbar zu machen ist, schafft für jemanden mit einer „Sei-nicht“-Einschärfung eine unendliche Erleichterung.

Eine große Erleichterung ist die Erkenntnis, nicht an der eigenen Existenz „schuld“ zu sein.

Ein Indikator sind gefährliche Hobbys.

Es ist immer wieder zu beobachten, dass Erwachsene, die an dieser Botschaft zu tragen haben, eine Neigung zu sehr gefährlichen Sportarten oder Freizeitvergnügen besitzen. Sie bringen ihr Leben zum Beispiel in Gefahr, indem sie halsbrecherisch Auto oder Motorrad fahren, um anschließend, wenn alles gut ging, eine Art Gottesbeweis dafür zu haben, dass sie weiterleben dürfen. Andere tun alles dafür, sich zu Tode zu arbeiten, zu rauchen oder zu trinken. Nun hat zwar nicht jeder, der ungesund lebt oder sich selbst über Leistung definiert, eine „Sei-nicht“-Einschärfung, doch ein Coach sollte hellhörig werden, wenn ihm ein Fall begegnet wie der jenes Geschäftsführers, der täglich fünfzehn Stunden arbeitete, sich auch am Wochenende keine Erholung gönnte und seine wenige freie Zeit damit verbrachte, mit dreihundert Stundenkilometern auf dem Motorrad über die Autobahn zu rasen.

Obsessives Helfen kann ein Hinweis auf diese Einschärfung sein.

In einem Coaching landen bisweilen auch die obsessiven „Helfer", die ihrer Einschärfung entgehen wollen, indem sie dafür sorgen, dass sie gebraucht werden. Sie fallen in ihren Firmen oft auf, weil sie unendliche Überstunden anhäufen oder weil sie für ihre eigene Arbeit viel zu lange brauchen – immer mit der Entschuldigung, dass sie Kollegen unterstützen mussten. Wenn dieses Verhalten für den Menschen tatsächlich eine existenzielle Qualität besitzt, sodass er gar nicht mehr ein noch aus weiß, wenn versucht wird, ihn am Helfen zu hindern, dann liegt die Vermutung nahe, dass die „Sei-nicht"-Botschaft eine Rolle spielt.

Höchstleistung als Versuch, der „Sei-nicht"-Einschärfung zu begegnen.

Auch wer versucht, sich seine Lebensberechtigung mit Höchstleistung zu erarbeiten, kann freiwillig davon nicht lassen. Außenstehende raten demjenigen dann gerne, endlich etwas kürzer zu treten. Wie wohlwollende Vorgesetzte oder jemand aus der Personalabteilung, die mit Sorge beobachten, dass derjenige drauf und dran ist, sich zugrunde zu richten, oder die nach einem geringfügigen Leistungsabfall einen psychischen Zusammenbruch bei ihm erleben. Genau das löst jedoch erst recht Panik aus. Die Angst, womöglich nicht mehr das selbstauferlegte Leistungsmaximum zu bringen, führt zu einer noch größeren Anstrengung. Wer aufgrund einer solchen Problematik ins Coaching kommt, erhofft sich oft ein „effizienteres Zeitmanagement" oder Ähnliches, doch das löst natürlich das Problem nicht. Wenn dem Coach klar wird, dass er es hier mit einem „Sei-nicht"-Skript zu tun hat, sollte er seinem Klienten auf jeden Fall empfehlen, sich zusätzlich therapeutische Unterstützung zu holen. Der Coach kann mit dem Klienten die berufliche Realität reflektieren, während der Therapeut gemeinsam mit ihm die persönlichen Probleme aufarbeitet.

Im Falle eines „Sei-nicht"-Skripts ist eine zusätzliche therapeutische Unterstützung erfoderlich.

Sei nicht du

Die „Sei-nicht-du"-Einschärfung schränkt die Entwicklung der Persönlichkeit stark ein.

Nicht ganz so gravierend wie die „Sei-nicht"-Einschärfung ist die Einschärfung „Sei nicht du", sie schränkt die Entwicklung der Persönlichkeit ebenfalls stark ein. In früheren Generationen – es ist zu hoffen, dass sich das heutzutage geändert hat – erhielten Mädchen manchmal diese Einschärfung, wenn die Eltern sich eigentlich sehnlichst einen

Jungen als „Stammhalter“ gewünscht hatten. Das Mädchen wurde für alles gelobt und verstärkt, was als „männliches“ Verhalten angesehen wurde – es durfte auf die höchsten Bäume klettern und sich mit den Jungen prügeln –, während als weiblich angesehene Verhaltensmuster verpönt waren. Wirklich zum Problem wird eine solche Erziehung meistens erst in der Pubertät. Bedingt durch die körperlichen Veränderungen können sich selbst hochgradig verblendete Eltern kein X für ein U mehr vormachen, und auch das Mädchen beginnt, sich eine Identität zuzulegen, die eigentlich nicht die ihre ist. Wenn sie die Botschaft „Sei nicht du“ annimmt, entwickelt sie vielleicht eine sehr herbe, männliche Seite, aber nur, um den Eltern zu gefallen, nicht weil es ihr wirklich entspricht. Ihr fehlt die Erlaubnis, so zu sein, wie sie wirklich ist.

Die Ursache kann sein, dass von dem Kind erwartet wird, sich nach einem vorgegebenen Bild zu entwickeln.

„Sei nicht du“ kann auch in anderer Form auftreten, wenn beispielsweise von einem Kind erwartet wird, dass es sich genau nach einem vorgegebenen Bild entwickelt, damit die Eltern mit ihm zufrieden sind: „Mein Sohn ist genauso eine Sportskanone wie ich!“; „Meine Tochter tritt erfolgsmäßig genau in die Fußstapfen ihres Vaters!“. Dem Kind wird sehr deutlich gemacht, dass es besser das tut, was man von ihm erwartet, um Liebe und Anerkennung der Eltern oder eines Elternteils zu erhalten, denn im anderen Fall winken Ablehnung oder Demütigung. Also strengt es sich an, so zu sein, wie man es haben will – auch um den Preis seiner eigentlichen Persönlichkeit.

Ein weiterer Auslöser ist, einem Kind die Identität eines anderen zuzuschreiben.

Dem Kind die Identität eines anderen zuzuschreiben, ist eine weitere Möglichkeit, wie die „Sei-nicht-du“-Einschärfung vermittelt wird. Das kann zum Beispiel passieren, wenn dem Kind immer wieder auf aggressive und abwertende Art und Weise gesagt wird: „Du bist genau wie dein Vater/wie deine Mutter.“ Wer mit einer solchen, durchweg negativ gemeinten Zuschreibung oft genug konfrontiert wird, beginnt unter Umständen, sich damit zu identifizieren und lebt unbewusst das nach, was er von seinem „Vorbild“ mitbekommt, wodurch sich die Lebensläufe manchmal verblüffend angleichen. Aber nicht nur ein negatives, auch ein positives Vorbild hat seine Tücken, wenn jemand als Kind darauf festgelegt wird. Wenn es immer wieder heißt, „du bist haargenau wie Onkel Klaus“ und das Kind die damit verknüpften Erwartungen spürt, dass es dem Star der Familie so nachschlägt, kann es sich unter Umständen nicht dagegen wehren. Wenn das Kind von außen definiert wird, dann hat es eben so und nicht anders zu sein, wenn es sich die Liebe seiner Angehörigen nicht verscherzen will. Es besitzt nicht mehr die Freiheit, dem Bild nicht zu entsprechen. Auch diesem Kind fehlt die Erlaubnis, ganz schlicht und einfach es selbst zu sein. Dabei braucht jedes Kind die Erlaubnis, seine eigene Entwicklung machen zu dürfen und seine eigenen Wege zu gehen, um das eigene Potenzial zur Entfaltung zu bringen.

Anfälligkeit für Zuschreibungen kann auch das berufliche Leben prägen.

Wer sich als Kind schon nicht gegen solche Zuschreibungen wehren konnte, fällt auch als Erwachsener im Berufsleben manchmal in die Hände von „wohlmeinenden" Vorgesetzten, die seine Karriereschritte planen: „Sie sind in meinen Augen prädestiniert dafür, Verkaufsleiter zu werden!" Der Betroffene lässt sich in diese Laufbahn pressen, weil er von Kindheit an nichts anderes gewöhnt ist, als dass ein anderer bestimmt, wer er eigentlich ist. Dies geht solange, bis sich unter Umständen eines Tages der angesammelte Frust, die angesammelte Enttäuschung Bahn bricht über ein Leben, das so gar nicht zu den latent vorhandenen Wünschen passt. Das kann im schlimmsten Fall in Form einer psychosomatischen Erkrankung oder einer Depression geschehen, im besten Fall mit der Erkenntnis, dass das eigene Leben so einfach nicht stimmig ist.

Anlass für ein Coaching ist oft Unzufriedenheit mit dem eigenen Leben.

Ins Coaching kommt jemand, der spürt, dass er sein Leben so nicht weiterführen möchte, häufig mit dem Wunsch nach einer grundsätzlichen Neuorientierung. Äußerlich sind das oftmals erfolgreiche Menschen, die trotzdem eine tiefe Unzufriedenheit empfinden. Da ein solcher Klient nie die Erlaubnis hatte, für sich zu ergründen, was er selbst mit seinem Leben anfangen und was er im Leben erreichen will, schleppt er bei allem äußeren Erfolg ein Gefühl von Nicht-erfüllt-Sein mit sich herum. Denn der Wunsch nach Selbstverwirklichung ist im Menschen schlichtweg angelegt. Für den Coach ist es dabei manchmal gar nicht leicht, aus dem Klienten herauszukitzeln, was er denn eigentlich möchte. Dessen eigene Wünsche und Vorstellungen sind so tief verborgen, dass bei ihm zunächst einfach nur das Gefühl vorherrscht: „Es muss sich etwas ändern, aber ich habe keine Ahnung, wo es für mich hingehen könnte. Ich weiß gar nicht, was ich wirklich will, was mein Ding ist." Deshalb braucht er viel Ermutigung vom Coach, seinen eigenen Weg zu finden und überhaupt einmal ernst zu nehmen, was sich an Wünschen und Vorstellungen leise in ihm regt.

Die wichtige Aufgabe des Coachs besteht in diesem Fall darin, mit dem Klienten herauszuarbeiten, wie sein ureigenster Weg aussehen könnte. Das heißt, ihn zu ermutigen, dem nachzuspüren, was für ihn wichtig und von Bedeutung ist. Mit ihm zu ergründen, was ihn antreibt, wofür sich Energie und Begeisterung in ihm regt. Und ihn zu ermuntern, sich selbst all die Erlaubnisse zu geben, die ihm fehlen, um auf seine eigenen Wünsche und Vorstellungen zu achten. Bisweilen ist im Coaching bei genauerem Nachfragen auch zu erleben, dass der Klient im Grunde genommen schon eine fertige Planung für sein „alternatives Leben" in der Schublade hat, sich aber nicht traut, davon irgendetwas in die Tat umzusetzen. Wenn der Coach auf diese Pläne eingeht, den Klienten ermuntert, darüber zu sprechen, und besonders intensiv zuhört, wirkt das wie eine Erlaubnis für den Klienten, sich diesen neuen Weg zuzutrauen. Wenn der Coach dann auch noch genau registriert, wann der Klient bei seinen Schilderungen lebhaft wird, wann seine Augen zu strahlen beginnen und wann sich viel Energie bei ihm zeigt, kann er seinen Klienten jeweils darauf aufmerksam machen und ihn darin bestärken, dass er doch eigentlich selbst schon ganz genau weiß, was er will.

Der Coach muss mit dem Klienten herausfinden, was für ihn eigentlich wichtig ist.

Fühl nicht

Die Einschärfung „Fühl nicht" wird Kindern häufig von sehr intellektuellen Eltern vermittelt, die selbst Probleme damit haben, ihre Gefühle zuzulassen oder zu äußern. Für solche Eltern ist es bedrohlich, wenn Kinder ihre Gefühle offen zeigen, denn damit können sie nicht umgehen. Also erhält das Kind negative Reaktionen, sobald es Gefühle zeigt. Ausgelassene Freude wird dabei genauso zensiert wie Ausbrüche von Angst, Wut oder Trauer: „Beherrsche dich gefälligst!"; „Stell dich nicht so an!"; „Kein Grund, sich so aufzuführen!"; „Geh in dein Zimmer und komm erst wieder, wenn du dich beruhigt hast!". Mit Gefühlsausbrüchen jedweder Art wollen die Eltern nicht konfrontiert werden. Also bringt das Kind sich bei, seine Gefühle zu unterdrücken. Das bedeutet zum einen, dass es gar nicht lernt, welche Gefühle es eigentlich hat. Denn Kinder lernen ihre Gefühle auch dadurch kennen, dass die Eltern sie benennen – das Kind erlebt schließlich zunächst einmal einfach eine emotionale Erregung. Erst wenn die Eltern ihm sagen „Sei doch nicht so traurig", „Warum

Gefühle auszudrücken, muss gelernt werden.

bist du denn so wütend?“ oder „Du musst keine Angst haben“, lernt es, seine Emotionen einzuordnen und sie nach und nach zu identifizieren.

Der Körper weist auf die Gefühle hin.

Gefühle nicht zuzulassen bedeutet aber auch, dass die Kinder den guten Kontakt zu ihrem Körper verlieren, denn Gefühle können nur durch erhebliche Muskelanspannungen unterdrückt werden – so, wie beim sprichwörtlichen Kloß im Hals, wenn man aufkommende Tränen in Schach halten will. Dabei spannt sich die Kehlkopfmuskulatur stark an, um das Weinen unter Kontrolle zu halten. Im Körper gibt es die unterschiedlichsten Muskelgruppen, die aktiviert werden, um Gefühle zu unterdrücken beziehungsweise Gefühle zu evozieren. Körpertherapeuten nutzen dieses Wissen, um bei ihren Klienten verborgene Gefühle wieder ans Licht zu bringen.

Die gezeigte Gefühllosigkeit führt zu Problemen am Arbeitsplatz.

Menschen mit der „Fühl-nicht“-Einschärfung haben gezwungenermaßen ihr Erwachsenen-Ich stark entwickelt, oft auch ihr kontrollierendes Eltern-Ich oder das angepasste Kind-Ich. Mit dem freien Kind jedoch, oder dem fürsorglichen Eltern-Ich, sieht es schlecht aus. Gefühlsmäßig ist nicht an sie heranzukommen, sie zeigen erschreckend wenig Emotionalität – selbst bei dramatischen Ereignissen, wenn Gefühl oder Mitgefühl angemessen wäre. Ins Coaching kommen sie deshalb häufig, um sich mehr Sozialkompetenz zu erarbeiten. Sie sind als Chefs meist nicht sehr beliebt und gelegentlich wegen ihres Sarkasmus gefürchtet – der einzigen Ausdrucksform von Ärger, die sie sich gestatten. Dabei merken sie selbst meist gar nicht, wie verletzend ihre Äußerungen sein können, die sie selbst für „intellektuelle Spielereien“ halten – denn sie haben das Gespür dafür verloren, wie viel Aggression in diesen Bemerkungen tatsächlich steckt. Auch emotionale Anerkennung können Mitarbeiter von diesem Chef nicht erwarten. Er wüsste gar nicht, wie er die zum Ausdruck bringen soll. Das trägt ebenfalls zu Problemen am Arbeitsplatz bei.

Die Aufgabe des Coachs ist es, den Klienten an seine Gefühle heranzuführen.

Für den Coach besteht die Aufgabe darin, den Klienten behutsam an seine Gefühle heranzuführen. Das wird durch den Umstand erschwert, dass der Klient oft keine sprachlichen Ausdrucksmöglichkeiten besitzt, um detailliert zu schildern, was in seinem Inneren vor sich geht. Für ihn gibt es eigentlich nur drei Definitionen seiner Befindlichkeit: „Ich habe mich gut gefühlt“, „Ich habe mich schlecht gefühlt“ oder „Ich habe mich komisch gefühlt". Also macht der Coach Angebote, die dem Klienten helfen, seine Gefühle zu definieren: „Haben Sie sich in dieser Situation eher geärgert oder waren Sie eher frustriert? Oder haben Sie sich eher enttäuscht gefühlt?" In diesen Abgrenzungen findet der Klient sich leichter zurecht und lernt dadurch auch, seine Gefühle konkreter zu benennen, was seinen Zugang zu den eigenen Gefühlen unterstützt.

Oft kommen dabei auch private Themen zur Sprache.

Klienten mit der „Fühl-nicht"-Einschärfung haben häufig auch Probleme mit ihren Partnerschaften. Entweder suchen sie sich einen Partner, der die gleiche Einschärfung hat, und entgehen dadurch der Bedrohung, in der Beziehung mit zu vielen Gefühlen konfrontiert zu werden. Oder sie suchen sich gerade einen sehr emotionalen Menschen aus beziehungsweise lassen sich von demjenigen erwählen, weil der jemanden sucht, der Ruhe vor emotionalen Achterbahnfahrten verspricht. In beiden Fällen ergeben sich leicht Konflikte: Entweder herrscht zwischen den Partnern so viel Kühle, dass einer von beiden oder beide es nicht mehr aushalten, weil es für eine befriedigende Beziehung ganz ohne Gefühlsausdruck eben doch nicht geht, oder die Emotionalität beziehungsweise die emotionale Kälte des Partners geht dem jeweilig anderen so sehr auf die Nerven, dass eine Trennung der bessere Weg scheint. Zwar kommt für gewöhnlich niemand wegen Partnerschaftsproblemen ins Coaching, aber es bleibt selbstverständlich nicht aus, dass auch solche „privaten" Themen zur Sprache kommen. Gerade Klienten mit der „Fühl-nicht"-Einschärfung haben meist niemand anderen, mit dem sie über solche Schwierigkeiten sprechen können oder wollen.

Zeig keinen Ärger

Zwar kann jedes spontane, echte Gefühl von Eltern aufgrund ihrer eigenen Defizite verboten werden, doch gibt es ein Verbot, das in der Transaktionsanalyse als eigene Einschärfung behandelt wird, weil es so häufig vorkommt. Dabei handelt es sich um die Einschärfung „Zeig keinen Ärger". Alle anderen Gefühle sind erlaubt, aber mit Ärger können die überangepassten Eltern nicht umgehen. Sie fühlen sich von den Wutreaktionen des Kindes selbst zu stark unter Druck gesetzt, entweder weil sie glauben, dem zornigen Verlangen des Kindes dann doch nachgeben zu müssen, oder weil sie jeden Ärger für sozial so unangemessen halten, dass sie ihn abstellen müssen. Das Kind erhält deshalb auf jeden Ausdruck von Wut oder Ärger sehr strikte negative Reaktionen, es wird getadelt oder auf sein Zimmer geschickt, bis es gelernt hat, „sich zu beherrschen".

Wenn Ärger nicht erlaubt ist, werden andere Verhaltensweisen gezeigt.

Das Problem für das Kind besteht darin, dass es zunächst natürlich überhaupt nicht weiß, wohin mit seiner Wut und seiner emotionalen Erregung. Viele Kinder erlösen sich aus diesem Dilemma, indem sie statt der Wut „Trauer" zeigen. Sie haben gelernt, dass in Tränen auszubrechen und „traurig" zu sein von den Eltern akzeptiert wird. Mit „traurigen" Kindern haben die Eltern kein Problem, sie werden getröstet und in den Arm genommen. Die Folge ist, dass sich die „Trauer" als Ersatzgefühl für Ärger etabliert. Auch als Erwachsener erlebt der Betroffene, dass er in Situationen, die andere Leute ärgerlich oder wütend machen, mit Ersatzformen für offenen Ärger reagiert: Er fühlt sich entweder traurig oder enttäuscht, manchmal auch verletzt, oder verhält sich beleidigt. Oder er zeigt ein Verhalten, das die Transaktionsanalyse „Rabattmarken sammeln" nennt.

Aufgestaute Wutausbrüche – das sogenannte „Rabattmarkensammeln".

Für das Coaching ist die Kenntnis dieser Einschärfung wichtig, um dem paradoxen Mechanismus des „Rabattmarkensammelns" auf die Spur zu kommen. Es funktioniert so: Wenn jemand gelernt hat, dass es verboten ist, seinen Ärger zu zeigen, bedeutet das ja noch lange nicht, dass er auch keinen empfindet. Wohin also mit diesem lästigen Gefühl? Es gut im Inneren verstauen, als „Rabattmarke" aufbewahren und warten, bis das Rabattmarkenheft voll ist. Wenn die letzte „Rabattmarke" das Maß vollmacht, wird es eingelöst – mit einem gewaltigen Wutausbruch, der der Situation in keiner Weise adäquat ist.

Und so passiert es dann, dass jemand ins Coaching kommt mit dem Begehr, seinen Ärger besser beherrschen zu lernen. Wie zum Beispiel ein Chef, der sich immer wieder über kleine Nachlässigkeiten eines bestimmten Mitarbeiters ärgert, das aber ständig herunterschluckt, weil er keine Erlaubnis hat, Ärger zu zeigen. Also hält er den Mund, statt den Mitarbeiter angemessen zu konfrontieren, und sammelt so lange „Rabattmarken". Das geht solange, bis er den Mitarbeiter eines Tages bei einem privaten Telefonat ertappt, was an und für sich kein so schlimmes Vergehen ist, aber das Fass seines angestauten Ärgers zum Überlaufen bringt. Der Wutanfall, den er hinlegt, ist ihm hinterher unerhört peinlich. Und er bestätigt, skriptverstärkend, seinen Glauben, dass es sich wirklich nicht gehört, Ärger zu zeigen. Nachdem ihm das mehrfach passiert ist, und er auch von anderen Vorhaltungen für seine überzogenen Reaktionen kassiert hat, beschließt er, ein Coaching zu machen, um endlich zu lernen, seinen Ärger zu beherrschen.

Lernen, gerechtfertigten Ärger zu zeigen.

Was er jedoch tatsächlich lernen muss, und was der Coach ihm anhand des Modells des „Rabattmarkenheftes" gut erklären kann, ist die Anerkennung seines gerechtfertigten Ärgers. Er muss sich von seinem Verbot befreien und lernen, seinen Ärger angemessen im richtigen Moment zu äußern, sodass es nicht aus nichtigem Anlass zu einem übertriebenen Ausbruch kommt, der tatsächlich daneben ist.

Ein häufiges Problem: mangelnde Durchsetzungskraft.

Führungskräfte mit dieser Einschärfung haben häufig ein Problem damit, sich durchsetzungsfähig zu zeigen. Sie geraten immer wieder an Grenzen, wenn es darum geht, ihre eigenen Interessen zu wahren oder sich gegen andere abzugrenzen. Sie konfrontieren niemanden, weder Mitarbeiter noch Kollegen, weil sie befürchten, dass das als aggressiver Akt erlebt wird oder zum offenen Streit führen könnte. Diese Befürchtung hindert sie auch daran, klare Forderungen auszusprechen. Folglich gelten sie meist als schwache Führungskräfte. Daher lautet der Coachingauftrag auch häufig, derjenige müsse oder wolle lernen, seine Konfliktscheu abzulegen, bestimmter aufzutreten und mehr Durchsetzungsfähigkeit zu zeigen. All diese Eigenschaften und Fähigkeiten stehen eben in enger Verbindung mit der Fähigkeit, seinem Ärger angemessen Ausdruck zu verleihen.

Rollenspiele helfen, Ärger zuzulassen.

Im Coaching stellen Rollenspiele gute Möglichkeiten dar, dem Klienten zu helfen, innerlich freier zu werden. Das gilt besonders für das Extrem-Training, in dem der Klient erleben kann, wie es sich anfühlt, einmal richtig auf den Putz zu hauen – und dass es ihm guttut zu wissen, dass er es kann! Es verschafft ihm mehr Selbstbewusstsein, auch wenn er nicht vorhat, jemals so in der Öffentlichkeit aufzutreten. Gerade beim Extrem-Training im Fall von „Zeig keinen Ärger" ist das Video besonders wichtig. Denn wenn jemand jahrzehntelang trainiert hat, seinen Ärger zu unterdrücken, ist der Unterschied zwischen dem inneren Erleben und der Wirkung nach außen besonders groß.

Sei nicht wichtig

Die Einschärfung „Sei nicht wichtig" wird einem Kind vermittelt, das „keine Rolle spielen" darf, das also seine eigenen Interessen nie in die Familie einbringen kann. Das nicht beachtet beziehungsweise sogar bestraft wird, sobald es versucht, sich einmal in den Mittelpunkt zu rücken. Auch wenn es aus vermeintlich religiösen oder welchen Gründen auch immer zu besonderer Bescheidenheit erzogen wird, lernt es, dass es selbst überhaupt nicht zählt. Die grundlegende Botschaft lautet in all diesen Fällen: „Deine Bedürfnisse sind nicht so wichtig wie die der anderen." Das ist schwierig für das Kind, denn jedes Kind will auch einmal die Hauptrolle spielen, will, dass seine Vorstellungen verwirklicht werden, um damit auch ein Gefühl für die eigene „Wirksamkeit" entwickeln zu können.

Überanpassung entsteht aus dem Gefühl heraus, nicht wichtig zu sein.

Mit der endlosen Folge solcher Frustrationen wird das Kind am besten fertig, indem es sich selbst keine eigenen Wünsche mehr gestattet. Es verliert so immer mehr den Bezug zu den eigenen Bedürfnissen und lernt dafür, sich ganz und gar an die anderen anzupassen. Das angepasste Kind-Ich wird so stark entwickelt, dass es in allen möglichen Lebenssituationen einen „vorauseilenden Gehorsam" an den Tag legt, indem es zu erspüren versucht, was die anderen wollen, noch bevor sie selbst es wissen.

Wenn man einen Erwachsenen nach seinen glücklichsten Kindheitserinnerungen befragt und zum Beispiel die Antwort erhält: „Wir haben einmal einen Spaziergang gemacht, bei dem ich bestimmen durfte, wo wir hingehen, und meine Eltern sich nur um mich gekümmert haben", ist das schon ein starkes Indiz dafür, dass hier die Einschärfung „Sei nicht wichtig" vorhanden ist. Dass es einmal nur um das Kind ging, kam so selten vor, dass eine solche, an und für sich ganz belanglose Situation auch später noch ganz stark im Gedächtnis haftet. Dieser Erwachsene ist vermutlich sehr bescheiden, hält sich am liebsten im Hintergrund und kümmert sich gut um die Bedürfnisse und das Wohlergehen der anderen. Oft ist auch das Verhaltensmuster zu beobachten, dass derjenige versucht, es allen anderen Recht zu machen – und dabei insgeheim die Hoffnung hegt, die anderen würden das irgendwann mit gleicher Münze heimzahlen. Das führt zwangsläufig auch immer wieder zu großen Enttäuschungen, wenn die anderen nämlich keineswegs so funktionieren. Gleichzeitig wird dadurch aber natürlich auch immer wieder

der Skript-Glaube bestätigt: „Ich besitze für andere keine Bedeutung, ich bin nicht wichtig."

Große Leistungen werden nicht wahrgenommen.

Wer sich ständig zurücknimmt, immer am Rande steht und den Mund hält, wenn es darum geht, auf die eigenen Leistungen aufmerksam zu machen, wird – wen wundert das? – von der Umwelt tatsächlich oft nicht oder nicht genügend zur Kenntnis genommen. Es ist, als setzten die Leute sich selbst eine Tarnkappe auf. Obwohl sie fachlich sehr viel besser sind als ihre Kollegen, werden sie bei der Beförderung übergangen, denn man hat sie schlicht vergessen. Wer immer bescheiden im Hintergrund steht, besitzt nun einmal keine große Präsenz. Das kann ein Anlass für das Coaching sein: Wenn zum Beispiel bei einem Development-Center festgestellt wird, dass jemand über großes fachliches Potenzial verfügt und deshalb eigentlich befähigt wäre, die nächste Karriere-Ebene zu erklimmen, für diesen Schritt aber unbedingt lernen muss, mehr aus sich herauszugehen, um auch mehr zu repräsentieren.

Man trifft als Coach immer wieder auf Menschen, die hervorragende Leistungen bringen und andere die Lorbeeren dafür einheimsen lassen. Etwa einen Projektmanager, der reibungslos große internationale Projekte gestemmt hat, der aber immer Mitarbeiter vorgeschickt hat, wenn es darum ging, die Ergebnisse seiner Arbeit vorzustellen. Die fühlten sich natürlich geehrt und nutzten auch gern diese Riesenchance, sich gut zu präsentieren, vor Geschäftsführern, Vorständen oder anderen wichtigen Menschen.

Lernen, sich selbst auch mal in den Mittelpunkt zu stellen.

Will jemand seiner Karriere nicht vorzeitig einen Riegel vorschieben, muss dieser Mensch sich entscheiden, ob er, um weiter aufzusteigen, nicht doch etwas lernen will, was er vielleicht selbst etwas abschätzig als „Show-Business" bezeichnet. Was da so geringschätzig abgetan wird, ist jedoch nichts anderes, als den Mut zu haben, zu sich und seinen Leistungen zu stehen und das auch nach außen zu zeigen. Wer sich größere Aufgaben zumuten will, etwa einen größeren Unternehmensbereich zu leiten oder ein ganzes Werk zu übernehmen, der wird zwangsläufig mehr im Licht der Öffentlichkeit stehen. Dazu gehört auch, aus seinem eigenen Schatten zu treten und zu lernen, dabei über seine konditionierten und vielleicht liebgewonnenen Grenzen zu gehen. Das ist für einen Menschen mit der Einschärfung „Sei nicht wichtig" zunächst Stress pur. Das Gefühl, „alle Augen schauen nur auf mich", „alle warten auf mich", und das Bewusstsein, im Mittelpunkt zu stehen, bei etlichen Veranstaltungen oder Auftritten der wichtigste Mensch im Raum zu sein, verschafft ihnen keineswegs Befriedigung, sondern zunächst einmal nur Unbehagen.

Die Einschärfung „Sei nicht wichtig" erschwert es, Präsentationen zu halten.

Wer unter diesem sozialen Stress leidet und sich – weil der Beruf es nun einmal erfordert – trotzdem zwingt, zum Beispiel vor einer größeren und hochkarätigen Zuhörerschaft einen Vortrag zu halten oder eine Präsentation zu machen, wird das in aller Regel rein aus seinem Erwachsenen-Ich und seiner PowerPoint-Vorlage heraus tun. Der „Sei-nicht-wichtig"-Eingeschärfte wird sich folglich eher auf reine Informationsweitergabe beschränken und die Zuhörer, die aufgrund der Leblosigkeit des Vortragsstils noch nicht eingeschlafen sind, mit einer Unmenge Folien erschlagen. Dass solche Veranstaltungen nicht zu den Highlights im Leben der Zuhörer zählen, mögen die Inhalte auch noch so brillant sein, ist auch dem armen Menschen klar. Es bestärkt ihn in seinem Glauben, dass es für ihn und die Welt eben doch besser wäre, er überließe „diesen Zirkus" anderen Leuten. Muss er es trotzdem immer wieder tun, fürchten sich alle vor dem Ereignis, der Redner genauso wie die Zuhörer.

Hilfestellung für Präsentationen im Coaching.

Im Coaching kann der Klient lernen, nicht nur Inhalte und Fakten zu präsentieren, sondern auch ein Stück von sich selbst, um so seinem Auftritt mehr Emotionalität und damit Leben einzuhauchen. Eine Möglichkeit des Coachs ist, den Klienten aufzufordern, seine Präsentation zu Hause für einen Probelauf im Coaching gut vorzubereiten – um ihm anschließend in der Sitzung alle Unterlagen wegzunehmen, ihm eine Moderationskarte für das Notieren wesentlicher Stichpunkte in die Hand zu drücken und ihn dann zu bitten loszulegen. Meist wird die Sache allein dadurch schon ein Stück lebendiger. Noch besser wird der Vortragsstil, wenn der Coach danach noch ein „emotionales Extrem-Training" mit dem Klienten durchführt. Dabei gibt der Coach dem Klienten die Aufgabe, seinen Vortrag oder seine Präsentation einmal auf eine unverhältnismäßige Art und Weise zu gestalten, also so, wie er es in Realität auf gar keinen Fall machen sollte. Er soll vollkommen übertrieben auftreten, mit riesigen, übersteigerten Gesten. Er soll alles an Theatralik aufbieten, was ihm nur einfällt und vor keinem emotionalen Auswuchs zurückschrecken, kurz: Es soll kein Auge trocken bleiben.

Ähnlich wie beim bereits geschilderten Extrem-Training zur Stärkung des kontrollierenden Eltern-Ich-Zustands, erlebt man dabei einen interessanten Effekt. Die Aufforderung „Sprechen Sie emotional völlig übertrieben, agieren Sie vollkommen übertrieben dramatisch!", führt meist nur zu einem ganz gut anzuhörenden, etwas lebendigeren Vortrag, aber keineswegs zu einer peinlich theatralischen Darbietung. Der Coach muss einiges aus seinem eigenen freien Kind-Ich locker machen, bis er seinen Klienten so weit hat, sich selbst einmal richtig zum Affen zu machen. Das soll er in der Realität natürlich nicht, aber wenn der Klient einmal das Erlebnis hatte, wirklich über seine Grenzen zu gehen, wird er freier in seinen Ausdrucksmöglichkeiten. Um ihn weiter zu ermutigen, sollte er sich auf jeden Fall auf einem Video anschauen können, wie gut es ankommt, wenn er emotionaler auftritt. Durch das Aktivieren seines freien Kind-Ichs wird außerdem auch seine Kreativität geweckt. Dann kann der Klient die 08/15-Vortragsweise, die dem angepassten Kind- und Erwachsenen-Ich zu eigen ist, in die Mottenkiste packen.

Ein Coach muss für diese Aufgabe seine Zurückhaltung aufgeben können.

Für die Prozessebene bedeutet das: Da der Coach hier wieder sehr stark als Modell gefragt ist, muss er sein eigenes freies Kind-Ich zum Zug kommen lassen. Ginge der Coach nämlich nur rational analysierend auf die Situation des Klienten ein, würde das dem Klienten signalisieren, dass diese zurückhaltende Art „eigentlich" die richtige und angemessene Verhaltensweise darstellt. Dass sich durch lebhafte, amüsante und emotionale Äußerungen „in den Vordergrund zu spielen", nicht der richtige Weg im Business ist. Ein Coach, der nur aus dem Erwachsenen-Ich arbeitete, gäbe seinem Klienten also implizit problemverstärkende Botschaften mit auf den Weg. Der Coach muss daher in der Lage sein, selbst kräftig zu übertreiben und eine gute Show-Einlage hinzulegen, um dem Klienten vorzuführen, was er im geschützten Rahmen des Coachings einmal ausprobieren soll. Der Coach muss mit seiner Begeisterung den Klienten anstecken, damit dieser später wiederum mit seiner Begeisterung andere mitreißen kann.

Das widerspricht nun vielleicht manchen Thesen, dass der Coach sich *immer* zurückhalten müsse, weil die Impulse alle vom Klienten zu kommen hätten. Doch ein Coach muss unterscheiden können, wann diese Forderung angebracht ist und wann nicht. Wenn bei einem Klienten das angepasste Kind übermäßig mit Energie besetzt ist, braucht er einen Stimulus von außen, um sein freies Kind-Ich anzuregen. Er braucht ein Modell, wie so etwas überhaupt aussehen kann. Dann kann der bescheidenste Mensch lernen, sich nicht mehr hinter PowerPoint-Folien zu verstecken, sondern etwas von seiner Persönlichkeit zu zeigen. Auch als der monotonste Sprecher kann er lernen, seine Stimme zu modulieren, durch seinen Sprachfluss die Aufmerksamkeit zu halten und durch Pausen Dramatik zu erzeugen, um mit diesen Stilmitteln seine Zuhörer zu fesseln.

Menschen mit dieser Einschärfung werden in Führungsrollen oft nicht als Autorität wahrgenommen.

Was das Führungsverhalten betrifft, bauen sich Menschen mit der Einschärfung „Sei nicht wichtig“ oft selbst Fallgruben, weil sie es allen Recht machen wollen. Sie scheuen davor zurück, einen anderen zu konfrontieren. Sie wollen andere nicht enttäuschen und haben Angst davor, jemand anderen in seine Schranken zu weisen – ihr angepasstes Kind-Ich macht da einfach nicht mit. Da das angepasste Kind-Ich auch kein Ich-Zustand ist, der anderen Respekt abnötigt oder in anderen die Geisteshaltung „Wenn er das sagt, dann mache ich das auch“ erzeugt, werden diese Führungskräfte von ihren Mitarbeitern häufig im besten Fall fachlich geschätzt, aber nicht als Autorität wahrgenommen. Man muss zwar irgendwie auf diese Führungskraft reagieren, weil die Hierarchie das erfordert, aber eine wirkliche Gefolgschaft baut sich so nicht auf. Ein typisches Führungsproblem, das daraus entstehen kann, ist ein Gerangel um den eigentlich vakanten *psychologischen Chefsessel*.

Wenn jemand eine Führungsposition einnimmt, muss er zwei Chefsessel besetzen, den offiziellen und den psychologischen. Das bedeutet, er muss von seinen Mitarbeitern, seinen Kollegen und seinem eigenen Chef als derjenige akzeptiert werden, der jetzt für diesen Bereich die Verantwortung trägt. Da der Chef mit der Einschärfung „Sei nicht wichtig“ die Machtposition im Team nicht wirklich besetzen kann – täte er es, würde er sich ja *wichtig machen* –, entsteht ein Machtvakuum, das zu Konflikten zwischen den Mitarbeitern führt. Besonders in Einrichtungen im Sozialbereich lässt sich immer wieder beobachten, dass es quasi ein Tabu gibt, Macht auszuüben, getreu dem Motto: „Wir sind hier doch alle gleich.“ Dann konkurrieren die Stärksten im Team um die Macht, die ihnen offiziell nicht zusteht. Weil sie ihnen offiziell nicht zusteht, findet dieser Wettkampf um die Macht zwangsläufig verdeckt statt, was zu Intrigen und Unfrieden führt und das Arbeitsklima unnötig belastet. Ein Zustand, den der Chef wiederum nicht wirkungsvoll beenden kann, weil sein starkes inneres Verbot, ein kontrollierendes Eltern-Ich zu zeigen, dem entgegensteht. Gut kämpfen kann jemand mit dieser Einschärfung, wenn überhaupt, nämlich nur für andere. Gelegentlich findet sich diese Variante, dass jemand zwar mutig wie ein Löwe für die Rechte anderer eintritt, aber große Probleme damit hat, etwas für sich selbst zu fordern.

Sei nicht erfolgreich

Die Botschaft „Sei nicht erfolgreich" wird Kindern vermittelt, wenn Eltern ihnen entweder ständig zeigen, dass sie ihnen eigentlich gar nichts zutrauen oder wenn sie niemals mit dem zufrieden sind, was die Kinder machen. In beiden Fällen werden die Kinder unentwegt entmutigt, denn was sie auch tun, es genügt einfach nicht. Der „Lernprozess", dass sie nicht imstande sind, einen Erfolg zu erzielen, kann bei Kindern schon sehr früh beginnen: Wenn sie zum Beispiel stolz ihre ersten Bilder präsentieren und diese sofort kritisiert, verbessert und „optimiert" werden, dann begreifen schon Dreijährige rasch, dass sie ganz offenbar nicht gut genug sind. Passiert das nicht gelegentlich als Ausrutscher, weil der Erwachsene einen schlechten Tag oder keine Zeit hat, sondern immer und immer wieder, so lernt das Kind, dass es unfähig ist, und übernimmt diesen Glauben in sein Selbstbild.

Menschen mit der Einschärfung glauben nicht an ihren Erfolg – auch wenn sie erfolgreich werden.

Es gibt zwei Varianten, wie Menschen mit der Einschärfung „Sei nicht erfolgreich" umgehen. Entweder sie ergeben sich in den Glauben an diese Botschaft und gelangen wirklich zu der Überzeugung, dass sie nichts können, nie gut genug und dazu verurteilt sind, zu versagen. Dann gestalten sie ihr Leben auch tatsächlich so, dass alles Mögliche schiefgeht. Oder sie lehnen sich nach außen hin gegen die eigentlich verinnerlichte Botschaft auf und versuchen unentwegt zu beweisen, dass sie doch etwas taugen. Das kann dazu führen, dass sie sehr erfolgreich werden – aber mit der ständigen Angst im Nacken, dass der Misserfolg hinter jeder Ecke lauert. Sie leben ein Paradox: Äußerlich sehr erfolgreich, glauben sie innerlich eigentlich, dass sie Blender oder Hochstapler sind und leiden deswegen häufig unter Ängsten, dass die anderen das irgendwann herausfinden werden. Sie fürchten beständig, dass sich irgendwann zeigen wird, dass sie lediglich vorspielen, das zu können, was sie tun. Dass sie als die Versager, die sie wirklich sind, entlarvt werden. Dieses Symptom findet sich selbst bei Führungskräften mit hoher Kompetenz und langer Erfahrung. Es gibt Manager, die nach zwanzig Jahren erfolgreicher Arbeit immer noch fürchten, dass sich irgendwann ihre Unfähigkeit offenbaren wird. (Bei den tatsächlichen „Hochstaplern", die es natürlich in jeder Branche gibt, findet sich diese Angst übrigens nicht ...)

Kleine Fehlschläge sind ein großes Problem.

Wenn der Erfolg ständig nur von der Angst vor dem Misserfolg getrieben wird, ist natürlich jeder kleinste Fehlschlag eine immense Bedrohung. Wenn der Erfolg ausbleibt, aus welchem Grund auch immer, hat ein Mensch mit der Einschärfung „Sei nicht erfolgreich" ein deutlich größeres Problem damit als jeder andere. Der hinter der Anstrengung zum Erfolg liegende Glaubenssatz „Ich schaffe es nicht" oder „Ich bin unfähig" kommt dann sofort wieder zur Geltung. Ein Misserfolg wiegt natürlich besonders schwer, wenn jemand mit einer Aufgabe wirklich überfordert war. Aber auch wenn andere Faktoren daran schuld sind, dass der erhoffte Erfolg sich nicht erzielen lässt – wie etwa eine Krankheit –, wird die Schuld mehr der eigenen Unfähigkeit zugeschrieben als den widrigen Umständen. Die damit einsetzenden Selbstzweifel untergraben mühelos die nur langsam und unter großen Schwierigkeiten aufgebaute Selbstsicherheit. Dadurch kann es zu einem Zusammenbruch kommen, dessen Ausmaß und Heftigkeit die Umgebung überrascht.

Erfolge werden abgewertet.

Jemand, der seiner Einschärfung zum Trotz erfolgreich wird, tut für gewöhnlich zwar sehr viel dafür, kann seine eigenen Erfolge aber innerlich meist nicht anerkennen – würde er das tun, liefe das ja seinem Skriptglauben entgegen. Also wertet er seine Erfolge mit inneren Dialogen ab: „Na ja, das zu schaffen war ja wirklich kein Kunststück, das hätte ein Blinder mit Krückstock hingekriegt"; „So lange, wie ich den Job schon mache, hätte man sich anstrengen müssen, um das nicht hinzukriegen"; „Bilde dir darauf bloß nichts ein, das kann echt jeder". Mit solchen und ähnlichen Sätzen schafft man es natürlich locker, sein Selbstbewusstsein klein zu halten und das eigene Können in Misskredit zu bringen. Das kann so weit gehen, dass man im Coaching Führungskräfte erlebt, die schon ganz hoch oben auf der Karriereleiter angekommen sind, aber innere Dialoge zwischen ihrem Eltern-Ich und ihrem angepassten Kind-Ich aushalten müssen, die etwa so klingen: „Aus dir kann gar nichts werden – wahrscheinlich endest du eines Tages sowieso in der Gosse!"

Man trifft solche Fälle jedoch nicht nur im Business-Bereich, das kommt auch im akademischen Umfeld vor. So stellte eine Universitätsprofessorin im Coaching ihren Lebensweg etwa mit folgenden Worten dar: „In der Schule habe ich immer sehr viel Glück gehabt, denn ich war aus irgendeinem Grund bei den Lehrern beliebt, da brauchte ich für meine guten Noten gar nichts zu tun. Das Abitur hat man mir praktisch geschenkt und bei meinem Diplom hatte ich so ein einfaches Thema, das war ein Witz." Dass sie dann auch ihre Promotion und Habilitation nur auf Glück und Zufall und nicht auf ihr Können und Wissen zurückführte, liegt auf der Hand. Sie traute sich nichts zu und hielt sich für einen Versager.

Kritik von außen ist schwer zu ertragen.

Wer wegen der Einschärfung „Sei nicht erfolgreich" unter dem „Schaff's-nicht"-Skript leidet, kann meist nicht mit negativer Kritik umgehen. Jemand mit solchen inneren Dialogen, wie den oben skizzierten, kritisiert sich permanent selbst wegen jeder Kleinigkeit. Das allein ist schon schwer zu ertragen. Wenn dann auch noch Kritik von außen dazukäme, liefe das Maß des Erträglichen über – das wäre einfach zu viel an Kritik und es bestünde die Gefahr eines inneren Zusammenbruchs. Solche vernichtenden inneren Dialoge bergen ohnehin immer die Gefahr in sich, denjenigen krank zu machen, ihn depressiv werden zu lassen oder ihn in eine innere Erstarrung zu führen.

Es wird nach Anerkennung gesucht.

Oft holt sich derjenige so viel an Anerkennung von außen, wie er nur kriegen kann. Er ist darauf angewiesen, um seine negativen inneren Dialoge zu kompensieren. Genau das schafft auf die Dauer natürlich Probleme. Entweder wird er enttäuscht, dass er nicht mehr Anerkennung bekommt, obwohl er doch so viel dafür tut. Oder er macht sich bei seinem Umfeld unbeliebt, weil er so sehr um Anerkennung buhlt. Entweder indem er auf Teufel komm raus angibt oder indem er durch übertriebene „Bescheidenheit" exzessives „Fishing for Compliments" betreibt. Beides geht der Mitwelt entsetzlich auf die Nerven, negative Reaktionen können die Folge sein. Und bleibt eine erhoffte Wertschätzung aus, kann das tagelang an ihm nagen: Er fühlt sich so gekränkt, dass er dieses Gefühl kaum wieder los wird. Die Gedanken kreisen ständig darum und mit jeder neuen Runde wird der Skriptglaube verstärkt.

Klienten mit dieser Problematik müssen im Coaching lernen, ihren inneren Dialog zu verändern, denn so viel Anerkennung kann von

Im Coaching muss der selbstzerstörerische innere Dialog wahrgenommen und verändert werden.

außen gar nicht kommen, als dass damit ein Gegengewicht zu diesen destruktiven Botschaften geschaffen werden könnte. Selbst ein Chef, der geradezu verschwenderisch mit Lob um sich wirft, könnte einem solchen Mitarbeiter nicht die nötige Anerkennung verschaffen. Die inneren Dialoge behalten letztlich immer die Oberhand und die programmieren aufs Scheitern.

Der erste Schritt zur Veränderung der inneren Dialoge besteht darin, dass sie dem Betroffenen überhaupt bewusst werden. Der Coach, der die impliziten Anzeichen für das Vorhandensein von negativen Botschaften wahrnimmt, sollte seinen Klienten darauf aufmerksam machen. Zum Beispiel dann, wenn in unscheinbaren Nebensätzen die eigene Abwertung zum Ausdruck kommt: „Und natürlich ging bei mir alles schief." Oder wenn Erfolge einem anonymen „Es" zugeordnet werden: „Es ist gut gelaufen" statt „Ich habe es gut hingekriegt". Oder wenn ein Lob des Coachs sofort heruntergespielt wird. Oft wird dem Klienten dadurch erst klar, wie stark die eigene Abwertung in seinem Denken präsent ist.

Das Erfolgstagebuch als Hilfestellung.

Es kann hilfreich sein, dem Klienten aufzutragen, über längere Zeit ein Erfolgstagebuch zu führen. Dieses ist aber explizit nicht dafür da, die Highlights aufzunehmen, vielmehr sollen die alltäglichen kleinen Erfolge aufgeschrieben werden, die sonst so schnell untergehen und vergessen werden. Um die Anerkennung für sich selbst zu stimulieren, soll der Klient immer wieder in diesem Tagebuch blättern und sich vergegenwärtigen, was ihm eigentlich alles gelingt und wie viel er bewegt.

Gelegentlich kann es passieren, dass die negativen Dialoge eine so starke Wirkung entfalten, dass es dem Klienten schwerfällt, überhaupt etwas zu finden, was er als Erfolg verbuchen könnte. In diesem Fall ist es in Ordnung, zunächst einmal mit den Misserfolgen zu beginnen, dann aber dazu überzugehen, das, was gelungen ist, aufzuschreiben. Wenn sie all das Negative losgeworden sind, fällt es manchen Leuten leichter, ihr Augenmerk auch auf das Positive zu richten. Allerdings sollten sie möglichst gleich zwei unterschiedliche Hefte, Notizbücher oder Computer-Ordner dafür anlegen, sodass sie nachher wirklich ein Erfolgstagebuch zur Verfügung haben, mit dem sie sich immer wieder positiv einstimmen können. Deshalb ist es auch wichtig, und der Coach sollte diesen Punkt sehr deutlich machen, dass es nicht um die herausragenden Erfolge geht – wer bekommt schon täglich „Standing Ovations"? –, sondern um die alltäglichen Erfolgserlebnisse, die für gewöhnlich das Berufsleben ausmachen: die gute Idee, die man hatte, die richtige und wichtige Frage, die man gestellt hat, der Konflikt, den man zufriedenstellend beigelegt hat oder Ähnliches. All das sind Dinge, die zum nötigen Basisgefühl von „Ich bin erfolgreich" beitragen und die der Klient immer wieder tun kann. Dagegen ist es fraglich, ob er noch ein zweites Mal Gelegenheit haben wird, einen „Mega-Deal" einzufädeln, auch wenn dieser Erfolg natürlich beachtlicher daherkommt als das alltägliche Gelingen, das er bislang unter den Teppich gekehrt hat.

Wichtig sind die kleinen Erfolge, nicht die großen.

Im Coaching Erfolgsszenarien zu entwickeln, kann dem Klienten mit einer „Sei-nicht-erfolgreich"-Einschärfung ebenfalls ein Gespür dafür geben, wie sehr er sich selbst auf das Scheitern programmiert. Er merkt, wie schwer es ihm fällt, sich emotional auf Visionen mit Erfolgserlebnissen einzulassen. Solche Szenarien machen ihm jedoch nicht nur die Intensität seiner negativen Gedanken bewusst. Sie sind besonders wichtig und hilfreich, damit für den Klienten Erfolg überhaupt erst einmal „denkbar" wird und er seinen Stress reduzieren kann. Meist ist es so, dass der Klient mit dieser Einschärfung vor einer neuen Aufgabe zurückschreckt. Das ist quasi seine „normale" Reaktion auf eine neue Herausforderung, weil er nur die Gefahren des Scheiterns sieht, nicht aber die Chancen der Entwicklung, des Lernens, des Erfolgs. Nimmt der Klient sie dennoch an, weil er der Einschärfung trotzt, erlebt er dabei einen ungeheuren Stress. Hat er gelernt, sein Denken von „Scheitern" auf „Gelingen" umzustellen, wird er dasselbe tun, was er im anderen Fall auch getan hätte, um die Aufgabe erfolgreich zu bewältigen – aber mit sehr viel weniger Stress dabei.

Das Entwickeln von Erfolgsszenarien als Hilfsmittel nutzen.

Menschen, die eine „Sei-nicht-erfolgreich"-Einschärfung haben und diese Einschärfung auch ausleben, also nicht innerlich dagegen angehen, kommen eher selten ins Coaching. Für gewöhnlich erreichen sie keine Führungspositionen. Es kommt jedoch häufiger vor, dass ein Coaching-Klient einen Mitarbeiter hat, der mit dieser Einschärfung geschlagen ist, und meist ist dann auch die Führungskraft geschlagen mit diesem Mitarbeiter. Von außen betrachtet kann sie nämlich sehr leicht den Eindruck gewinnen, dieser Mitarbeiter arbeite systematisch und mit allen Mitteln auf seinen Rauswurf hin. Er organisiert sich und seine Arbeit auf eine Art und Weise, die auf den ersten Blick erkennen

Der Umgang mit Mitarbeitern mit der „Sei-nicht-erfolgreich"-Einschärfung.

lässt, dass das nicht gut gehen kann: Er „vergisst" die wichtigsten Termine; wenn es auch nur die geringste Möglichkeit gibt, wie man etwas am Gelingen hindern kann, findet er sie; er ist schlampig, wenn es darauf ankommt, exakt zu sein; er ist unvorbereitet, wenn es darum geht, einen guten Eindruck zu machen – kurz: Er treibt dem geduldigsten und wohlwollendsten Chef die Tränen in die Augen.

Vertrauen und Anerkennung bewirken viel.

Im Coaching kann man der Führungskraft Strategien aufzeigen, wie sie mit diesem Mitarbeiter umgehen kann. Zum Beispiel, ihm für alles Anerkennenswerte auch tatsächlich viel Anerkennung zu geben. Noch besser ist es, wenn sie den Mitarbeiter dazu bringt, sich selbst Anerkennung zu geben. Wenn er etwa eine Aufgabe gut bewältigt hat, ihn zu fragen: „Wie finden Sie das selbst?" oder „Was würden Sie an meiner Stelle sagen?". Wichtig ist auch, diesem Mitarbeiter eindeutiges Vertrauen zu zeigen. Zweifelsfreies Vertrauen in seine Fähigkeiten bewegt viel bei einem Menschen mit der „Sei-nicht-erfolgreich"-Einschärfung – er lernt dadurch, sich selbst zu vertrauen. Ein extremes Verhalten in Richtung Scheitern kann jedoch vom besten Chef nicht aufgefangen werden, das erfordert therapeutische Maßnahmen.

Das eigene Verhalten und die Ursache dahinter verstehen.

Wenn der Drang zum Scheitern nicht ganz so stark ausgeprägt ist, kann man auch im Coaching an der „Schaff's-nicht"-Einschärfung arbeiten. Hierbei ist es abermals wichtig, dass der Klient zunächst einmal anfängt, sich selbst zu verstehen. Dazu kann der Coach detailliert darauf eingehen, wie er das Verhalten des Klienten sieht, und ihm erklären, welche psychologische Theorie dahinter steht. Schließlich sollte der Coach auch gemeinsam mit dem Klienten herausarbeiten, woher die destruktiven Botschaften kommen. Wer war derjenige, der ihm aufgetragen hat, nicht erfolgreich zu sein? Wer hat ihm nie etwas zugetraut und was waren möglicherweise dessen psychische Hintergründe? Waren das möglicherweise Eltern, die selbst das Gefühl hatten, versagt zu haben im Leben, und die unbewusst Angst davor hatten, dass das eigene Kind erfolgreicher werden könnte als sie und dann vielleicht auf sie herabschaut? Haben sie deshalb ihren Sohn oder ihre Tochter kleingehalten?

Wenn jemand erst einmal verstanden hat, dass sein Impuls zu scheitern mehr mit den Eltern zu tun hat als mit seiner eigenen

Person und seinen eigenen Fähigkeiten, ist es für ihn leichter, sich von den destruktiven Botschaften zu lösen und seine eigene Erfolgsgeschichte aufzubauen. Nur weil man in der Kindheit Botschaften angenommen und daraus Glaubenssätze gebildet hat, heißt das noch lange nicht, dass man für den Rest seines Lebens festgelegt ist. Auch wenn es wohl so ist, dass das Gehirn „Datenautobahnen" anlegt, wenn sich bestimmte Inhalte immer und immer wiederholen – man kann durchaus neue Wege bahnen.

Die Check-your-Mind-Methode im Umgang mit Einschärfungen

Eine gute Möglichkeit, um sich von alten Einschärfungen zu befreien, ist die Check-your-Mind-Methode, die der Coach mit dem Klienten durchführen kann. Dazu muss er den Klienten bitten, sich eine typische Situation auszuwählen, die ihm beispielsweise aufgrund seiner Einschärfung „Sei nicht erfolgreich" Angst macht, wie etwa die Übernahme eines großen Projekts. In diese Situation soll sich der Klient gedanklich gut hineinversetzen. Am besten geschieht dies in einer leichten Entspannung mit geschlossenen Augen, sodass seine Vorstellung möglichst realistisch und plastisch wird, mit allen dazugehörigen Gefühlen. Sobald er die schwierige Situation so realitätsnah wie möglich in seiner Vorstellung aktiviert hat, soll er schildern, was ihm alles durch den Kopf geht.

Die negativen Gefühle werden notiert.

Manchmal ist der Klient selbst überrascht, wie viele negative Gedanken mit der Vorstellung eines solchen Projekts verbunden sind. Er soll auf jeden Fall *alles* äußern, was in ihm aufsteigt, damit der Coach jeden dieser gedanklichen „Saboteure" erfassen kann. Es ist wichtig, alles mitzuschreiben und zwar möglichst wortwörtlich, denn genau diese Formulierungen werden später noch gebraucht. Der Coach stellt nichts in Frage, sondern nimmt alles hin, was der Klient an Gedanken äußert.

Negative „Vorahnungen" werden hinterfragt.

Wenn die Liste so vollständig wie möglich und der Coach überzeugt ist, dass auch er Angst vor dem Projekt hätte, wenn er innerlich ständig die Gedanken des Klienten wiederholen würde, beginnt der nächste Schritt der Arbeit. Jetzt kommen die negativen Gedanken auf den intellektuellen Prüfstand. Coach und Klient untersuchen jede einzelne Frage unter folgenden Gesichtspunkten:

- Stimmt das, was da behauptet wird, denn überhaupt?
- Kann man an diesem Projekt wirklich nur scheitern?
- Ist es tatsächlich so schwierig?
- Hat der Klient gar keine Voraussetzungen, gar keine Erfahrungen, die ihm helfen, die Aufgabe zu stemmen?
- Oder gibt es nicht doch sehr gute Gegenargumente gegen die negativen Glaubenssätze?

All diese Gegenargumente – und es gibt meistens sehr viele – werden nun gesammelt und auf ein gesondertes Blatt geschrieben. Der Klient hat damit eine Liste vorliegen, die alles enthält, was wichtig ist, um seinen negativen Gedanken die Grundlage zu entziehen: ähnliche Projekte, die er schon erfolgreich bewältigt hat, alles, was er gelernt hat und kann, Erfahrungen, die er besitzt – also einfach alles, was die negativen Gedanken entkräftet. Im Idealfall finden sich auf dieser Liste für jeden der negativen Gedanken mindestens drei auch für den Klienten glaubwürdige Gegenargumente, die sich zum Teil natürlich auch wiederholen dürfen.

Der Klient vertritt Gegenargumente gegen die destruktive innere Stimme.

Im nächsten Schritt übernimmt der Coach die Rolle der inneren Stimme. Er tut, was ein guter Coach sonst niemals macht: Er entmutigt den Klienten mit dessen eigenen inneren Botschaften. Laut spricht er aus, was er vorher mitgeschrieben hat, und er gibt sich Mühe, dabei genauso fies zu sein, wie es die innere Stimme des Klienten auch ist. Die Aufgabe des Klienten ist es, nun die Gegenargumente ins Feld zu führen. Das fällt den meisten am Anfang ziemlich schwer. Ohne die Liste der Gegenargumente, von der sie ablesen können, würden sie vor der Wucht ihrer eigenen Botschaften schnell einknicken – schließlich existiert da im Gehirn schon eine gut ausgebaute Spur, in die man ganz leicht hineinrutscht. Doch wenn der Klient die Gegenargumente ein paar Mal abgelesen hat, zu Beginn oft noch stockend und kleinlaut, wird es mit jeder Wiederholung immer leichter. Ganz allmählich entsteht eine neue Spur, und bald braucht er die Liste gar nicht mehr. Die Einsprüche kommen flüssig und überzeugend, und meist kommen noch eine ganze Menge kreativer neuer Gegenargumente hinzu.

Das ist der springende Punkt: Es ist plötzlich eine ganz neue Energie da. Den ollen Kamellen, die ohnehin nie gestimmt haben, ist die Kraft entzogen und auch dem Klienten wird schlagartig klar, von welch einem Blödsinn er sich den Mut rauben ließ. Damit geht meist eine ungeheure Erleichterung einher, ein angenehmes Gefühl der Befreiung. Es passiert also nicht nur auf der intellektuellen, sondern auch auf der emotionalen Ebene etwas Neues. Der Klient hat die Kraft wieder zur Verfügung, die vorher damit gebunden war, den Druck der negativen Botschaften auszuhalten. Wer diesen Prozess einmal durchlebt hat, kann meist schon kurze Zeit später gar nicht mehr glauben, dass er sich von so irrationalen und nachgerade lächerlichen Gedanken, wie sie auf seiner Negativ-Liste stehen, ins Bockshorn hat jagen lassen.

Die innere Stimme wird entkräftet, der Klient gewinnt Kraft.

Mit der Check-your-Mind-Methode wird das Gehirn trainiert, auf negative Gedanken sofort mit glaubwürdigen Gegenargumenten zu reagieren. Das ist der Unterschied zum „Positiven Denken", bei dem man eher versucht, negative Gedanken einfach durch positive zu ersetzen – was selten funktioniert. Sich jedoch mit negativen Gedanken so lange aktiv auseinanderzusetzen, bis sie keine Wirkung mehr haben, weil sie definitiv widerlegt sind, das funktioniert sehr wohl. Das Positive – also die eigenen Kenntnisse und Fähigkeiten – ist dann nämlich keine Frage des Glaubens mehr, sondern schlicht eine Tatsache.

Diesen Prozess kann der Klient, wenn er ihn einmal kennengelernt hat, auch alleine zu Hause immer wieder durchführen. Das Einzige, was er dafür braucht, ist Aufmerksamkeit gegenüber seinen Stress-Signalen. Denn die negativen Botschaften erzeugen immer Stress, der sich meist auch irgendwo im Körper äußert. Hat der Klient gelernt, seine körperlichen Stress-Signale zu erkennen – zum Beispiel den Druck im Magen, den verspannten Nacken, die zusammengekniffenen Augen, den Kopfschmerz –, kann er daraufhin Check-your-Mind einsetzen. Er fragt sich zunächst: „Was mache ich gerade mit mir? Was sage ich mir gerade innerlich, dass ich so in Aufregung gerate? Was bringt mich so in Anspannung?" Anschließend bringt er sofort innerlich alle Gegenargumente vor, die den gedanklichen Stressoren die Energie nehmen. Eine ausführliche Beschreibung zur Check-your-Mind-Methode findet sich in „Steh dir nicht im Weg" von Ulrich und Renate Dehner, das im Campus-Verlag erschienen ist.

Der „innere Erfolgsfilm" als mentales Training

Eine andere Methode, um sich seiner hinderlichen inneren Stimmen zu entledigen, ist ein mentales Training, das aus dem Sport-Coaching kommt. Genau beschrieben wird diese Methode im Buch „Ten-Minute Toughness: The Mental Training Program for Winning Before the Game Begins" von Selk Jason. Leistungssportlern verhilft es zu einer Steigerung ihrer Performance, wenn sie nur zehn Minuten jeden Tag mental trainieren. Dazu entwickeln sie zunächst einen inneren Erfolgsfilm, der etwa eine Länge von sechzig Sekunden haben sollte. Dieser Erfolgsfilm hat das zum Inhalt, was bewältigt werden soll: sei es ein schwieriges Mitarbeitergespräch, eine Präsentation, eine Verhandlung oder was auch immer. Zu diesem Zweck wird eine Erinnerung wachgerufen: entweder an eine wirklich gute, starke Situation, die in der Vergangenheit erlebt wurde, oder an ein Vorbild, das die Situation genau so gemeistert hat, wie man das selbst erreichen möchte. Alternativ kann auch das, was erreicht werden soll, in idealer Weise konstruiert werden.

Ein innerer Film wird aufgebaut.

Bei der „Gestaltung" des Films gibt es drei Möglichkeiten der Visualisierung. Im ersten Fall wird das Rollenmodell als Zuschauer betrachtet. Im zweiten Fall sieht man sich selbst von außen zu und hat so einen Rundumblick auf sich selbst. In der dritten Variante läuft der Film vor dem inneren Auge so ab, als befände man sich tatsächlich mitten im Geschehen. Die „Kamera" sitzt sozusagen im Kopf des handelnden Ichs, sodass es auch nur das sieht, was es in der Realität sehen würde. Bei allen Visualisierungen ist wichtig, dass sämtliche Sinneskanäle einbezogen werden: sehen, hören, fühlen, riechen, schmecken. Die stärkste Wirkung wird mit der dritten Art von Visualisierung erzielt, denn dabei ist die Identifizierung am größten. Weil der Durchführende sich dabei auch körperlich spürt, durchlebt er die Situation am intensivsten und legt auf allen Hirnebenen entsprechende neuronale Felder an.

Dabei auftretende negative Gedanken werden gesammelt und Gegenargumente sowie ermutigende Gedanken gefunden.

Wenn die Sportler einen solchen Erfolgsfilm entwickelt haben, erstellen sie eine Übersicht über die negativen Gedanken. Ähnlich wie beim Check-your-Mind werden alle negativen Vorstellungen aufgeschrieben, die mit diesem Erfolg in Verbindung stehen. Schließlich werden die positiven Gedanken erarbeitet, die gebraucht werden, um sich auf den Erfolg zu fokussieren. Dabei ist es wichtig, auf sogenannte „Nicht-Formulierungen" zu verzichten, also Formulierungen zu wählen wie „Ich bin gelassen und entspannt" statt „Ich bin nicht aufgeregt". Auf den Business-Bereich umgesetzt, könnte sich zum Beispiel ein Manager, der zu vorschnellen Reaktionen neigt, eine Zeit lang täglich ein für ihn schwieriges Mitarbeitergespräch vorstellen. In dieser Vorstellung führt er es erfolgreich und er sagt sich während des mentalen Trainings immer wieder „Erst zuhören, dann entscheiden" oder „Bleib souverän". Durch das tägliche Training wird diese innere Haltung ein fester Bestandteil seiner Struktur.

Für jemanden mit der Einschärfung „Sei nicht erfolgreich" kann ein solches mentales Training eine große Hilfe sein. Statt jedes Mal, wenn er etwas Neues anpackt, hilflos den quälenden Gedanken „Das gelingt dir doch sowieso nicht", „Du wirst mal wieder versagen, du Nichtskönner" ausgeliefert zu sein, kann er ganz bewusst immer wieder üben, einen ermutigenden Gedanken einzusetzen, der den destruktiven Mustern Paroli bietet. Er könnte sich also beispielsweise täglich den inneren Film vorstellen, der zeigt, wie sein Chef ihm die Leitung eines neuen Projektes überträgt und er sich dabei sagt: „Das ist eine Herausforderung und die Chance für mich, zu zeigen, was ich kann!"

> Die Methode des „inneren Erfolgsfilms" nur gelegentlich zu üben, kann man sich jedoch schenken!

!

Wichtig ist dabei allerdings das tägliche Training, wobei gilt: kürzer und täglich bringt sehr viel bessere Ergebnisse als länger, aber nur hin und wieder. Im Leistungssport hat sich gezeigt, dass die Athleten selbst unter höchstem Stress ihre souveräne innere Haltung beibehalten können, wenn sie täglich mental trainieren. Unterstützt wird der positive Effekt noch durch die Kombination mit einer speziellen Atemtechnik, die „Erleichterungsatmen" genannt wird. In klinischen Studien zeigte sich, dass schon minimaler Stress die Herzfrequenz nach oben treibt und dass das Ergebnis umso schlechter ausfällt, je höher die Herzfrequenz ist. In einem Test mit Sportlern reichte es, ihnen einen sehr geringen Geldbetrag für den Erfolg bei einer Aufgabe anzubieten, um ihre Herzschlagrate in die Höhe zu bringen und ihre Performance dadurch zu verschlechtern. Noch drastischer waren die Effekte, wenn der Stress noch mehr erhöht wurde, indem der Sportler seine Aufgabe vor einem Fernsehteam lösen sollte. Die Herzschlagrate ist Ausdruck einer Übererregung, die einer guten Leistung immer abträglich ist. Folglich muss sie reduziert werden, um ein gutes Ergebnis zu erzielen. Das ist für Sportler im Wettkampf genauso wichtig wie für Führungskräfte mit der „Schaff's-nicht"-Einschärfung. Wenn immer wieder durch ihre negativen Gedanken eine solche Übererregung ausgelöst wird, dann wird schon allein dadurch die Performance schlechter.

Erleichterungsatmen: Eine einfache und sehr wirkungsvolle Methode, den Herzschlag zu beruhigen.

Das Erleichterungsatmen besteht darin, sich an einen 15-Sekunden-Rhythmus beim Atmen zu halten: Man atmet sechs Sekunden ein, hält den Atem zwei Sekunden und atmet sieben Sekunden aus. Es genügt offenbar, diese Art der Atmung in einer belastenden Situation wenige Male durchzuführen, um den Herzschlag zu beruhigen. Es ist jedenfalls eine einfache Methode, die jeder Klient leicht anwenden kann.

Dieses mentale Training in Kombination mit dem Erleichterungsatmen kann jeder nutzen, um sich auf schwierige Situationen vorzubereiten. Vor allem aber ist es für Klienten mit einem „Schaff's-nicht"-Skript besonders hilfreich, da sie besonders unter Versagensängsten zu leiden haben.

Sei kein Kind

Die Einschärfung „Sei kein Kind" kann ihre Ursache haben, weil die Eltern überfordert sind von der Spontaneität, der Lebhaftigkeit, vielleicht auch der Lebensfreude eines Kindes sowie von seinen Bedürfnissen nach Zärtlichkeit, Körperkontakt, Zuwendung, Spielen, Lärmen und Ausgelassenheit. Dem fühlen sich gerade intellektuelle Eltern manchmal nicht gewachsen – dass Kinder so „kindisch" sind, damit haben sie nicht gerechnet, das bringt ihnen auch viel zu viel Unruhe in ihr Leben. Außerdem langweilt es sie, die immer gleichen Spiele zu spielen, den immer gleichen Witz produzieren oder sich anhören zu müssen.

Also fördern sie lieber sehr stark das Erwachsenen-Ich ihres Kindes und freuen sich über ihren frühreifen kleinen Professor, mit dem man schon so ernsthaft diskutieren kann. Das freie Kind-Ich bleibt dabei auf der Strecke, die Kinder wirken für ihr Alter viel zu vernünftig.

Es kann aber auch sein, dass einem Kind diese Einschärfung aus purer Notwendigkeit mitgegeben wurde, weil es viel zu früh schon Verantwortung übernehmen musste – häufig für jüngere Geschwister, die seiner Obhut anvertraut wurden. Auch in diesem Fall kann sich das älteste Kind nicht wie ein Kind verhalten. Es darf sich etwa nicht im Spiel verlieren, das wäre für die kleineren Kinder viel zu gefährlich, also muss es seine eigenen Bedürfnisse zurückstellen. Wenn die Erwartung der Eltern die Ausnahme bleibt, dass der oder die Älteste auch einmal stellvertretend für sie einspringt, ist das natürlich kein Problem. Wenn es hingegen die Regel ist, weil es gar nicht anders geht und ein alleinerziehendes Elternteil ohne die Mithilfe des ältesten Kindes aufgeschmissen wäre, dann „verlernt" das Kind sein Kindsein. Als Erwachsene sind solche Kinder prädestiniert für Führungspositionen, denn das haben sie von klein auf trainiert: für andere die Verantwortung zu tragen, zu steuern, sicherzustellen, dass alles läuft, sich um alles zu kümmern.

Die Einschärfung hindert daran, auf eigene Bedürfnisse zu hören.

Das Problem für die Erwachsenen mit der Einschärfung „Sei kein Kind" besteht darin, dass sie ihre eigenen Bedürfnisse zu sehr vernachlässigen, zu wenig dafür sorgen, dass es ihnen selbst gut geht. Oft haben sie auch zu wenig Spaß bei der Arbeit. Sie nehmen alles viel zu ernst und sind überverantwortlich. Damit steigt für sie die Gefahr, irgendwann einen Burnout zu erleiden. Sie haben schließlich schon als Kinder gelernt, dass sie zu funktionieren haben, ganz egal, wie es ihnen selbst dabei geht. Sie haben dieses Funktionieren bis zu einem Grad perfektioniert, der für sie selbst gefährlich werden kann. Zum Beispiel, weil sie ihre eigenen Körpersignale schon nicht mehr wahrnehmen und sich erschöpfen, bis rein gar nichts mehr geht. Manchmal kommt es dann zu einem kompletten Zusammenbruch, der wirkt, als würde sich nun das vernachlässigte Kind-Ich alles holen, was es sich bisher versagt hat: Der Mensch ist nicht mehr in der Lage, irgendeine Verantwortung zu tragen, er ist zu keiner einzigen Entscheidung mehr fähig und fällt in einen Kind-Status zurück, in dem er total versorgt werden muss.

Was Menschen mit dieser Einschärfung in ein Coaching bringen kann.

Im Coaching sind Menschen mit der Einschärfung „Sei kein Kind" eher selten anzutreffen. Sie sind so daran gewöhnt, diejenigen zu sein, die dafür sorgen, dass alles läuft – und sie können das auch meist sehr gut –, dass sie kein Bedürfnis verspüren, sich unterstützen zu lassen. Am ehesten kommen sie, weil irgendjemand sich langsam Sorgen um sie macht und erste Anzeichen von Burnout wahrnehmbar sind. Im Coaching zeigt sich schnell, dass diese Klienten zwar gar kein Problem damit haben, Verantwortung zu übernehmen, aber große Schwierigkeiten mit Situationen, bei denen das freie Kind einmal zum Zuge kommen sollte. Firmenfeste sind den Leuten meist ein Gräuel. Wenn alle Spaß haben und ausgelassen sind, fühlen sie sich unwohl und fehl am Platze, und wenn jemand bei einer Fete über die Stränge schlägt, sorgen sie dafür, dass er doch noch sicher nach Hause kommt. Am allerliebsten allerdings vermeiden sie solche Situationen überhaupt.

Die Rolle des Coachs: Das innere Kind hervorholen.

Ein Coach muss immer auf der Hut sein, nicht skriptverstärkend zu wirken und genau das als Botschaft auszusenden, was der andere ohnehin schon die ganze Zeit praktiziert. Für den Coaching-Prozess bedeutet das, dass der Coach wieder ein gutes Modell mit seinem eigenen freien Kind-Ich abgeben muss, um dem Klienten zu zeigen, dass man ernsthaft arbeiten *und* Spaß haben kann. Wenn der Inhalt des Coachings darin besteht, das freie Kind-Ich des Klienten zu stärken, muss der Prozess dazu passen. Nur ganz vernünftig zu fordern „Sie sollten sich etwas mehr Freude im Leben gönnen!“, wird seinen Zweck verfehlen. Dann wird der Klient nur ganz vernünftig nicken und weitermachen wie bisher. Denn die Prozessbotschaft, die beim Klienten ankommt, lautet: „Schau, ich mache es wie du, ich bin vernünftig und ich sorge für dich.“ Also wird er sich bestätigt fühlen in seinem Glauben, dass genau das die richtige Art ist, wie man sich als Erwachsener verhält. Und gegen diesen Glauben kommt keine vernünftige Überlegung an.

Um den Klienten an sein freies Kind-Ich heranzuführen, darf der Coach ruhig auch einmal zu ungewöhnlichen Mitteln greifen: das Gespräch bei einem schönen Spaziergang führen oder die Sitzung in die Eisdiele verlegen, Humor in das Coaching bringen, um damit zu zeigen, dass man auch mit Spaß ernsthaft arbeiten kann.

Werd nicht erwachsen

Das Gegenprogramm zu „Sei kein Kind“ stellt die Einschärfung „Werd nicht erwachsen“ dar. Diese Botschaft gilt in der Regel weniger den ältesten Kindern als vielmehr den jüngsten oder Einzelkindern und wird von Eltern gegeben, die sich nicht mit dem Gedanken abfinden wollen, dass die Kinder sie eines Tages nicht mehr brauchen und verlassen werden. Sie behandeln das Kind immer so, als sei es Jahre jünger, als es tatsächlich ist. Sie erlauben ihm viel zu wenig und nehmen ihm dafür andererseits viel zu viel ab. Überängstliche Eltern vermitteln gelegentlich auch die Botschaft: „Das Leben ist viel zu schwierig und gefährlich, als dass wir dich das allein bewältigen lassen könnten."

Auslöser dieser Einschärfung kann auch sein, dass ein Paar als Ehepaar eigentlich nicht mehr funktioniert, sondern sich nur noch über die Elternrolle definiert. Dann braucht es „das Kind" als Existenzberechtigung für die Beziehung. Schlecht also, wenn „das Kind" erwachsen wird – um wen sollen sie sich dann kümmern, über wen sollen sie sprechen, was soll ihrem (Zusammen-)Leben Sinn geben? Wenn sie es durch Überbehütung geschafft haben, dass „das Kind" nie wirklich klarkommt im Leben, haben sie ihr Ziel erreicht. Sie sind als Mutter und Vater immer wieder gefragt, möglicherweise sind die Sorgen um den nicht lebenstüchtigen Menschen, der auch mit dreißig oder mehr Jahren noch nicht gelernt hat, seine Angelegenheiten zu regeln, dann der einzige Kitt dieser Beziehung. Das ist möglicherweise auch der Grund, weshalb ein Mensch sich entscheidet, die Botschaft „Werd nicht erwachsen" anzunehmen: Unbewusst will er seine Eltern retten.

Probleme, die sich aus der Einschärfung „Werd nicht erwachsen" ergeben.

Was auch immer die Ursache sein mag, die psychologische Nabelschnur wird jedenfalls nie durchtrennt. Was man unter anderem daran erkennen kann, dass sich jemand auch in fortgeschrittenem Alter noch stark an seinen Eltern orientiert, vielleicht auch finanziell noch abhängig ist, keine Entscheidung trifft, ohne die Eltern um Rat zu fragen, nicht wirklich in der Lage ist, auf eigenen Füßen zu stehen. Mit dieser Einschärfung tut der Mensch sich sehr schwer, Verantwortung zu übernehmen – für sich nicht und für andere schon gar nicht. Anderen zu sagen, wo es lang geht, Dinge voranzutreiben, mit Autorität aufzutreten, klare Entscheidungen zu treffen, das ist nicht sein Ding. Ein Mensch mit dieser Einschärfung kann fachlich natürlich trotzdem sehr gut sein, nur zur Führungskraft taugt er gar nicht. Wird er aufgrund seiner fachlichen Qualifikation trotzdem zu einer gemacht, ergeben sich sehr schnell Probleme: Er kann nicht wirklich führen und wird deshalb von seinen Mitarbeitern auch gar nicht als Führungskraft anerkannt.

Wie dieser Einschärfung im Coaching begegnet werden kann.

Im Coaching muss jemand mit dieser Einschärfung lernen, sein kontrollierendes Eltern-Ich aufzubauen. Deshalb ist es für den Coaching-Prozess sehr wichtig, dass *wirklich alle* Lösungsansätze für seine Probleme vom Klienten selbst kommen. Der Coach darf keinesfalls die Elternrolle übernehmen, denn damit würde ja nur das altbekannte Muster wiederholt. Der Klient muss vielmehr ermutigt werden, seine eigenen Lösungen zu finden, neue Wege auszuprobieren, durchaus auch einmal falsche Entscheidungen zu treffen – die Hauptsache ist, er steht dazu. Im Rollenspiel kann er lernen, wie er Forderungen an seine Mitarbeiter formulieren kann, wie er Controlling-Gespräche führen kann, wie er sich abgrenzen kann, wie er Kritik angemessen äußern kann, wie er sich als Führungskraft auch gegen eigene Vorgesetzte und Kollegen darstellen kann – all dies wird dazu beitragen, sein kontrollierendes Eltern-Ich zu stärken.

Denk nicht

Die Einschärfung „Denk nicht" stellt für die Betroffenen eine besonders harte Einschränkung dar. Wer unter dem Diktat dieses Verbotes steht, tut für gewöhnlich alles dafür, von einer (vermeidbaren) Katastrophe in die nächste zu schlittern. Die besondere Tragik dabei ist, dass diese Einschärfung meist an ziemlich intelligente Kinder gegeben wird, die nachher als vermeintlich blöde Erwachsene dastehen. Gerade weil sie so klug sind, stellen diese Kinder eine Bedrohung für ihre nicht ganz so klugen oder wenig selbstsicheren Eltern dar, die nicht damit umgehen können, dass ihr Nachwuchs ihnen überlegen ist. Dem Kind wird also eingeredet, dass es dumm ist, es wird ausgelacht und verspottet für die „dummen" Sachen, die es sagt. Wenn offenbar wird, dass es etwas besser weiß als die Eltern, wird es mit negativen Konsequenzen bestraft, etwa durch Liebesentzug.

Wenn es immer wieder passiert, dass der Wissensdurst oder das bessere Wissen oder Verständnis des Kindes die Beziehung zu den Eltern gefährdet, weil sie unwirsch reagieren oder das Kind bestrafen, dann lernen gerade intelligente Kinder sehr schnell, dass es besser ist, die eigene Klugheit zu verleugnen. Sie stellen lieber ihr eigenes Licht unter den Scheffel und lassen Vater oder Mutter „glänzen", wenn es dafür Streicheleinheiten gibt. In extremen Fällen kann es dazu führen, dass jemand keine vernünftige Schulausbildung macht, obwohl er oder sie hochintelligent ist.

Die Probleme, die sich aus dieser Einschärfung ergeben.

Wenn Kinder gelernt haben, dass es für ihr eigenes emotionales Überleben wichtig ist, ihre Denkfähigkeit auszuschalten, hat sich das als „Überlebensstrategie" ziemlich fest im Verhalten etabliert. Sie fallen als Erwachsene oft dadurch unangenehm auf, dass sie ständig die blödesten Fragen stellen, die jeden anderen den Kopf schütteln lassen. Im Coaching hat man es selten bis nie direkt mit einem Klienten mit dieser Einschärfung zu tun, denn diese Mitarbeiter werden nur höchst selten gefördert. Trotzdem wird die Einschärfung „Denk nicht" im Coaching gelegentlich zum Thema, wenn man es mit den Chefs eines solchen Mitarbeiters zu tun hat. Chefs, die einfach nicht wissen, was sie eigentlich noch machen sollen, um mit einem Mitarbeiter zurecht zu kommen, der einen Bock nach dem anderen schießt. Diese Führungskräfte müssen verstehen lernen, dass es wirklich sehr schwierig ist, jemanden mit dieser Einschärfung dazu zu bringen, seine Denkfähigkeit einzuschalten. Und es ist erleichternd für sie, zu erkennen, dass es nicht an ihren mangelnden Fähigkeiten liegt und dass manchmal wirklich nichts anderes hilft, als sich von dem Mitarbeiter zu trennen. Natürlich steckt nicht hinter jeder blöden Frage, die einmal gestellt wird, gleich die „Denk-nicht"-Einschärfung. Aber wenn es dauernd passiert und die Fragen Themen betreffen, die dem Mitarbeiter längst klar sein müssten, ist es für den Klienten gut, den Hintergrund zu verstehen, weshalb er mit diesem Mitarbeiter solche Schwierigkeiten hat.

Gegen diese Einschärfung vorzugehen, ist schwierig, aber möglich.

Es gibt Fälle, bei denen es Führungskräften gelungen ist, den betreffenden Mitarbeiter von seiner Denkblockade zu befreien. Das erfordert aber natürlich von beiden Seiten viel Engagement und Bereitschaft. Der Inhaber eines Familienunternehmens hat sich zum Beispiel von den immer wiederkehrenden „blöden" Fragen eines Auszubildenden nicht abschrecken lassen, an ihn zu glauben. Er hat mit seinem eigenen Coach folgende Strategie entwickelt: Er sprach mit dem jungen Mann und erklärte ihm, er habe von seinen Ausbildern gehört, dass er immer wieder Fragen stelle, deren Beantwortung ihm selbst eigentlich schon längst klar sein müsste. Der Auszubildende bestätigte das und sagte, ihm sei das selbst peinlich, aber die Fragen rutschten ihm halt immer so raus. Daraufhin vereinbarte der Firmenchef mit ihm, dass er seine Fragen in Zukunft immer schriftlich formulieren sollte – allein das Niederschreiben lockt schon stark das Erwachsenen-Ich hervor – und sich dann drei Antwortalternativen aufschreiben sollte. Anschließend sollte er überlegen und notieren, welche Alternative er für die wahrscheinlichste hält. Erst wenn er dann noch eine Frage hat, sollte er mit diesem Material zu seinem Ausbilder gehen. Mit dieser Strategie stellte der Firmeninhaber sicher, dass der junge Mann sein Erwachsenen-Ich zum Einsatz brachte und trotz des „Frage-Verbots" noch die Fragen stellen konnte, die bei einem Auszubildenden richtig und wichtig sind. Von den Ausbildern wurde er in der Folge viel positiver wahrgenommen, er konnte seine Intelligenz mehr und mehr zeigen und entwickelte sich zu einem geschätzten Mitarbeiter.

Sei nicht nah

Die Einschärfung „Sei nicht nah" wird Kindern vermittelt, wenn die Eltern selbst mit Nähe schlecht umgehen können. Wenn emotionale Nähe, Zärtlichkeit und Körperkontakt den Eltern unangenehm sind, halten sie auch das natürliche Bedürfnis der Kinder danach nur schlecht aus. Das Kind wird immer wieder zurückgewiesen, wenn es auf den Schoß klettern, im Arm gehalten oder gestreichelt werden will. Passiert das nicht gelegentlich, sondern regelmäßig, sobald das Kind versucht, Nähe herzustellen, wird es lernen, seine Wünsche danach zu unterdrücken und seine Gefühle einzufrieren, denn die Enttäuschung, die Frustration sind sonst nicht auszuhalten. Manchmal versucht ein Kind dann als Akt der Verzweiflung wenigstens negative Zuwendung zu bekommen, indem es sich schlecht benimmt und lauter Unfug anstellt. Das ist zwar nicht das, was es wirklich will, aber immer noch besser als nichts. Als Überlebensstrategie, um nicht immer wieder den schmerzhaften Zurückweisungen ausgesetzt zu sein, lernt das Kind schließlich, seinen Wunsch nach Nähe zu ignorieren, ihn in der Folge gar nicht mehr wahrzunehmen.

Wie sich die Einschärfung „Sei nicht nah" auf das Erwachsenenleben auswirkt.

Als Erwachsener hat jemand mit der Einschärfung „Sei nicht nah" oft erhebliche Probleme damit, Beziehungen einzugehen. Als Ausweg daraus werden häufig Beziehungen mit Partnern gesucht, die an einem unterschiedlichen Ort leben, sodass schon allein die räumliche Trennung eine gewisse Distanz garantiert. Oder man sucht sich einen Partner, der das gleiche Problem hat – ein anderer würde es auf Dauer wahrscheinlich auch gar nicht aushalten, immer auf Abstand gehalten zu werden. Solcher Partnerschaften besitzen oft eher den Charakter einer Wohngemeinschaft als den einer Liebesbeziehung und sie weisen ganz typische Probleme auf. So wird zum Beispiel zu Zeiten, in denen Nähe droht, am Wochenende oder in den Ferien, erst einmal ein kräftiger Streit vom Zaun gebrochen. Das bietet den doppelten Vorteil, dass allzu große Nähe zwar vermieden, gleichzeitig aber trotzdem Zuwendung ausgetauscht wird, wenn auch in negativer Form.

Hinweise im Coaching auf diese Einschärfung.

Wenn man im Coaching mit einer Führungskraft arbeitet, die kaum private Beziehungen hat, weder in der Firma noch außerhalb, die ihr Privatleben quasi geheim hält und nach Möglichkeit alles vermeidet, was eine gewisse emotionale Nähe herstellen könnte, kann man die Vermutung wagen, es mit der Einschärfung „Sei nicht nah" zu tun zu haben. Solche Führungskräfte haben häufig Schwierigkeiten mit dem Arbeitsklima in ihren Teams, weil sie als zu unnahbar und kalt erlebt werden, was sich letztlich auch negativ auf die Leistungen des Teams auswirkt.

Für den Coaching-Prozess bedeutet das, dass der Coach mit sehr viel Fingerspitzengefühl auf den Klienten eingehen muss. Denn man kann kein vernünftiges Coaching machen, ohne dem Klienten in gewisser Weise auch nahezukommen. Doch sobald man ihm nur zeigt, dass man sehr gut versteht, wie es ihm geht oder was sich bei ihm abspielt, überschreitet man womöglich schon die Grenze, die er um sich gezogen hat, weil zu viel Nähe bei ihm Angst auslöst. Es ist also sehr wichtig, dass der Coach die nötige Distanz immer wieder selbst herstellt, bevor es der Klient tut. Das fängt mit Äußerlichkeiten wie der Sitzordnung an. Es kann hilfreich sein, eine räumliche Entfernung herzustellen, etwa indem man einen Besprechungstisch oder einen Schreibtisch zwischen sich hat und sich nicht einfach leger über Eck gegenübersitzt.

Vorsicht bei der „Tiefenbohrung".

Der zweite wichtige Punkt betrifft die „Tiefenbohrung". Gerade wenn man dem Klienten nun ein bisschen nähergekommen ist, weil er sich ein klein wenig geöffnet hat, gerade wenn man das Erfolgserlebnis hat, dass man den schwer Erreichbaren doch erreicht hat und er sich vielleicht etwas emotional berührt vom Gesagten zeigt, ist die Versuchung groß, da weitermachen zu wollen. Man denkt vielleicht: „Fantastisch, jetzt habe ich ihn, jetzt gehen wir noch ein bisschen tiefer!" Doch damit würde man den Klienten schlichtweg überfordern. Gerade wenn man als Coach an solch einem Punkt angekommen ist, muss man von sich aus zunächst einmal innehalten, die Beziehung wieder oberflächlicher werden lassen. So macht der Klient die Erfahrung: „Der Coach ist jemand, der mir zwar ein Stück nahekommt, den ich aber nicht vertreiben muss, denn er hält von sich aus die nötige Distanz ein."

Der Coach muss deshalb ein gutes Gespür dafür entwickeln, wie viel Nähe er seinem Klienten zumuten kann und wann er sich wieder entfernen muss. Dann kann der Klient allmählich von sich aus offener werden und den Coach mehr an sich heranlassen. Wenn die Einschärfung „Sei nicht nah" ein Teil des Problems ist, dass den Klienten ins Coaching geführt hat, ist es meist hilfreich für den Klienten, wenn man in den Sitzungen auch den lebensgeschichtlichen Zusammenhang herausarbeitet. Üblicherweise wird im Coaching darauf verzichtet, zu viele „archäologische Ausgrabungen" vorzunehmen, schließlich geht es nicht um das therapeutische Aufarbeiten alter Traumata oder Verletzung, sondern um das Überwinden beruflicher Hürden. Doch in diesem Fall kann man eine Ausnahme machen, weil es für den Klienten wichtig ist, zu verstehen, was sich da eigentlich bei ihm abspielt und warum.

Nähe lernen, auch außerhalb des Coachings.

Er kann dabei auch lernen, selbst stärker darauf zu achten, wann er sich aus Situationen entfernt, die ihm buchstäblich zu nahe gehen, sei es mit Mitarbeitern oder mit seinem Partner. Und er kann sich selbst trainieren, sich peu à peu daran zu gewöhnen, die Nähe länger auszuhalten, also nicht seinem ersten „Fluchtimpuls" zu folgen, sondern dazubleiben. In der Firma können das zum Beispiel Situationen sein, die unversehens eine gewisse Nähe entstehen lassen. Etwa, wenn man sich gemeinsam über einen Erfolg freut und sich daraus auch etwas persönlichere Gespräche entwickeln – das ist die Art von Gelegenheit, bei der dieser Klient sonst das Weite gesucht hätte. Diesen Impuls nun wahrzunehmen, ihm aber nicht nachzugeben, sondern noch ein bisschen und mit jedem Mal ein bisschen länger der Nähe standzuhalten, ist ein gutes Lernprogramm, um mehr Nähe zuzulassen. Die Coaching-Beziehung ist dabei eine gute erste Erfahrung, wie solch eine „nicht bedrohliche" Nähe funktionieren kann.

Menschen auf Abstand zu halten, wird von jemandem mit der „Sei-nicht-nah"-Einschärfung meist dadurch erreicht, dass er sich selbst von anderen fernhält. Gelegentlich trifft man jedoch auch auf andere Varianten. Eine Möglichkeit, keine Nähe entstehen zu lassen, besteht zum Beispiel darin, ständig so viele Menschen um sich zu versammeln und so viel Trubel zu veranstalten, dass es niemals eine Gelegenheit zu einem intimen Gespräch, einem wirklich persönlichen Austausch gibt. Das wirkt sehr offen und sehr gesellig, bleibt jedoch immer an der Oberfläche. Was in dem Partylöwen wirklich vor sich geht, weiß kein Mensch.

Andere Menschen werden auf verschiedene Art und Weise ferngehalten.

Eine dritte Möglichkeit besteht kurioserweise darin, selbst sehr schnell so offensiv nah an andere Menschen heranzutreten, dass denen fast keine andere Möglichkeit als die Flucht bleibt. Ein Klient hat seine Angst davor, eine nahe Beziehung zu einer Frau einzugehen, durch ein übertrieben machohaftes Gebaren verschleiert und zum Beispiel beim Tanzen in der Disco so schnell und auf unangenehme Weise körperliche Nähe hergestellt, dass er regelmäßig stehen gelassen wurde. Er selbst entschuldigte seine Verhaltensweisen damit, „er sei eben so spontan" – doch im Coaching wurde recht bald klar, dass das seine höchst erfolgreiche Methode war, Nähe, die ihm Angst machte, zu verhindern.

Gehör nicht dazu

Die Einschärfung „Gehör nicht dazu" kann unterschiedliche Quellen haben. Eine Möglichkeit ist, dass das Kind in einer Familie aufwuchs, die sich aus sozialen oder ethnischen Gründen ihrer Umgebung nicht zugehörig gefühlt hat. Dann erlebt schon das kleine Kind, dass „Zugehörigkeit" etwas ist, das sich auf den engsten Familienkreis beschränkt. Das kann einerseits die Flüchtlings- oder Migrantenfamilie sein, die ausgegrenzt wird oder sich selbst ausgrenzt, andererseits aber auch die Familie, die sich absichtlich vom Rest der Welt abhebt, weil sie sich für etwas Besseres hält. Da der Rest der Welt das meistens leider nicht merkt, will man mit diesem auch nichts zu tun haben und muss eben wenigstens nach innen die eigene Vorzüglichkeit hochhalten. Da sozial nicht integriert zu sein auch eine bedrohliche Komponente besitzt, schottet man sich immer mehr innerhalb des engen Familienkreises ab, mit der Folge, dass es immer schwerer wird, außerhalb dieses Kreises Vertrauen aufzubauen.

Wie sich diese Einschärfung im Verhalten äußert.

Wer nach der Einschärfung „Gehör nicht dazu“ lebt, verhält sich meist extrem zurückhaltend, wenn er im Berufsleben zwangsläufig mit Gruppen von anderen Menschen konfrontiert ist. Er zieht sich von allen sozialen Aktivitäten zurück, beteiligt sich nach Möglichkeit an keiner Gemeinsamkeit und sorgt manchmal mit seinem Benehmen sogar dafür, dass die Gruppe ihn aktiv ausstößt. Im Unterschied zur Einschärfung „Sei nicht nah'“, bei der jede Art von Nähe als bedrohlich empfunden wird, kann jemand mit der Einschärfung „Gehör nicht dazu“ durchaus Gefühle von großer Nähe entwickeln und erleben. Dies aber eben nur in einem ganz kleinen, ausgewählten Kreis, weil alles andere als „Feindesland'“ betrachtet und abgelehnt wird. Im Businessbereich äußert sich das manchmal so, dass das eigene Team quasi zur Festung ausgebaut wird, aus der man keine Informationen nach außen dringen lässt. Und manchmal wird die Zugehörigkeit zu diesem eingeschworenen Zirkel durch irgendwelche äußerlich sichtbaren Zeichen kundig gemacht. Vor vielen Jahren ist es etwa bei Volkswagen Ignacio Lopez gelungen, ein System innerhalb des Systems aufzubauen. Seine von ihm so bezeichneten „Krieger“ trugen als Zeichen, dass sie Teil dieses exklusiven Clubs sind, ihre Armbanduhren rechts.

Die Einschärfung „Gehör nicht dazu“ kann sich aber auch bei einem Menschen entwickeln, der, meist schon in der Kindheit oder Jugend, die Erfahrung macht, dass er von anderen nicht akzeptiert wird. Dadurch verliert er das Vertrauen, dass er überhaupt in der Lage ist, Beziehungen zu fremden Menschen aufzubauen, und wählt deshalb einen klassischen Lebensweg als Einzelgänger.

Wie sich diese Einschärfung in Unternehmen äußern kann.

Eine Führungskraft mit diesem Hintergrund hat unter Umständen zwar eine recht gute Beziehung zum eigenen Team, ist aber schlecht vernetzt mit dem Rest des Unternehmens. Das kann auch passieren, wenn ein Team eine Art Feindbild zu den anderen Abteilungen des Unternehmens aufgebaut hat und von seinem Chef aufgrund seiner Einschärfung in diesem Verhalten unbewusst unterstützt wird. Das eint das Team zwar innerlich, kann aber möglicherweise zu Schwierigkeiten für die gesamte Arbeitsgruppe führen. Nicht gut vernetzt zu sein bedeutet meistens auch, dass man vom wichtigen Informationsfluss, der außerhalb der ganz offiziellen Kanäle verläuft, abgeschnitten ist. Wer sich innerhalb einer Firma isoliert, kann kaum so erfolgreich arbeiten wie ein guter Netzwerker. Kein Netzwerk zu besitzen bedeutet für eine Führungskraft nämlich auch, dass sie das eigene Team in der Firma nicht genügend unterstützen kann. Zu viel von dem, was die anderen Abteilungen machen, geht an ihr vorbei. Zudem hat ihre Stimme durch ihre Zurückhaltung in der Firma nicht besonders viel Gewicht. Es fällt ihr somit schwerer als anderen, etwas durchzusetzen oder zu erreichen. Ein Einzelkämpferdasein funktioniert eben in aller Regel in einer größeren Unternehmung nicht.

Wer misstrauisch ist und sich selbst ausschließt, wird natürlich auch von den anderen ungern integriert. Außerdem entsteht ein Zusammengehörigkeitsgefühl auch in einer Firma ja weniger durch die gemeinsame Arbeit, als vielmehr durch gemeinsame Erfahrungen: Schwierigkeiten, die man gemeinsam bewältigt hat, Erfolge, die man gemeinsam gefeiert hat – da darf man sich nicht herausziehen, wenn man von den anderen als Teil der Gemeinschaft anerkannt werden will.

Wie dieser Einschärfung im Coaching begegnet werden kann.

Aufgabe im Rahmen des Coachings ist es daher, mit dem Klienten daran zu arbeiten, sich ein Netzwerk in der Firma aufzubauen, ganz pragmatisch mit ihm herauszufinden, wer für ihn wichtig ist, wie man mit demjenigen eine Beziehung herstellen kann und wie man solche Beziehungen pflegt. Gerade wenn jemand weitere Karriereschritte anstrebt, ist das Netzwerk ein wichtiger Erfolgsfaktor. Je höher sie aufsteigen, desto mehr wird von Führungskräften erwartet, dass sie auch in der Lage sind, gut zu kommunizieren – und zwar mit allen möglichen Menschen, nicht nur mit einem handverlesenen Kreis.

Man wird im Coaching also gezielt trainieren, wie der Klient auf seine Kollegen zugehen kann, herausfinden, welche Möglichkeiten er hat, auch informelle Kontakte herzustellen, ihn ermutigen, mit den anderen an der Kaffeemaschine zu plaudern, mit ihnen essen zu gehen und so weiter. Man kann auch gemeinsam mit ihm überlegen, wie er sich seine Kollegen verpflichten kann, zum Beispiel indem er selbst nützliche Informationen an diejenigen weitergibt, die sie brauchen können. Wichtig ist auf jeden Fall, mit dem Klienten zu überlegen, wie er sich stärker einbringen kann. Denn wer das tut, wird auch von den anderen stärker wahrgenommen.

Sei nicht gesund

Die Einschärfung „Sei nicht gesund" ist eine von jenen, denen man im Coaching höchstwahrscheinlich nicht begegnet, doch der Vollständigkeit halber soll auch sie hier behandelt werden. Sie tritt deswegen nicht im Coaching in Erscheinung, weil Menschen, die im wahrsten Sinne des Wortes an dieser Einschärfung leiden, für gewöhnlich viel zu beschäftigt sind mit ihren Wehwehchen, als dass sie auch noch die Energie hätten, irgendwelche Führungspositionen anzustreben oder zu besetzen. Diese Einschärfung geht hauptsächlich auf das Konto von Müttern, die ihre Anerkennung, manchmal sogar ihre Lebensberechtigung, daraus beziehen, dass sie gebraucht werden. Und wann braucht ein Kind seine Mutter am meisten? Natürlich wenn es krank ist. Dadurch bekommt jeder Schnupfen und jede gerötete Hautstelle, jedes Unwohlsein und jede Blässe einen enormen Stellenwert. So lernt das Kind schon früh, dass es einen hohen Zugewinn an Aufmerksamkeit verbuchen kann, wenn es kränkelt. Und manchmal, wenn das Kind sozusagen unter klinischen Bedingungen aufwächst, sodass sein Immunsystem niemals mit abhärtenden Mitteln in Kontakt kommt, ist die Abwehr tatsächlich so schwächlich, dass das Kind sich jeden erreichbaren Virus einfängt und wirklich häufig krank ist. Dadurch verstärkt sich der Kreislauf und für das Kind etabliert sich das Thema Krankheit mehr und mehr zum beherrschenden Element. So beginnt manch eine erfolgreiche Laufbahn zum Hypochonder.

Diese Einschärfung ist bei Führungskräften kaum anzutreffen. Sonst hätten sie ihre Position kaum erreicht.

Die Antreiber

Die Antreiber sind in der Transaktionsanalyse das Pendant zu den Einschärfungen. Waren die Einschärfungen *Verbote*, sind die Antreiber jedoch *Gebote*. Sie stellen Handlungsanweisungen dar, die Eltern ihren Kindern mit auf den Weg geben. Sie dienen entweder dazu, um damit ganz bestimmten Schwierigkeiten zu begegnen, die die Kinder bereiten, oder um die negativen Folgen der Einschärfungen auszubügeln, die bei älteren Kindern sichtbar werden. Antreiber werden zu einem späteren Zeitpunkt vermittelt als die Einschärfungen, meist erst im Schulalter. Sehr häufig reichen die Eltern einfach ihre eigenen Antreiber an die Nachkommenschaft weiter. Eric Berne hat fünf Antreiber formuliert:

- Sei perfekt
- Mach es anderen recht – Sei gefällig
- Streng dich an
- Sei stark
- Beeil dich

Wie bei den Einschärfungen gibt es auch bei den Antreibern unterschiedliche Grade an Intensität, manche wirken sich kaum, andere verheerend aus.

> Antreiber gehören als fester Bestandteil zum Skript und sind ebenso wenig hilfreich wie die Einschärfungen. Obwohl die Absicht dahintersteckt, Probleme zu lösen, schaffen sie nur welche.

Für das Coaching sind die Antreiber deshalb so besonders wichtig, weil sie immer am Stress beteiligt sind, den eine Führungskraft erlebt, und meistens auch an ihren Misserfolgen. Ein Vorteil dieses Konzepts ist, dass man es Führungskräften leicht erklären kann.

Das befähigt sie, anschließend auch allein daran zu arbeiten, wie sie besser mit ihren Antreibern umgehen können. Da die Antreiber so allgegenwärtig sind, spielen sie auch in nahezu jedem Coaching irgendwann eine Rolle.

Antreiber als eigentliche Stressursache.

Antreiber, entweder einzeln oder als Kombination mehrerer, sind die eigentliche Ursache für den inneren Stress, der so vielen Führungskräften zu schaffen macht. Denn sie setzen den Menschen unter Druck, der als Folge davon gereizt, unwirsch oder unfreundlich reagiert oder Fehler macht, was zu neuen Schwierigkeiten führt. Je mehr Antreiber zusammenwirken, desto höher wird auch der Stress. Hat jemand gar alle Antreiber gut ausgeprägt, lebt er vermutlich im Dauerstress. Irgendeine Situation wird immer irgendeinen der Antreiber auslösen und derjenige erlebt überhaupt keine Momente mehr, in denen er sich ruhig und gelassen fühlt. Die unterschiedlichen Antreiber können durchaus auch in Konflikt miteinander geraten und die innere Spannung dadurch noch weiter erhöhen.

Sind bei jemandem zwar ebenfalls alle Antreiber vorhanden, aber nur in schwacher Ausprägung, reduziert sich auch das Ausmaß seines Stresses, sein innerer Druck ist sehr viel schwächer. Denn dass Antreiber irgendwann verinnerlicht wurden, bedeutet nicht, dass sie auch immerzu aktiv sind. Um einen Antreiber zu aktivieren, braucht es bestimmte auslösende Situationen. Sind die Antreiber stark, genügt ein geringer Reiz; sind die Antreiber schwach, müssen es schon besondere Bedingungen sein, damit sie zum Einsatz kommen. Das können Momente sein, wenn man vielleicht schon etwas erschöpft ist, schon zu viel gearbeitet hat oder unter einer ganz besonderen Anspannung steht, weil die Situation neu und schwierig ist.

Sei perfekt

Der Antreiber „Sei perfekt" ist derjenige, der in unserem Kulturkreis am häufigsten vorkommt. Er wird einem Kind von Eltern vermittelt, die immer mehr von ihm erwarten: „Gut" ist nicht gut genug, es muss „sehr gut" sein. Wenn Eltern nur mit herausragenden Leistungen zufrieden sind, akzeptieren sie für gewöhnlich auch nicht, dass man einmal einen Fehler machen darf. Wenn jeder kleine Fehler sofort getadelt wird, lernt ein Kind schnell, dass nur hundert Prozent zählen und neunzig Prozent gar nichts wert sind. Der Druck, diese hundert Prozent zu erreichen, wird so groß, dass der „Perfektionismus", der dabei herauskommt, meist das Gegenteil einer guten Arbeit bewirkt. Wer perfektionistisch ist, hat keine innere Erlaubnis, Fehler zu machen. Er betreibt deshalb einen immensen Aufwand, um Fehler zu vermeiden, und verbraucht damit ungeheuer viel Zeit und Energie – und erzielt Ergebnisse, die in keinerlei Verhältnis zum Aufwand stehen. Oder er plant seine Arbeit so akribisch und minutiös, dass er viel zu lange für alles braucht und deshalb ziemlich ineffizient ist. Ein Mensch mit Perfekt-Antreiber besitzt für gewöhnlich auch kein Improvisationstalent: Wenn ihm auch nur eine Kleinigkeit dazwischenkommt, ist er aufgeschmissen – und das löst Panik aus, schließlich darf nichts schiefgehen.

Der Antreiber „Sei perfekt" ist nicht gleichzusetzen mit einem hohen Anspruch an die eigene Arbeit.

Ein hoher Anspruch an die eigene Arbeit darf nicht mit dem Antreiber „Sei perfekt" verwechselt werden. Das ist ein Missverständnis, das immer wieder passiert, deshalb sei hier speziell darauf hingewiesen. Wer gern viel von sich verlangt und großen Wert darauf legt, wirklich gute Arbeit zu leisten – und wem dies auch gelingt –, der steht nicht zwangsläufig unter der Fuchtel dieses Antreibers. Wer jedoch von der Angst vor Fehlern getrieben ist, ist oft vor lauter „Perfektionismus" innerlich so angespannt, dass er unkonzentriert wird und deshalb viel falsch macht. Oder er erliegt einem Kontrollzwang, prüft alles doppelt und dreifach und wird deshalb mit der Arbeit gar nicht mehr fertig. Gerade im Umgang mit kleinen Fehlern zeigt sich der Unterschied zwischen hohem Anspruch an die eigene Arbeit und dem Perfekt-Antreiber.

Ein Trainer zum Beispiel, der im Seminar versehentlich ein Wort falsch an das Flipchart schreibt und von einem Teilnehmer darauf hingewiesen wird, wird diesen Fehler schnell korrigieren und mit seiner Arbeit fortfahren – wahrscheinlich hat er den Vorfall schon Sekunden später vergessen. Ein Trainer mit Perfekt-Antreiber jedoch ist noch eine halbe Stunde später völlig von der Rolle, wie ihm so etwas passieren konnte. Er hat Mühe, sich auf den weiteren Verlauf des Seminars zu konzentrieren, weil er innerlich so sehr mit sich hadert, als sei ein kleiner Rechtschreibfehler der größte anzunehmende Unfall.

Der Perfekt-Antreiber schafft in allen möglichen Arbeitsbereichen große Probleme, aber besonders gefährdet sind natürlich Berufe,

Wenn es auf Genauigkeit ankommt, wird dieser Antreiber zum besonderen Problem.

bei denen es explizit auf die Genauigkeit ankommt. Wer als Controller zum Beispiel angetrieben wird von der Angst, nur ja keinen Fehler zu machen, verbraucht deshalb viel Zeit mit mehrfachen Kontrollen. So bleibt keine Zeit mehr für andere Dinge und es werden auch noch Überstunden aufgebaut. Möglicherweise ist das Ergebnis dann auch wirklich fast perfekt, nur ist der Preis dafür viel zu hoch, nicht nur für den Menschen, sondern auch für die Firma, wie das folgende Beispiel zeigt: In einer großen Steuerberatungskanzlei betreuten Steuerberatungsgehilfen jeweils mehrere Mandate. Einer dieser Gehilfen lieferte immer absolut fehlerfrei Arbeiten ab. Leider schaffte er allerdings auch nur die Hälfte der Mandate, die die anderen erledigten und die ebenfalls fast fehlerfrei waren. Einen so teuren Mitarbeiter konnte sich die Kanzlei bald nicht mehr leisten. Wer keine solche Angst vor Fehlern hat, hat mehr Zutrauen, dass er seine Arbeit richtig erledigt. Er braucht weniger Kontrollen, arbeitet schneller und verbraucht dadurch natürlich weniger Zeit und Energie für die gleiche Tätigkeit.

Der Antreiber betrifft nicht nur eine Person, sondern wirkt sich auch auf das Umfeld aus.

Zur Charakteristik von Antreibern gehört, dass sie nicht nur im betroffenen Menschen wirksam sind, sondern auch auf ihre Umgebung abstrahlen. Ein Chef, der unter dem Diktat des Perfekt-Antreibers steht, erwartet folglich auch von seinen Mitarbeitern nur Perfektes. Er akzeptiert keinen schnell skizzierten Entwurf, sondern nur bis aufs i-Tüpfelchen ausgearbeitete Projektpläne, bei denen jedes Detail stimmen muss. Er macht mit seinen überzogenen Ansprüchen seinen Mitarbeitern nicht nur sehr viel Arbeit, sondern löst bei ihnen oft auch erst die Angst aus, Fehler zu machen. Denn sie können sich sicher sein, dass ihr Chef zielsicher jeden Fehler entdecken und sie scharf und ärgerlich damit konfrontieren wird. Das erhöht die Anspannung im Team beträchtlich, jeder fühlt sich unter Druck, jeder ist gestresst – und genau dadurch erhöht sich die Fehlerquote erst recht. Das ist nicht nur überflüssig, sondern auch schädlich: Die Mitarbeiter fühlen sich so unwohl, dass sie nach Möglichkeit ein solches Team schnell wieder verlassen – und gerade die besten Mitarbeiter gehen am schnellsten.

Kommt eine Führungskraft mit solchen Problemen ins Coaching, ist der erste Schritt zur Veränderung, den psychologischen Mechanismus zu verstehen, der dahintersteckt. Für sie ist wichtig zu erfassen, was ein Antreiber ist, und sie muss erkennen, dass sie selbst nach dem Perfekt-Antreiber handelt. Nur dann wird sie auch erkennen, wie viel unnötigen Stress sie sich selbst und ihrem Umfeld dadurch bereitet. Dieses Bewusstsein allein bringt jedoch noch keine endgültige Lösung. Zugleich müssen Menschen auch Erfahrungen damit machen, wie eine gute Arbeit aussehen kann, ohne durch den falschen Perfektionsanspruch unter Stress zu stehen und ohne von der Angst vor Fehlern getrieben zu sein. Konkrete Erfahrungen sind auch deshalb wichtig, weil im Bezugsrahmen eines Klienten mit Perfektionsantreiber fast immer der Glaubenssatz herrscht: „Wenn ich nicht auf Perfektion hinarbeite, wird meine Arbeit schlampig, dann taugt sie überhaupt gar nichts mehr.“ Mit solchen Extrem-Argumentationen versucht man zu begründen, weshalb der Perfektionismus unerlässlich ist. Es gibt in diesem Bezugsrahmen eben nichts zwischen Null und hundert Prozent.

Der Coach sollte dem Klienten den Unterschied zwischen hohem Anspruch an die eigene Arbeit und Perfektionismus aufzeigen: Dass es einen Unterschied macht, ob man mit Freude gute Arbeit leistet oder ob man sich selbst unter enormen Druck setzt mit dem Zwang, nur Perfektes zu akzeptieren, und mit der Angst vor Fehlern. Dazu kann man ruhig drastische Beispiele wählen. So leuchtet es wahrscheinlich jedem ein, dass man zwar keineswegs von einem schlampigen Chirurgen operiert werden möchte, der den Verbleib eines Operationsbestecks im Bauch seines Patienten nicht bemerkt, andererseits wünscht man sich aber auch keinen Chirurgen, der aufgrund seines Perfektionismus wichtige Zeit damit vertut, Nebensächlichkeiten und Kleinigkeiten perfekt zu gestalten, während der Patient verblutet. Oder der sein OP-Team so unter Druck setzt, dass sie vor lauter Stress und Angst vor Fehlern nicht mehr angemessen reagieren können und deswegen das gesunde Bein amputieren.

Der Irrglaube, nur Perfektion führe zum Erfolg, geht oft mit diesem Antreiber einher.

Ein zweiter Glaubenssatz, der sich im Bezugsrahmen von Menschen mit Perfektionsantreibern häufig findet, lautet: „Erfolg hat nur, wer absolut perfekt ist.“ Und auch das stimmt ja nicht: Entweder ist der Preis für den „Erfolg“ viel zu hoch, weil man viel zu viel Zeit einsetzt, um diese Perfektion zu erreichen, und deshalb von „Work-Life-Balance“ keine Rede sein kann, oder man verkrampft sich durch den Perfektionszwang so sehr, dass Fehler gerade deshalb passieren und der Erfolg, den man so verzweifelt anstrebt, in immer weitere Ferne rückt, was einen Teufelskreis in Gang setzt.

Wie sich der Perfekt-Antreiber für ihn auswirkt, schilderte ein Klient, als er ein für ihn typisches Problem zur Sprache brachte: Er hatte relativ kurzfristig einen Bericht zu erstellen, der komplexe Sachverhalte mit dem dazugehörigen Zahlenmaterial darstellen sollte. Dieser Bericht sollte auch dem Firmenvorstand zur Vorlage gebracht werden, war also nicht unwichtig. Er kniete sich minutiös in die Arbeit und kontrollierte jede Zahl noch einmal auf ihre Richtigkeit, weil er große Angst davor hatte, während der Präsentation womöglich darauf hingewiesen zu werden, dass die Zahlen gar nicht stimmten. Er verlor sich in den Details der Hintergründe, arbeitete alte Protokolle auf und kam dadurch in einen solchen Zeitverzug, dass er schließlich gezwungen war, den Bericht mehr schlecht als recht zusammenzuschustern, um überhaupt noch rechtzeitig fertig zu werden. Das entsprach nun wirklich gar keinen Qualitätskriterien mehr, weder seinen noch denen seiner Vorgesetzten. So etwas war ihm nicht nur einmal passiert, weshalb sein Arbeitsverhältnis in Gefahr stand. Immer wieder verlor er vor lauter Perfektionsstreben den Blick fürs Ganze: Um seinem Gegenüber ein möglichst vollständige Bild zu geben, brachte er so viele Details zur Sprache, dass am Schluss nur noch Verwirrung herrschte. Statt einen Sachverhalt mit zwei oder drei Folien zu erhellen, bastelte er zwanzig und ermüdete damit noch den wohlwollendsten Zuhörer.

Das Bestreben, zu viele Details zu vermitteln, ist ein Indikator für diesen Antreiber.

Ein Bereichsleiter beschrieb im Coaching ein ähnliches Problem. Er war verantwortlich für das Firmenkundengeschäft seiner Bank, das den Hauptgewinnbringer darstellte. Er stand vor der Ausgangslage, dass sein Geschäft bei oberflächlicher Betrachtung gerade gar nicht gut aussah. Analysierte man die Angelegenheit jedoch tiefer, wurde deutlich, dass die schlechten Zahlen auf einer misslungenen Transaktion in der Vergangenheit beruhten, zu deren Behebung man schon einiges unternommen hatte, und dass die gegenwärtige Entwicklung sehr positiv verlief. Diesen Sachverhalt wollte er seinem Vorstand nahebringen. Begonnen hat er jedoch mit Folien über die Firmenziele, die Jahresziele und irgendwelche vorangegangenen Entscheidungen. Bevor er zum eigentlichen Kern seiner Präsentation kam, waren seine Zuhörer schon halb tot vor Ermattung beziehungsweise hatten sich damit gerettet, ihre E-Mails zu bearbeiten.

Seine Reputation als Bereichsleiter hatte in der Vergangenheit durch seinen Perfektionismus schon zunehmend gelitten, denn er wurde als viel zu weitschweifig erlebt und seine Präsentationen waren bald gefürchtet. Im Coaching wurde ihm zunächst das Antreiber-Konzept erklärt und gerade mit seinen Erfahrungen konnte ihm gut klargemacht werden, wie der Perfektionismus ein Ergebnis verschlechtert. Im Anschluss hat der Coach ganz konkret mit ihm besprochen und trainiert, wie er knackig und kurz das Wesentliche präsentieren konnte, wofür er in seiner Firma auch recht bald sehr viel Lob bekam.

Prioritäten zu setzen und herauszufiltern, welche Informationen unerlässlich und welche überflüssig sind, ist oft gerade für Menschen, die perfekt sein wollen, ein großes Problem. Deshalb erkennt man Menschen mit Perfekt-Antreiber häufig schon beim ersten Gespräch: Sie versuchen, viel zu viel Hintergrundinformationen in das zu packen, was sie erzählen. In dem Bestreben, den anderen vollkommen ins Bild zu setzen, sodass er ja genau weiß, worum es geht, erschlagen sie ihren Zuhörer mit einer Masse an Details. Und die Folge ist, dass die eigentlichen Informationen gar nicht mehr ankommen.

Lernen, Fehler zu machen.

Da die Angst vor Fehlern eine der Ursachen für den Perfektionismus ist, hilft es den Klienten, wenn sie lernen, Fehler zu machen. Dabei machen sie sehr schnell die Erfahrung, dass kleine Fehler erstens nicht den Weltuntergang bedeuten und zweitens häufig nicht einmal bemerkt werden. Der Coach kann solchen Klienten also durchaus die Hausaufgabe geben, gezielt kleine Fehler, die keinen Schaden anrichten können (!), in ihren Alltag oder in eine Arbeit einzubauen.

Ein Abteilungsleiter, dem im Coaching diese schwere Aufgabe gestellt wurde, musste zunächst stark mit sich ringen, bevor er es über sich brachte, bewusst einen Rechtschreibfehler in seinem Bericht zu platzieren. Er wartete zunächst ängstlich auf die Reaktionen und erlebte zu seiner größten Überraschung: nichts! Kein Mensch schien den Fehler bemerkt zu haben. Also wiederholte er das Experiment noch einige Male, immer mit demselben Ergebnis. Das war eine wichtige Erfahrung für ihn, wenn sie ihm auch ein bisschen Ärger bescherte. Erst ärgerte er sich über die anderen, die die Fehler nicht bemerkten. Und dann ärgerte er sich im Nachhinein über sich selbst – immerzu hatte er einen so hohen Aufwand betrieben, um fehlerfrei zu arbeiten, und dann stellte sich heraus, dass er damit Perlen vor die Säue geworfen hatte. Das Ende vom Lied war, dass er Spaß daran fand, kreative Fehler in seine Arbeit zu mogeln und auch Spaß daran hatte, wenn jemand diesen Fehler fand. Seit er akzeptieren konnte, dass Fehler auch zum Leben gehören, hatte er im Gegenzug seinen Antreiber stark reduziert.

Wenn man jemandem die Aufgabe gibt, bewusst kleine Fehler zu machen, besteht das Ziel natürlich nicht darin, dass derjenige nun mit einem Schulterzucken alle Fehler tolerieren soll. Das Ziel ist vielmehr, dem Klienten die Erfahrung zu vermitteln, dass er nicht in Stress geraten muss, wenn ein Fehler passiert. Dass er damit umgehen, vielleicht etwas daraus lernen kann, jedenfalls keine Tragödie daraus machen muss.

Fallbeispiel: Mit Fehlern gelassen umgehen.

Dass ein solcher Umgang mit Fehlern möglich ist, zeigt das Beispiel eines Firmeninhabers, der einen sehr hohen Anspruch an die Qualität seiner Arbeit, aber keinen Perfekt-Antreiber hatte. Er hatte sein Firmenkonzept darauf aufgebaut, Kunden gegenüber absolut zuverlässig zu sein, und seine Mitarbeiter immer wieder darauf eingeschworen. Natürlich passieren auch in einer solchen Firma trotzdem Fehler. Doch statt dadurch in Stress zu geraten und diesen Stress auch sofort an die Mitarbeiter weiterzugeben, wie es jemand mit Perfekt-Antreiber getan hätte, zeigte er ein anderes Verhalten. Er konnte improvisieren, wenn es sein musste, besprach den Fehler hinterher mit seiner Mannschaft und pflegte zu sagen: „Ist es nicht großartig, dass wir mit diesem Fehler schon so erfolgreich waren? Wie erfolgreich werden wir erst sein, wenn wir den auch noch abgestellt haben!“

Mach's anderen Recht – Sei gefällig

Das Pendant zur Einschärfung „Sei nicht wichtig“ ist auf der Ebene der Antreiber das Gebot „Mach's anderen Recht“. Das Kind, das sich im Hintergrund zu halten hatte, das gelernt hat, dass es nicht zählt, dass die Bedürfnisse aller anderen vorgehen, hat dabei auch gelernt, dass ihm doch ein Weg offen stand, die Aufmerksamkeit und Wertschätzung der Eltern zu erringen. Wenn es ganz besonders brav war, ganz besonders hilfsbereit und die Erwartungen an sein Verhalten mindestens erfüllt, wenn nicht gar übertroffen hatte, dann wurde es gelobt und erst dann wurden vielleicht auch seine eigenen Wünsche einmal berücksichtigt. Die Hilfsbereitschaft und der Aufopferungswille, die sich bei einem Kind unter diesen Umständen entwickeln, werden allerdings zum inneren Zwang: Sie sind die Überlebensstrategie, um die dringend benötigte Zuwendung zu erhalten. Das angepasste Kind-Ich ist so stark ausgeprägt, dass „Nein" sagen zu den schwersten Übungen zählt. Der Betroffene setzt sich ständig mit den Gedanken unter Druck, was die anderen wohl von ihm erwarten. Etwas für andere zu tun, scheint ihm die einzige Möglichkeit überhaupt zu sein, sich die Zuneigung oder den Respekt der anderen zu sichern. Eine Bitte um Hilfe oder Unterstützung abzulehnen, kommt deshalb überhaupt nicht in Frage, selbst wenn ihn diese Bitte eigentlich überfordert und ihn selbst in Schwierigkeiten bringt.

Wie sich dieser Antreiber auf das Arbeitsleben auswirkt.

Das Grundthema bei diesem Antreiber besteht also in der Anpassung. Betrachtet man das Egogramm eines Klienten mit dem „Gefällig"-Antreiber, stellt man fest, dass das kontrollierende Eltern-Ich nur schwach ausgeprägt, das angepasste Kind-Ich hingegen sehr hoch ist. Trotzdem kann man natürlich auch mit diesem Egogramm Führungskraft werden, wenn man fachlich sehr gut ist. Als Kollege ist man für gewöhnlich auch sehr beliebt, denn man ist nie schwierig, nie zickig, dafür hilfsbereit und nett. Der angenehme Umgang mündet meist in der allgemeinen Einschätzung, dass so jemand doch auch einen angenehmen Chef abgeben müsste. Die Schwierigkeiten zeigen sich hingegen dann, wenn von ihm keine Entscheidungen getroffen und keine Regeln durchgesetzt werden.

Wann dieser Antreiber Anlass für ein Coaching werden kann.

Jemand mit dem „Sei-gefällig"-Antreiber kommt typischerweise ins Coaching, um zu lernen, sich mehr abzugrenzen, auch einmal „Nein" zu sagen sowie durchsetzungsfähiger zu werden. Wer es allen anderen Recht machen will, hat große Probleme damit, sich zu wehren, zum Beispiel, wenn Kollegen noch ein bisschen mehr Arbeit bei ihm abladen wollen. Er vermag es nicht, über seinen Schatten zu springen, um eine Bitte abzulehnen, weshalb er sich auch dann noch Aufgaben aufpacken lässt, wenn er eigentlich schon am Limit ist.

Ein Anlass für das Coaching kann auch sein, dass durch ein Development-Center oder ein Assessment-Center aufgefallen ist, dass eine Führungskraft mit guten Anlagen nicht durchsetzungsstark genug ist, dass sie zu sehr menschenorientiert und zu wenig ergebnisorientiert führt. Von einer guten Führungskraft wird heute aber erwartet, dass sich Menschenorientierung und Zielorientierung die Waage halten, wer nur das eine oder nur das andere zu bieten hat,

hat entweder glückliche Mitarbeiter und schlechte Zahlen, oder aber gute Zahlen und ein schlechtes Betriebsklima. Beides ist für eine Firma, und damit auch für alle Mitarbeiter, auf Dauer schädlich.

Eine Führungskraft mit dem Antreiber „Mach's anderen Recht" befindet sich besonders dann in einem Dilemma, wenn sie wegen guter fachlicher Leistungen aus dem Kreis von Kollegen zum Chef aufgestiegen ist. Da „gute Beziehungen" zu allen Menschen den höchsten Stellenwert einnehmen, haben die ehemaligen Kollegen und jetzigen Mitarbeiter immer die Möglichkeit, den neuen Vorgesetzten dadurch unter Druck zu setzen, dass sie ihn mal als früheren Kollegen ansprechen und mal als Chef. Wenn er als Chef versucht, etwas Neues einzuführen, etwas umzustrukturieren oder eine Grenze zu setzen, hält man ihm entgegen „Kehrst du jetzt den Chef raus?" und gibt ihm die Botschaft „Du bist doch einer von uns, also tu uns das nicht an!". Wenn die Mitarbeiter jedoch etwas brauchen oder etwas bei der Firmenleitung durchsetzen wollen, heißt es: „Du bist doch unser Chef, also sieh zu, dass du das für uns erreichst!"

Es jedem Recht machen zu wollen, ist ein harter Job! Everybody's Darling zu sein erfordert einen ziemlichen Eiertanz und führt zu frustrierenden Ergebnissen. Es funktioniert nämlich nicht. Als Führungskraft muss man auch einmal eine Bitte abschlagen oder etwas von einem Mitarbeiter verlangen, was der nicht gern macht, das gehört zum Job. Wer das nicht kann, bringt sich selbst immer wieder in Stress, weil er weder dem Druck der eigenen Erwartungen, noch denen der anderen genügt. Und die halbgaren Entscheidungen, die dabei herauskommen, wenn man es allen Recht machen will, führen für gewöhnlich ja auch nur dazu, dass alle unzufrieden sind.

Wenn der „Gefällig"-Antreiber auf seinen Antipoden trifft.

Doppelt schwierig wird es für jemanden mit dem „Gefällig"-Antreiber, wenn er selbst einen Chef hat, der das genaue Gegenteil ist. Ein Chef, der hauptsächlich zielorientiert ist, wird ihn nämlich ziemlich unter Druck setzen, nun endlich Klarheit in sein Team zu bringen, sich zu entscheiden und Entscheidungen auch durchzusetzen. Das Schwierigste überhaupt sind jedoch Entlassungsgespräche. Wenn das Unternehmen beschließt, dass Personal abgebaut werden muss, ist es meist Aufgabe des mittleren Managements, die unangenehmen Gespräche zu führen. Das ist natürlich für jede Führungskraft eine Extremsituation, sie kann jemanden mit dem „Gefällig"-Antreiber aber wirklich krank machen, denn er muss nun anderen Menschen ganz ernsthaft wehtun, auch wenn er das selbst gar nicht zu verantworten hat.

Das Problem der fehlenden Rückmeldung.

Aber auch für die mehr alltäglichen Situationen im Berufsleben gilt, dass jemand mit diesem Antreiber meist „Klarheit" mit „Härte" verwechselt. In seinem Bezugsrahmen herrscht ein Glaubenssatz, der es ihm verbietet, jemandem klipp und klar Rückmeldung zu geben. In einem Coaching stellte sich das zum Beispiel so dar, dass ein Mitarbeiter vom Klienten auch dann nicht konfrontiert wurde, als er zum wiederholten Mal den gleichen lästigen Fehler machte, obwohl der eigentlich leicht abzustellen gewesen wäre. Diesem Mitarbeiter eindeutig klarzumachen, dass es so nicht geht, hatte der Klient als zu große Härte empfunden. Im Coaching wurde er auf die Unterscheidung aufmerksam gemacht, dass die Situation – nämlich dass der Mitarbeiter immer wieder einen unnötigen Fehler macht – vielleicht hart sei. Ihn damit zu konfrontieren, bringe jedoch einfach nur Klarheit in die Angelegenheit. Denn wenn einmal klipp und klar ausgesprochen ist, dass ein bestimmtes Verhalten eine Abmahnung nach sich zieht, ist es nicht die Führungskraft, die „Konsequenzen folgen lässt", sondern es ist der Mitarbeiter, der offenbar für sich die Entscheidung getroffen hat, eine Abmahnung zu kassieren. Nachdem der Klient im Rollenspiel erprobt hatte, wie er ein Rückmeldegespräch mit dem Mitarbeiter gestalten kann, machte er in der Realität die Erfahrung, welche Erleichterung es ihm verschaffte, nicht immer wieder seinen Ärger herunterzuschlucken, und dass letztlich sogar sein Mitarbeiter davon profitierte, weil er ihn „wachrüttelte". Einem Mitarbeiter begründeterweise zu sagen, dass er sich eine Abmahnung einhandelt, wenn er sein Verhalten nicht ändert, ist eben nicht hart, sondern klar.

Mitarbeiter können einen gefälligen Chef ausnutzen.

Auch ein anderes Führungsthema wird im Coaching mit dem „Sei-gefällig"-Antreiber immer wieder eine Rolle spielen: Gute Mitarbeiter haben mit einem unklaren Chef oftmals das Problem, dass sie sich nicht geführt fühlen. Mitarbeiter erfassen sehr schnell, dass sie einen so weichen Chef leicht unter Druck setzen können. Sie brauchen nur massiv genug aufzutreten und energisch genug etwas zu fordern, um ihn ins Schleudern zu bringen – und setzen damit manchmal etwas durch, von dem sie selbst wissen, dass das eigentlich nicht in Ordnung ist. Das schafft der Führungskraft nicht nur ein schlechtes Standing im eigenen Team, sondern bringt sie auch in Schwierigkeiten mit ihren eigenen

Vorgesetzten, von denen sie sich anhören muss: „Das geht aber gar nicht, was Sie da einführen! Solche Zugeständnisse können wir nicht dulden." Und schon sitzt sie zwischen allen Stühlen.

Der Wunsch, es allen Recht zu machen, kann eine Führungskraft sogar dazu verleiten, ihre Kompetenzen zu überschreiten. Ein Klient brachte sich in große Schwierigkeiten, weil er Mitarbeitern finanzielle Zusagen machte, obwohl er dazu überhaupt nicht berechtigt war. Er war zwar der Geschäftsführer einer kleinen Einheit, doch in seinem Arbeitsvertrag war eindeutig geregelt, dass er nicht das Recht besaß, den Verdienst seiner Mitarbeiter zu bestimmen. Die finanziellen Zusagen, die er machte, besaßen trotzdem rechtliche Gültigkeit, weil er ja der Geschäftsführer war. Für die Firma entstanden daraus immer wieder Probleme, denn er produzierte viel zu hohe Personalkosten. In dieser Situation half auch ein Coaching nichts mehr – dem Geschäftsführer wurde gekündigt.

Beim Klienten ein Gespür für nötige Grenzen wecken.

Wie es weiter oben schon angeklungen ist, erfordert die Arbeit mit dem Antreiber „Sei gefällig" im Coaching auch immer Arbeit mit dem Bezugsrahmen. Der Coach muss also immer wieder herausarbeiten, was unnötige Härte bei einer Führungskraft ist und was nötige Klarheit darstellt. Klarheit, die für den Mitarbeiter vielleicht manchmal unangenehm sein mag, sich letztlich aber als hilfreich erweist. Um diese Unterscheidung deutlich zu machen, können Metaphern helfen. Wie beispielsweise die eines Arztes, der ein Furunkel nicht aufschneidet, weil er seinem Patienten nicht weh tun will, welcher sich dadurch aber eine gefährliche Entzündung zuzieht, sodass schließlich sein Bein amputiert werden muss. Auch im Umgang mit Mitarbeitern kann es nötig werden, ihnen „weh zu tun". Wenn das, was ihnen vielleicht unangenehm ist, aber sehr klar benannt wird, und zwar ohne sie herabzuwürdigen oder Druck auszuüben, hilft ihnen das letztlich, weil sie sich auf diese Weise korrigieren können.

Rollenspiele helfen, gegen den Gefälligkeitsantreiber vorzugehen.

Um im Bezugsrahmen dauernde Veränderungen zu bewirken, braucht der Klient aber auch Erfahrungen. Solche Erfahrungen vermitteln sich als Erstes durch ein Rollenspiel im Coaching. In Rollenspielen kann sich der Klient die Verhaltensweisen erarbeiten, die er braucht. So kann er zum Beispiel lernen, sich angemessen abzugrenzen oder durchzusetzen, ohne zum gefürchteten „harten Hund" zu werden. Zu Beginn eines Rollenspiels kann der Coach den Klienten ermutigen, bestimmter aufzutreten, indem er ihn zunächst einmal in seiner ganz großen Stärke bestätigt – in seinem großen Respekt gegenüber Mitarbeitern. Das ist eine Eigenschaft, die man heutzutage schließlich nicht als selbstverständlich bei allen Führungskräften voraussetzen kann. Die Fähigkeit, jedem Mitarbeiter hohen Respekt entgegenzubringen, ist eindeutig eine Stärke. Eine Stärke muss jedoch auch richtig eingesetzt werden. Sie kann sich, wie alle großen Stärken, in eine Schwäche verwandeln, wenn sie im Übermaß vorhanden ist, wenn der Respekt umschlägt in Ängstlichkeit. Der Coach kann das dem Klienten gegenüber mit einer Medizin vergleichen, die überdosiert zum Gift wird. Wenn er sich nicht mehr traut, Kritisches zur Sprache zu bringen, hat er es mit dem Respekt übertrieben.

Um den Klienten zu ermutigen, kann ihm der Coach noch mit auf den Weg geben, dass gerade wegen seiner großen Stärke die Sorge unbegründet ist, er könne nun mit einer selbstbewussteren Gangart über die Stränge schlagen: „Sie haben Ihr ganzes Leben lang trainiert, darauf zu achten, anderen Menschen nicht weh zu tun, Sie nicht herabzuwürdigen. Dank dieser Voraussetzung muss niemand sich Sorgen machen, Sie könnten das nun verlieren. Gerade weil Sie diesen Respekt besitzen, können Sie es sich leisten, sehr viel klarer zu werden – gerade Sie werden das sicher nicht in unangemessener Form tun!"

Außenansicht durch das Video ist unverzichtbar.

Im Rollenspiel trainiert der Klient anschließend, sich immer klarer und deutlicher abzugrenzen, bis er einen Weg gefunden hat, der wirklich zu ihm passt. Der Klient muss sich mit seinen neuen Verhaltensweisen ja voll und ganz akzeptieren können. Es fällt ihm leichter, neue Ausdrucksformen auszuprobieren, wenn er vorher schon seinen Bezugsrahmen um den Aspekt erweitert hat, dass Klarheit nicht gleichgesetzt werden kann mit Härte. Erst das Aufweichen seiner Glaubenssätze gibt ihm den Mut, über seinen Schatten zu springen. In dieser Arbeit spielt das Video eine unverzichtbare Rolle. Gerade ein überangepasster, ängstlicher Klient hat keine realistische Vorstellung von seiner Außenwirkung. Er erlebt sich innerlich als hart, fast schon brutal, erkennt aber durch das Video aus der Außenansicht ein ganz anderes Bild. Da sieht auch er sich selbst als jemanden, dessen Rückmeldungen zwar klar, aber immer noch freundlich sind. Ein bloßes mündliches Feedback durch den Coach kann niemals dieselbe Wirkung erzielen, wie wenn der Klient es mit eigenen Augen sieht.

Streng dich an

So, wie der Antreiber „Sei perfekt" keineswegs Perfektion zeitigt, bringt auch der Antreiber „Streng dich an" mitnichten ein gutes Ergebnis hervor. Darum geht es bei diesem Antreiber auch gar nicht: Wichtig ist die Anstrengung, nicht, was dabei herauskommt – Hauptsache, man hat sich abgestrampelt! Wie der Antreiber „Sei perfekt" steht auch der Antreiber „Streng dich an" meist in Verbindung mit den schulischen Leistungen oder dem Mangel daran. Eltern, die aufgrund der schlechten oder ihnen nicht genügenden Noten des Kindes um seine Versetzung, seinen Schulerfolg, seinen weiteren Lebensweg fürchten und deshalb ein großes Trara machen, verdonnern das Kind zu einer strikten „Disziplin": keine Treffen mit Freunden am Nachmittag, keine Computerspiele, kein Schwimmbad, dafür aber von drei bis sechs am Schreibtisch sitzen und lernen. Das Kind trödelt also am Schreibtisch herum, versucht vergeblich, sich irgendetwas einzuprägen und ist mit seinen Gedanken ganz woanders. Davon werden die Noten in Chemie und Biologie nicht besser, aber wenigstens die Stimmung zu Hause, denn die Eltern, die sehen, dass „das Kind sich Mühe gibt", machen nicht mehr so ein Theater. Was das Kind lernt, ist nicht Mathematik, Geschichte oder Englisch, sondern Folgendes: Es kommt nicht auf das Ergebnis an, sondern darauf, dass man sich Mühe gibt.

Wenn Mühsal mehr zählt als das Ergebnis.

Der Antreiber kann aber auch auf andere Art vermittelt werden, nämlich wenn für Eltern kein Erfolg des Kindes zählte, den es mühelos erringen konnte. Wenn es Eltern hat, die ihm immer wieder erklären, dass das Leben ein harter Kampf ist, dass einem nichts in den Schoß fällt und nichts geschenkt wird, dass Arbeit Last und Mühsal ist, und die nichts als Leistung anerkennen, was mit Freude, Begeisterung und Leidenschaft geschafft wurde. Leichtigkeit kommt in diesem Kontext nicht vor. Und das Kind lernt schon sehr früh am Beispiel seiner Eltern, die über ihr hartes Leben jammern, wie mühselig selbst die kleinsten Arbeiten sind: Zimmer aufräumen müssen, oh weh, oh weh, das ist ja so furchtbar. Statt einmal ein Spiel daraus zu machen, betonen die Eltern immer nur die Mühe, die man sich geben muss.

Wie sich der Antreiber äußert.

Wer unter dem Antreiber „Streng dich an" leidet, für den ist alles hart, beinhart. Der arbeitet sich zuschanden, der macht noch und noch Überstunden, opfert seine Nächte und seine Wochenenden, ohne zu merken, dass er mit der Hälfte des Aufwandes vermutlich genauso weit käme. Und dann fühlt er sich erschöpft, unendlich erschöpft von der Unmenge an Arbeit, meist noch mehr von dem noch vor ihm liegenden Teil, den er sich immer wieder vors innere Auge holt, als von dem, was er tatsächlich geschafft hat. Bei all dem treibt ihn dann auch noch die Angst um, sich womöglich nicht genug anzustrengen. Also schindet er sich weiter und betreibt zu seiner „Erholung" noch ein bisschen Leistungssport.

Selbstausbeutung wird zum dominierenden Arbeits- und Lebensprinzip.

Ins Coaching kommt dieser Mensch dann, um etwas für seine Work-Life-Balance zu tun. Er fühlt sich überanstrengt, hat Unmengen zu tun, sieht vielleicht dadurch seine Ehe oder Partnerschaft gefährdet, weiß aber nicht, wie er das ändern kann. Das größte Problem ist häufig, dass für ihn Leistungen und Erfolge erst dann zählen, wenn sie wirklich anstrengend waren. Das zieht nämlich nicht nur nach sich, dass er sich wirklich abstrampelt. Da die Anstrengung als solche der Wert ist, bekommt er ein schlechtes Gewissen, wenn er nach acht Stunden nach Hause geht, also bleibt er noch zwei Stunden. Das führt auch zu einer Art Selbsthypnose. Jemand mit dem „Streng-dich-an"-Antreiber neigt meist dazu, allen anderen immer wieder zu schildern, wie verdammt anstrengend sein Leben ist, damit diese ihn auch entsprechend würdigen. Jede Überstunde wird aufgebauscht: „Ich bin mal wieder erst mitten in der Nacht aus der Firma gekommen!" Und jede Verhandlung war natürlich „wahnsinnig schwierig", auch wenn sie gar nicht aus dem Rahmen fiel. Er liebt es, extreme Begriffe zu verwenden, die unterstreichen, wie ungeheuer außerordentlich das Maß seiner Belastung ist. Das beeindruckt jedoch nicht nur (mehr oder weniger) die Zuhörerschaft, das führt auch dazu, dass er sich selbst mehr und mehr davon überzeugt, wie „unglaublich schwer" sein Leben ist, wie „extrem anstrengend" seine Arbeit, wie „absolut überlastet" er selbst. Die Selbsthypnose erschafft aus unrealistischen Gegebenheiten reale Gefühle.

Wie bei allen Antreibern üblich, wird auch dieser gern auf die Umgebung übertragen. Ein Chef mit dem „Streng-dich-an"-Antreiber erwartet selbstverständlich von seinem Team überlange Arbeitszeiten, ob das nun notwendig ist oder nicht. Gut ist ein Mitarbeiter nur dann, wenn er fast im Büro übernachtet. Clevere Mitarbeiter haben natürlich längst Tricks raus, wie sie zumindest den Anschein erwecken können, bis abends um elf am Schreibtisch zu sitzen – ein weiterer Beweis dafür, dass es bei „Streng dich an" wirklich nicht auf das Ergebnis ankommt. Der schöne Schein genügt.

Aufgrund des Antreibers wird mehr gearbeitet, aber nicht mehr erledigt.

Wenn man das tatsächliche Arbeitsverhalten eines Menschen mit „Streng-dich-an"-Antreiber analysiert, stellt sich meist heraus, dass er in den elf Stunden im Büro eigentlich auch nur das übliche Acht-Stunden-Pensum erledigt. Doch er kommt eben vom Arbeitsplatz nicht weg, seine Angst, sich nicht genug angestrengt zu haben, verhindert das. Für die Beziehung ist das Gift, denn man hat kaum Zeit füreinander. Der Partner ist viel zu wenig da und wenn er dann einmal da ist, ist er demonstrativ gestresst und muss geschont werden. Am schwierigsten für die Beziehung ist jedoch, wenn beide Partner unter dem gleichen Antreiber leiden. Dann wird allabendlich der beliebte Wettbewerb ausgetragen: „Wer ist hier das ärmste Schwein?" Der Gewinner darf sich freie Zeit gönnen, um einmal das zu machen, was ihm Spaß macht. Durch die Konkurrenz im Jammern vergrößert sich aber die subjektive Last der Mühsal noch einmal beträchtlich.

Im Coaching die Erlaubnis zur Leichtigkeit vermitteln.

Was in diesem Leben fehlt, ist die Erlaubnis, Dinge leicht zu nehmen: etwas spielerisch zu machen, auch anspruchsvolle Arbeiten innerhalb kurzer Zeit zu erledigen, wenn das möglich ist, oder schwierige Aufgaben mit Freude zu bewältigen. Auch die Erlaubnis, Erfolge zu genießen, die mit der linken Hand gelungen sind, ist nicht vorhanden. Aus diesem Grund ist es für den Coach besonders wichtig, stets den Prozess im Coaching im Auge zu behalten. Der Coach darf keinesfalls selbst angestrengt wirken. Absolut kontraindiziert wäre auch eine Erwähnung, wie viel Arbeit er im Moment hat, dass er vor lauter Anforderungen gar nicht weiß, wo ihm der Kopf steht. Würde er das tun, hieße die Botschaft auf der Prozessebene für seinen Klienten: „Genau so muss ein ordentliches Arbeitsleben aussehen!" Stattdessen sollte der Coach deutlich machen, dass man auch ganz entspannt hervorragende Arbeit leisten kann. Der Klient braucht ein lebendes Vorbild dafür, dass locker zu arbeiten nicht bedeutet, dass man sich mit dem, was man tut, keine Mühe gibt.

Der Coach sollte ganz konkret erfragen, was sein Klient in den vielen Arbeitsstunden genau macht, wobei er sich ruhig einmal einen ganzen Arbeitstag detailliert schildern lassen kann. So bekommt der Coach ein Gefühl dafür, ob und wann sein Klient seine Arbeits-

Als Coach dem Antreiber auf die Spur kommen.

last übertreibt, ob er einiges nicht unter Anstrengungsgesichtspunkten überbewertet. Außerdem sollte er gut darauf achten, ob der Klient eigene Erfolge abwertet. Etwa, weil sie ihm leicht von der Hand gingen, gar keine Anstrengung gekostet haben oder es womöglich etwas war – und das zählt ja nun überhaupt nicht –, das er einfach nur aus Spaß gemacht hat. Hört der Coach solche Hinweise wie: „das war ja nichts Besonderes"; „so was mache ich eh mit links"; „das kann man nicht als Erfolg werten, das habe ich nur so nebenbei gemacht", sollte er diese Abwertungen sofort ansprechen. So kann er seinem Klienten den dadurch implizit geäußerten Glaubenssatz bewusst machen, der da lautet: „Es zählt nur, was richtig viel Anstrengung gekostet hat."

Bei diesem Antreiber lohnt es sich auch, sich im Coaching einmal die Hobbys des Klienten näher anzusehen. Wird jede Sportart, jedes Hobby zur Anstrengung mit Leistungsnachweis ausgebaut? Spaß am Reiten allein genügt nicht, es muss schon Dressur sein inklusive Turnier-Verpflichtungen? Spielt er Tennis nur zum Vergnügen – oder ist jedes Match sozusagen ein Grand Slam? Just for fun zählt definitiv nicht zur Lebenseinstellung, wenn man diesem Antreiber gehorcht, auch nicht in der Freizeit. Etwas einfach nur zu genießen, das geht nicht. Dagegen steht eine Haltung, die ein zweiter Glaubenssatz vermittelt, den man häufig bei diesem Antreiber findet: „Das Leben ist ein Kampf" – und so wird dann eben auch Sport betrieben. Auch diesen Glaubenssatz sollte der Coach heraushören und ihn seinem Klienten bewusst machen. Die Arbeit sollte sich immer in die Richtung bewegen, dass man Dinge auch leicht nehmen kann, dass man nicht verbissen um alles kämpfen muss, dass es in Ordnung ist, auch einmal einfach nur Spaß zu haben.

Sei stark

Der Einzelkämpfer aus Prinzip.

Hartnäckig sein, dran bleiben, sich nicht entmutigen lassen – das sind Verhaltensweisen, die nichts mit dem Antreiber „Sei stark" zu tun haben ... müssen. Der Antreiber „Sei stark" ist hauptsächlich bei Menschen zu finden, die glauben, alles allein bewältigen zu müssen. Menschen, die es als Niederlage empfinden, jemanden um Hilfe zu bitten, die es beschämend finden, eine Schwäche zu zeigen. Selbst wenn sie schon schier zusammenbrechen, lassen sie sich noch eine Last aufbürden. Sie sind gut trainiert darin, alles auszuhalten. Manchmal geht das, bis ihr Körper nicht mehr mitmacht, denn sie haben längst aufgehört, auf ihre Körpersignale zu achten. Also beuten sie sich systematisch aus. Statt rechtzeitig einen Schlusspunkt zu setzen, gehen sie immer wieder über ihre Grenzen, manchmal bis es (fast) zu spät ist. Auch Gefühle, die als Schwäche gedeutet werden könnten, wie Angst, Trauer, Kummer, Besorgnis, machen sie mit sich allein aus, das sind sie von Kindheit an gewohnt. Am besten funktioniert das natürlich, wenn man gleichzeitig die Einschärfung „Fühl nicht" mitbekommen hat.

Tückisch: Die Hilfe eines Coachs hält der Klient eigentlich für unnötig.

Im Coaching trifft man auf diesen Antreiber eher selten, denn „Unterstützung habe ich nicht nötig! Der Starke ist am mächtigsten allein." Wer den „Sei-stark"-Antreiber hat, dem wurde schon als Kind vermittelt, alles auszuhalten, ohne sich zu beklagen. Die Erziehungsgrundsätze lauteten: Ein richtiger Junge weint nicht und ein Indianer kennt keinen Schmerz – was jedoch nicht bedeutet, dass nicht auch Frauen diesen Antreiber haben können. Eine rigide calvinistische Arbeitsmoral vermitteln Eltern, die so drauf sind, natürlich auch Mädchen. Also wird schon früh gelernt, klaglos jede Anstrengung auf sich zu nehmen und zwar ohne je auf die Idee zu kommen, Hilfe in Anspruch zu nehmen oder gar darum zu bitten. Genau das kann später allerdings zu Schwierigkeiten im Job führen, sobald jemand zum Beispiel verzweifelt eine Lösung sucht und sich viel zu lange damit aufhält, weil er wegen seines Antreibers glaubt, er müsse das ganz allein bewältigen. Hätte er nur ein oder zwei Fragen gestellt, hätte er sein Problem vielleicht in der Hälfte der Zeit gelöst. Interessanterweise kommen Menschen mit dem „Sei-stark"-Antreiber aber noch nicht einmal auf die Idee, jemanden zu fragen – es ist also nicht einmal so, dass sie eine solche Idee verwerfen würden, sie kommt ihnen gar nicht erst in den Sinn.

Der Antreiber ist unauffällig.

Mit dem „Sei-stark"-Antreiber lässt man sich unendlich viel auf die Schultern packen, aber stillschweigend und unspektakulär. Das ist der Unterschied zum „Streng-dich-an"-Antreiber, denn der geht damit hausieren, wie wahnsinnig viel er zu tun hat, wie unglaublich überlastet er ist. Wer mit dem „Sei-stark"-Antreiber unterwegs ist, gibt dagegen die Botschaft aus: „Wenn dir dein Rucksack zu schwer ist, dann gib ihn ruhig mir." Jemand mit diesem Antreiber macht auch keinen angestrengten Eindruck, ist oft sehr hilfsbereit und springt ein, wenn noch etwas zu tun ist. Ein Klient, der regelmäßig einen 14-Stunden-Arbeitstag absolvierte und oft genug auch noch einen Tag des Wochenendes dranhängte, wurde vom Coach gefragt: „Wenn Sie nur Ihre eigentliche Arbeit machen würden, nichts Zusätzliches, wie lange müssten Sie dann wohl täglich arbeiten?" Er antwortete etwas überrascht: „Dann würden acht Stunden bequem ausreichen!" – „Was machen Sie dann die restlichen sechs Stunden im Büro?", lautete die nächste Frage. „Na ja, da gab es so ein wirklich interessantes Projekt, das wollte ich gern machen. Und dann gab es noch etwas ziemlich Wichtiges, dafür hat sich kein anderer gefunden, also habe ich das auch noch übernommen." Wie jeder, der diesen Antreiber hat, erlebte dieser Klient sich selbst als sehr stark und war davon überzeugt, das alles locker stemmen zu können. Diese subjektive Wahrnehmung wird meistens von der Umgebung geteilt. Man erlebt denjenigen als äußerst belastbar, was geradezu dazu einlädt, ihm auch immer mehr aufzubürden.

Die Gefahr dieses Antreibers: Konsequenzen werden selbst nach einem körperlichen Zusammenbruch nicht gezogen.

Die Gefahr, sich zu überlasten, ist dabei groß. Doch durch die Kombination mit der „Fühl-nicht"-Einschärfung hat man sich von der Wahrnehmung des eigenen Körpers abgeschnitten. Das heißt, man spürt die körperlichen Signale gar nicht, die anzeigen, dass jetzt eine Grenze erreicht ist. Statt rechtzeitig innezuhalten, geht man immer und immer wieder über die Grenze der Belastbarkeit, bis es „aus heiterem Himmel" zu einem Zusammenbruch kommt. Der Betroffene hat weder den Herzinfarkt noch den Schlaganfall kommen sehen. Diese Erfahrung kann ihn jedoch meist nicht davon abhalten, innerhalb kürzester Zeit wieder da weiterzumachen, wo er aufgehört hat. Schließlich geht es ihm schon wieder bestens, „das war ja nicht wirklich etwas Ernstes". Bei dieser Art von Missbrauch der eigenen Leistungsfähigkeit scheint es für das Unbewusste eines „Sei-stark"-Menschen nur eine Chance zu geben, ihn quasi gegen seinen Willen zu retten: Es muss für einen totalen Knock-out sorgen. Wer an ein Krankenhausbett gefesselt ist, erlebt eine Zwangspause, ob er will oder nicht.

Da jemand mit „Sei-stark"-Antreiber subjektiv nie Hilfe braucht und auch gar nicht auf die Idee kommt, sich welche zu holen, findet er die Vorstellung, ein Coaching zu machen, auch ziemlich absurd. Wenn er Glück hat, schickt ihn ein wohlmeinender Vorgesetzter, dem angst und bange wird, wenn er den drohenden Kollaps erkennt. Oder es ist in der Firma irgendetwas passiert, das ein Coaching nahelegt, vielleicht etwas, das seinen Karriereweg behindert. „Freiwillig" kommt er jedenfalls nicht, denn dann wäre er ja nicht mehr stark. Wenn jemand mit diesem Antreiber doch den Weg ins Coaching findet, ist das Wichtigste, ihm beizubringen, seinen Körper wieder besser wahrzunehmen. Dafür eignen sich Techniken aus dem MBSR (Mindfulness based Stress Reduction)-Programm nach Jon Kabbat-Zinn. Hier eignet sich allen voran der Body-Scan, bei dem der Klient sich in jeden einzelnen Körperteil intensiv hineindenkt und -fühlt, bis er gelernt hat, alle Körperregionen deutlich wahrzunehmen. Diese Übung, die eine gute halbe Stunde in Anspruch nimmt, sollte eine Zeit lang täglich durchgeführt werden.

Wichtig sind Techniken, die die Körperwahrnehmung zurückbringen.

Das ist gerade für Klienten mit „Sei-stark"-Antreiber eine echte Herausforderung. Zum einen, weil sie meist so übermüdet sind, dass sie sofort dabei einschlafen, zum anderen, weil sie plötzlich spüren, dass sie zu ganzen Körperregionen überhaupt keinen Zugang haben. Umso wichtiger ist es für den Übenden zu erkunden, wie sich das anfühlt, wenn man einen bestimmten Bereich nicht spürt. Der Body-Scan führt auf jeden Fall zu einem erhöhten Körperbewusstsein, das den Klienten in die Lage versetzen sollte, seine Stress-Symptome früher wahrzunehmen und darauf zu reagieren, bevor es zu einem Zusammenbruch kommt.

Klare Vereinbarungen zum sorgsamen Umgang mit den eigenen Kapazitäten treffen.

Im Coaching kann es auch wichtig sein, mit dem Klienten klare Vereinbarungen über seine Arbeitszeit zu treffen und darüber, dass er sich auf seine eigentlichen Tätigkeiten konzentriert, ohne noch die Last der anderen zu schultern. Ebenso kann der Coach mit dem Klienten vereinbaren, dass er sich einen Ausgleich für seine anstrengende Arbeit sucht, eine Freizeitaktivität, die ihm wirklich Spaß macht und ihn entspannt. Das ist manchmal nicht leicht, denn wer „stark" ist, macht zwar viele Dinge gern, aber empfindet für nichts wirklich Begeisterung. Denn dafür müsste er ja fühlen, und von seinen Gefühlen hat er sich abgeschnitten. Trotzdem sollte der Coach mit ihm nach etwas suchen, das einfach nur seinem Vergnügen dient – also sollte es nach Möglichkeit nicht das Iron-Man-Training oder das Extremklettern sein.

Beeil dich

Der Antreiber „Beeil dich" ist der innere Zwang des Hektikers. Vermittelt wird der Antreiber in der Kindheit von Eltern, die permanent Zeitdruck machen. Alles muss schnell gehen, jedes „Trödeln" wird bestraft. Im Erwachsenenalter springt der Antreiber deshalb immer an, sobald eine Situation auch nur annähernd nach Zeitdruck aussieht. Man wird gereizt und hektisch. Aber auch hier wird keineswegs erreicht, was der Antreiber verlangt. Wer hektisch agiert, ist bekanntermaßen keineswegs schneller als der ruhig Handelnde, im Gegenteil, meist dauert alles länger. Dazu kommt noch, dass dieser Antreiber auf viele Menschen so ansteckend wirkt wie ein Schnupfen-Virus, ein einziger Hektiker kann ein ganzes Großraumbüro verrückt machen. Immerzu in Eile, immerzu angetrieben von der Angst, nicht schnell genug, nicht pünktlich, nicht rechtzeitig zu sein, versucht der Hektiker, drei Dinge auf einmal zu erledigen, reagiert unwirsch auf jeden, der ihm mit einer Bitte oder Frage dazwischenkommt, und ist richtig gut darin, Nervosität und Unruhe zu verbreiten. Weil man durch die Hektik anfällig dafür wird, Fehler zu machen, kommt ein Teufelskreis in Gang. Denn wer in der knappen Zeit auch noch Fehler korrigieren muss, gerät natürlich noch mehr unter Druck.

Ein einzelner Hektiker kann ein ganzes Großraumbüro lahmlegen.

Manche Hektiker erkennt man auf den ersten Blick, wenn sie so sehr unter Anspannung stehen, dass es sich körperlich auswirkt. Sie haben zum Beispiel ein wippendes, vibrierendes Bein, das beim Sitzen gar nicht ruhig gehalten werden kann, oder trommeln mit den Fingerspitzen nervös auf den Tisch. Es gibt aber auch vom „Beeil-dich"-Antreiber Betroffene, denen man das von außen gar nicht so anmerkt. Sie wirken äußerlich ganz ruhig, während sich ihre Gedanken überschlagen. Sie werden unkonzentriert und fahrig. Menschen mit diesem Antreiber fehlt die Erlaubnis, Dinge ruhig und gelassen zu machen, sich Zeit zu nehmen.

Ein Antreiber mit häufig sichtbaren körperlichen Symptomen.

Manchmal wird der Antreiber von Betroffenen mit dem Argument verteidigt, es sei doch ganz gut, wenn sie zur Eile angetrieben würden. Sie wären sonst einfach zu langsam oder sie bräuchten den Antreiber, um pünktlich zu sein. Menschen, bei denen dieser Antreiber nur schwach ausgeprägt ist, sind jedoch keineswegs „lahme Enten", jedenfalls nicht

Dem Betroffenen klarmachen, dass Hektik ihn langsamer macht, nicht schneller.

zwangsläufig, sie neigen nur nicht zur Hektik. Man kann das am Beispiel eines Rennfahrers deutlich machen: Ein Rennfahrer muss sehr schnell in seinen Reaktionen und in seinen Entscheidungen sein, sonst könnte er bei keinem Rennen mitfahren. Doch er darf nicht in die Falle des „Beeil-dich"-Antreibers geraten, denn fahrige, unkonzentrierte Reaktionen und vorschnelle Entscheidungen könnten tödlich enden. Er muss sehr schnell sein, aber dabei innerlich konzentriert und gelassen. Bei Hektik geht genau diese innere Konzentration verloren.

Menschen mit dem „Beeil-dich"-Antreiber versuchen häufig auch, Weltmeister im „Multi-Tasking" zu werden. Es wird gleichzeitig telefoniert, gemailt, ein Bericht überflogen und eine Tasse Kaffee hinuntergestürzt. Inzwischen ist bekannt, dass dabei nichts herauskommen kann, denn echtes Multi-Tasking klappt nur mit allereinfachsten Aufgaben. Wenn es auch nur ein bisschen komplizierter wird, wird einfach so schnell wie möglich zwischen den verschiedenen Aufgaben hin und her gesprungen und keine richtig gemacht. Bei so vielen Ablenkungen geht schnell der Faden verloren, es fehlt die Konzentration auf das Wesentliche, die Fehler häufen sich.

Im Coaching die inneren und äußeren Auslöser des Antreibers identifizieren.

Wenn der „Beeil-dich"-Antreiber Teil des Problems ist, weshalb ein Klient ins Coaching kommt, so ist es wichtig, gemeinsam herauszuarbeiten, welches die typischen Auslöser für den Antreiber sind – und zwar sowohl äußere als auch innere. Innere Auslöser sind meist ganz bestimmte Gedankenketten: „Wie soll ich denn das noch schaffen? Das packe ich im Leben nicht mehr rechtzeitig. Wie soll ich das bloß noch hinkriegen?" Das hat einen Adrenalin-Schub zur Folge, man „dreht hoch". Wenn der Klient die Auslöser kennt, braucht er eine innere Erlaubnis, um ruhig zu bleiben. Diese muss ganz individuell mit jedem erarbeitet werden, denn für jeden ist eine andere Formulierung die richtige. Erlaubnissätze können aus dem inneren fürsorglichen Eltern-Ich kommen, wie beispielsweise: „Es ist völlig in Ordnung, ganz gelassen zu sein." Sie können auch aus dem kontrollierenden Eltern-Ich kommen: „Jetzt setz dich erst einmal hin, atme dreimal tief durch und dann schau, was zu tun ist." Es kann auch eher eine Art Mantra im Sinne von „Ruhe, Ruhe, Ruhe" sein, das sich der Klient vorsagt. Wichtig ist einfach, dass der Satz für denjenigen passt, er darf ihm nicht komisch oder lächerlich vorkommen, das würde Widerstand auslösen. Der Klient muss sich mit dem Satz wohlfühlen, damit er seine Wirkung entfalten kann. Also sucht man so lange, bis man den geeigneten Satz gefunden hat.

Für alle Antreiber sind Körpersignale das wichtigste Frühwarnsystem.

Diesen Erlaubnissatz sollte der Klient so früh wie möglich einsetzen, sobald sein „Beeil-dich"-Antreiber anspringt. Dazu ist es nötig, dass er lernt, seine Körpersignale wahrzunehmen. Körperliche Reaktionen treten immer als erstes auf, denn der Körper reagiert viel schneller als das Großhirn, das Bewusstsein hinkt dem Körper hinterher. Der früheste Hinweis auf den Antreiber erfolgt über das, was als erstes körperliches Anzeichen identifiziert wurde. Das kann als Unruhe in den Beinen beginnen, es kann ein Druck im Magen sein, eine Verspannung der Schultern oder eine Verkrampfung des Gesichts. Auch das ist individuell verschieden, deshalb muss jeder Klient für sich herausfinden, wo der Stress bei ihm beginnt. Je früher man eingreifen und den Antreiber stoppen kann, desto leichter ist es, tatsächlich die Ruhe zu bewahren. Je länger der Betroffene schon unter dem Einfluss des Antreibers ist, desto stärker hat dieser ihn im Griff. Er steigert sich umso mehr hinein und das macht es immer schwieriger, das Muster wieder zu unterbrechen. Insofern gilt nicht nur für den „Beeil-dich"-Antreiber, sondern auch für alle anderen: So frühzeitig wie möglich die körperlichen Stress-Signale zu erkennen hilft, rechtzeitig gegenzusteuern.

> Die passenden Erlaubnissätze helfen, die Antreiber in den Griff zu bekommen.

Mit einem mentalen Training lässt sich wirksam die Macht des „Beeil-dich"-Antreibers wie auch der anderen Antreiber reduzieren. Als erstes arbeitet der Coach mit dem Klienten heraus, um welchen Antreiber es geht. Danach analysiert der Coach, welche innere Erlaubnis dem Klienten fehlt. Im dritten Schritt wird ein haargenau passender Erlaubnissatz formuliert. Das erfordert unter Umständen etwas Herumprobieren, denn der Satz muss wirklich absolut stimmig für den Klienten sein. Ein Satz, der für den einen passt und tatsächlich eine innere Erlaubnis darstellt, kann für einen anderen Klienten mit dem gleichen Antreiber völlig wirkungslos sein, vielleicht sogar starken Widerstand auslösen. Ist ein passender Erlaubnissatz gefunden, trainiert der Klient, sich diesen Satz zu eigen zu machen, sobald er merkt, dass er in Stress gerät.

IntrovisionCoaching

IntrovisionCoaching ist eine noch wenig bekannte Methode, mit Coaching nachhaltige Ergebnisse zu erzielen, die in unseren Augen eine perfekte Ergänzung zur Transaktionsanalyse darstellt, weshalb wir sie hier in äußerst verkürzter Form anreißen wollen. Entwickelt wurde Introvision an der Universität Hamburg im Bereich pädagogische Psychologie unter der Federführung der Professorin Dr. Angelika Wagner, als Versuch, den Stress bei Lehrern zu reduzieren. Diesem Ansatz wurden, auch im Verbund mit Neurobiologen, Jahrzehnte der Forschung gewidmet, weshalb es solide wissenschaftliche Daten zur Wirksamkeit gibt.

Ein Coaching-Ansatz zur Bearbeitung innerer Alarme.

Transaktionsanalyse und IntrovisionCoaching befruchten und ergänzen sich gegenseitig. Die Diagnose-Tools aus der Transaktionsanalyse und das Verständnis lebensgeschichtlicher Zusammenhänge, die sie bietet, sind auch im Coaching hilfreich im Umgang mit Schwierigkeiten, die nicht mit klassischen Coachingmethoden wie etwa Arbeit auf der Reflexions- oder Verhaltensebene erfolgreich bearbeitet werden können. Doch Transaktionsanalyse allein genügt oft nicht, diese Schwierigkeiten ein für alle Mal zu bewältigen. Wir haben aus der ursprünglichen Introvision unter Einbeziehung von Elementen der Transaktionsanalyse und den Achtsamkeitstechniken aus dem Mindfulness-Based-Stress-Reduction-Programm (MBSR) nach Jon Kabat-Zinn ein Coachingformat entwickelt, mit dem sich in sehr kurzer Zeit dauerhafte Veränderungen erzielen lassen, die den Klienten ihre Handlungsfähigkeit zurückgeben, ihnen neue Handlungsmöglichkeiten eröffnen und sie von innerem Dauerstress befreien.

Der Ansatz von IntrovisionCoaching basiert im Wesentlichen auf den Erkenntnissen von Neurophysiologie und Neuropsychologie. Es beschreibt die Rolle, die die Amygdala dabei spielt, wenn es um den Alarm geht, der dafür verantwortlich ist, dass Menschen stressbedingtes Verhalten an den Tag legen.

Die Amygdala ist Teil des limbischen Systems, das Informationen aus dem Organismus und Botschaften von außen verarbeitet und sie bewertet. „Von besonderer Relevanz ist dabei die Amygdala: Ihr basolateraler Teil erhält Informationen aus den Sinnesbereichen, ihr corticomedialer Teil beeinflusst die Freisetzung von Stresshormonen sowie das vegetative Nervensystem. Die Amygdala kann damit als zentrale Verarbeitungsstelle für äußere Reize mitsamt den dazugehörenden körperlichen Reaktionen angesehen werden." (Eßing, 2015)

Belastende Erfahrungen lösen den inneren Alarm aus und verdrängen rationale Überlegungen.

Wenn jemand eine belastende oder schlimme Situation erlebt – sei es mehrfach, vielleicht intensiv über mehrere Jahre hinweg in Kindheit oder Jugend, oder sei es im Falle eines Traumas nur ein einziges, aber dafür umso eindrücklicheres Mal – kann sich ein Alarm in der Amygdala bilden. Dieser Alarm warnt: „Achtung – höchste Gefahr! Diese Situation ist unter allen Umständen zu vermeiden!" Und der Alarm wird in Zukunft immer dann sofort anspringen, wenn – tatsächlich oder vermeintlich – die Gefahr besteht, dass sich die Situation genauso entwickelt, wie es unter keinen Umständen sein darf. „Die im Gehirn angelegten neuronalen Muster bilden sich in Abhängigkeit von äußeren Einflüssen heraus." (Eßing, s. o.) Das heißt, als logische Folge der unangenehmen oder schmerzhaften Erlebnisse bildet sich der Alarm in der Amygdala, der so schnell anspringt, dass rationale Überlegungen, die im Großhirn ihren Ursprung haben, für gewöhnlich nichts dagegen ausrichten können, denn sie kommen immer erst im Nachhinein.

Als der Alarm installiert wurde, bildete sich, um mit dem schmerzhaften, tatsächlich oder vermeintlich gefährlichen Ereignis umzugehen oder ihm zu entkommen, eine Verhaltensanweisung heraus, die zwingenden Charakter besaß, weshalb sie die Bezeichnung „Imperativ" bekam.

Der innere Zwang wird als Imperativ bezeichnet.

Ein Imperativ bedeutet in diesem Zusammenhang eine innere Forderung oder ein innerer Druck, dass etwas unbedingt geschehen muss oder aber auf keinen Fall geschehen darf. Imperative können sich auf alles Mögliche beziehen, zum Beispiel „Ich muss unbedingt meine Verkaufszahlen steigern",

„Ich darf auf gar keinen Fall bei der Präsentation versagen“, Ich muss dafür sorgen, dass im Team alles harmonisch ist“, „Ich darf keine Fehler machen“. Die „Imperative“ der Introvision lassen sich unter lebensgeschichtlichen Gesichtspunkten sehr gut mit dem Skript-Konzept der Transaktionsanalyse verbinden. Während die Transaktionsanalyse sich als Diagnose-Instrument auszeichnet, wo sie hervorragende Dienste leistet, bietet IntrovisionCoaching das zusätzliche Verdienst, mit relativ einfachen Mitteln die Imperative aufzulösen und den inneren Alarm zu löschen.

Die Introvision knüpft an das Skript-Konzept der Transaktionsanalyse an.

Die Theorie hinter den Alarmen

Der Alarmzustand, in den jemand geraten kann, ist eine Stressreaktion, die in der Entwicklungsgeschichte der Menschheit eine überlebenswichtige Rolle gespielt hat. Denn die von der Amygdala initiierte augenblickliche Ausschüttung von Stress-Hormonen befähigt den Menschen, von Null auf Hundert Höchstleistungen zu erbringen, um zu fliehen oder zu kämpfen. Angesichts einer Bedrohung, wie sie z.B. ein wildes Tier darstellt, brauchte der Urmensch nicht lange zu überlegen, was jetzt die beste Strategie wäre, dieser Gefahr zu begegnen: Er rannte los, so schnell er nur konnte. In der sicheren Höhle angekommen, brauchte er zwar ein Weilchen, um sich von diesem Adrenalinschock zu erholen, hatte jedoch eines ein für alle Mal gelernt: Sobald das bedrohliche Fauchen, Brüllen oder Knurren zu hören ist – rennen, was das Zeug hält. Das heißt, in Zukunft löste schon die Andeutung dieses Geräusches den inneren Alarm und damit den Ausstoß von Stresshormonen aus.

Der innere Alarm – ein evolutionär geprägter Überlebensmechanismus.

Da die Amygdala aufgrund ihrer Bedeutung für das Überleben viel schneller ist, als es das Großhirn jemals sein kann, entscheidet sie im Bruchteil von Sekunden, ob eine Gefahr für den Menschen besteht oder nicht und alarmiert daraufhin andere Gehirnareale.

Das Großhirn hinkt mit seiner Ratio hinterher.

Da es also „um das Überleben“ geht, springt der Alarm mit all seinen Wirkungen und Nebenwirkungen viel schneller an, als das Großhirn seine „vernünftigen, sachlichen“ Gegenargumente, so berechtigt sie auch sein mögen, ins Spiel bringen kann. Das Großhirn, in dem die Ratio beheimatet ist, hinkt immer hinterher, weshalb alle Erkenntnisse, die man in der Analyse der Schwierigkeiten, des eigenen unangemessenen Verhaltens, der „Überflüssigkeit" der eigenen Reaktionen, hinterher gewinnt, nichts nützen. In diesem Zusammenhang ist auch von Bedeutung, dass die Amygdala keinen Unterschied macht, ob die Situation im Moment tatsächlich gefährlich ist oder ob sie nur aufgrund vergangener Erfahrungen von uns als gefährlich eingestuft wird – die Stressreaktion ist die gleiche. Dieser innere Stresszustand zwingt den Menschen, sich auf eine ganz bestimmt Art und Weise zu verhalten, selbst wenn das sogar in seinen eigenen Augen gar keinen Sinn macht. Doch alle hinterher getroffenen Entschlüsse, es beim nächsten Mal nun aber wirklich anders zu machen, verpuffen. Schrillen die Alarmglocken erst einmal, setzen sofort die alten Gefühle mit allen unangenehmen Begleiterscheinungen ein und schon folgt man dem altbekannten Handlungsmuster. Nur bei wenig schwerwiegenden Alarmen kann es gelegentlich gelingen, sich selbst rechtzeitig „Stopp!" zu sagen.

Der innere Alarm zwingt den Menschen in wenig zielführende Verhaltensweisen.

Dass das so ist, hat mit dem Wesen des Alarms zu tun: Der Sinn eines jeden Alarms ist es, den Menschen zum schnellen und entschlossenen Handeln zu bewegen. Doch ein Alarm kostet eine Menge Energie und das menschliche Gehirn ist ziemlich perfekt darin, Energieverschwendung zu vermeiden. Deshalb gilt ein weiterer Satz:

> Ein Alarm, auf den keiner reagiert, ist sinnlos.

!

An diesem Punkt setzt IntrovisionCoaching an: Mit dieser Methode wird der Alarm in der Amygdala gelöscht, sodass jene Reize, die ihn bislang triggerten, keine Reaktion mehr auslösen. Wenn ein Alarm dazu da ist, eine Handlung zu aktivieren, so ist die originäre Idee, diesen Alarm einfach leer laufen zu lassen, wie sie an der Uni Hamburg entwickelt wurde, schlichtweg genial. Die Frage zu untersuchen „Was geschieht eigentlich, wenn wir bei Menschen ihren Alarm auslösen, sie aber gleichzeitig veranlassen, ihn nur zu beobachten, nicht zu handeln, nicht einzugreifen?" war bahnbrechend. Denn wie sich gezeigt hat, wird durch genau diese Verfahrensweise der Alarm in der Amygdala wieder gelöscht. *Weil ein Alarm, auf den keiner reagiert, ganz offenbar sinnlos ist.*

Mithilfe der Introvision den inneren Alarm ins Leere laufen lassen.

Wenn ein Alarm keine Handlung mehr auslösen kann, dann braucht man ihn auch nicht mehr. Wie richtig das ist, dafür gibt es übrigens auch einen ganz alltäglichen Beleg, den wahrscheinlich jeder kennt. Haben Sie schon jemals die Polizei gerufen oder auch nur aus dem Fenster gesehen, wenn zum soundsovielten Mal eine Autoalarmanlage losgegangen war? Wahrscheinlich haben Sie nur innerlich schulterzuckend gedacht: „Oh je, schon wieder ein Fehlalarm. Hoffentlich stellt einer das Ding bald ab!" Deshalb kann man eigentlich auf die Alarmanlage im Auto getrost verzichten: Sie löst keine Handlung aus – jedenfalls nicht die gewünschte.

Wie gehen Menschen üblicherweise mit Alarmen um?

Da das menschliche Gehirn immerzu nach „Lösungen" für Probleme sucht, wird es aktiv, wenn es darum geht, unangenehme Situationen zu bewältigen. Wenn es keine Lösung für den inneren Alarm zu geben scheint, sucht es sich Möglichkeiten, wie es ihn sich anderweitig vom Hals schaffen kann. Dazu bedient es sich dysfunktionaler Bewältigungsstrategien:

Typische Vermeidungsstrategien bei inneren Alarmen

- Schneller Themenwechsel, also unangenehme Gedanken konsequent beiseite schieben
- Ablenken, beispielsweise durch „dringende" andere Arbeiten
- „Positiv denken", also zur inneren Beruhigung Sprüche vorbeten wie „Wird schon gutgehen" oder ähnliches
- Theoretisieren, sehr beliebt ist dabei die „Selbstanalyse": „Ich bin so und so, weil ..."
- Selbst-Mitleid und Selbst-Bejammerung: „Immer trifft es mich! Warum muss auch ich immer die gesamte Verantwortung tragen!"
- Eine andere Realität herbeiwünschen: „Hätte ich mich doch nie darauf eingelassen! Ich könnte so gemütlich im Garten sitzen und Däumchen drehen!"
- Sich der Situation durch Flucht entziehen, sich also zum Beispiel vor einem unangenehmen Ereignis krank melden.

All diese Vermeidungsstrategien sind Versuche des Verstandes, die unangenehmen Begleiterscheinungen von alarmierenden Gedanken aus der Welt zu schaffen. Doch dysfunktional sind diese Bewältigungsstrategien, weil sie dafür sorgen, dass das Problem sich manifestiert, vielleicht sogar immer weiter hochschaukelt, bis hin zu

Panikattacken. Auch vieles von dem, was im Coaching unternommen wird, um Probleme zu lösen, stellt im Grunde genommen ein solches Eingreifen dar. Es bringt zwar eine momentane Besserung, die jedoch nicht von Dauer sein kann, weil das Alarmsystem nach wie vor aktiv ist. Denn wenn die Imperative nicht völlig gelöscht werden, bedeutet das, dass auch der alte Konflikt in unverminderter Schärfe wieder ausbricht, wenn der Reiz, der das Alarmsystem auslöst, nur stark genug wieder auftritt. Oft braucht es zwar eine intensivere oder stärkere Form des Reizes, aber wenn das Alarmsystem anspringt, tut es das wie eh und je. Rein auf der Verhaltensebene lassen sich Alarme nicht auflösen. Kurzfristig kommt es zwar zu einer Verbesserung, aber wenn der ursprüngliche Reiz wieder auf den Plan tritt, kehrt auch das alte Problem wieder.

Auf der Verhaltensebene allein lassen sich Alarme nicht auflösen.

Wie können Alarme gelöscht werden?

Es gibt jedoch eine Möglichkeit, Alarme und die damit verbundenen Imperative endgültig zu löschen. IntrovisionCoaching bedient sich dabei der Achtsamkeitstechnik aus dem „Mindfulness Based Stress Reduction"-Programm. Diese weitgehend meditative Technik besteht darin, eine innere Haltung einzunehmen, bei der man, ohne zu bewerten, rein beobachtend wahrnimmt, welche Gedanken kommen und gehen, welche Gefühle sich einstellen und welche körperlichen Reaktionen auftreten, wenn man sich dem Imperativ-Verletzungsgedanken aussetzt.

Diese weite Wahrnehmung muss zunächst ein wenig trainiert werden, denn es fällt den wenigsten Menschen auf Anhieb leicht, rein konstatierend zu beobachten, was mit ihnen geschieht, wenn sie sich einem Gedanken aussetzen, der sie vorher in höchste Alarmbereitschaft versetzt hat. Was mit weiter Wahrnehmung gemeint ist, kann Klienten zum Beispiel illustriert werden, indem man sie auffordert, sich an das Fenster zu stellen und auf die Kreuzung zu schauen. Dann wird folgende Erklärung gegeben: „Wenn Sie sich jetzt einen einzelnen Radfahrer aussuchen und dessen Weg verfolgen, sind Sie in der fokussierten Wahrnehmung. Wenn Sie Ihr Augenmerk jedoch auf die gesamte Kreuzung legen, werden Menschen und Fahrzeuge in Ihren Wahrnehmungsbereich eintreten und ihn auch wieder verlassen und dies können Sie wahrnehmen, ohne sich speziell auf etwas zu fokus-

Mit „weiter Wahrnehmung" beobachten statt bewerten.

Weite versus fokussierte Wahrnehmung.

sieren. Wenn Sie einfach nur schauen, ohne innerlich zu bewerten, was das für ein seltsames Auto ist oder wie schlecht dieser oder jener gekleidet oder frisiert ist, ist genau das die weite Wahrnehmung. Beim Hören ist es ebenso: Der Versuch, ein einzelnes Motorrad herauszuhören, ist fokussierte Wahrnehmung, hören Sie jedoch einfach den gesamten Klangteppich, sind Sie in der weiten Wahrnehmung."

Man muss den Klienten immer wieder unterstützen, in der Haltung der weiten Wahrnehmung zu bleiben, das heißt, ohne jegliche Wertung zu konstatieren: „Aha, jetzt kommt diese Erinnerung. Jetzt folgt jener Gedanke. Jetzt spüre ich Herzklopfen. Jetzt fühle ich starken Druck im Magen. Jetzt wird meine Anspannung geringer ..." und so weiter. Das ist zwar nicht völlig passiv, denn man hält die Aufmerksamkeit bei dem Grundgedanken, den man vorher mit dem Klienten herausgearbeitet hat, unterscheidet sich aber doch stark vom aktiven Nachdenken, denn außer der Beobachtung dessen, was in Körper und Geist passiert, wird nichts unternommen.

Diese Haltung der wertneutralen Beobachtung – das Zulassen von allem, was sich einstellt – ist dabei von zentraler Bedeutung. Wäre das nicht so, wäre jeder Grübler früher oder später von seinem Problem befreit. Das ist jedoch bekanntermaßen nicht der Fall. Man versucht während des Beobachtens nichts herauszufinden und man fasst auch keine Beschlüsse. So wie man vom sicheren Fenster aus einen Gewittersturm beobachten würde, so beobachtet man das Gedankengewitter.

Die wertneutrale Beobachtung bedarf des Trainings, um ihre Wirkung zu entfalten.

Um den alarmierenden Gedanken ihre zersetzende Kraft zu nehmen, muss man diese Art der Betrachtung so lange durchführen, bis er keine negativen Begleiterscheinungen mehr zur Folge hat. Das geht manchmal relativ schnell, manchmal dauert es länger. Unter Umständen muss jemand ein paar Wochen lang jeden Tag für zehn Minuten die weite Wahrnehmung mit seinem Satz trainieren, bevor er ihn überwunden hat.

In wissenschaftlichen Untersuchungen konnte nachgewiesen werden, dass diese Art der weiten Wahrnehmung das Alarmsystem in der Amygdala tatsächlich zu beruhigen vermag, sodass beispielsweise der Gedanke „Es kann sein, dass ich scheitere" oder „Es kann sein, dass ich Fehler mache" keine Alarmreaktionen mehr auslöst.

Er ist ab sofort als Gedanke nicht beängstigender als der Gedanke: „Es kann sein, dass mir ein Blumentopf auf den Kopf fällt."

Wie IntrovisionCoaching wirkt – Ein Praxisbeispiel

Die Lebensgeschichte einer Klientin zeigte alle Anzeichen einer „Sei-nicht"-Botschaft. Sie war von früher Kindheit an durch alle möglichen Pflegefamilien durchgereicht worden, hatte niemals Sicherheit erlebt, stattdessen sehr viel Ablehnung. Sie hatte sich als Kind immer nur als „störend" empfunden und so hatte sich das Gefühl manifestiert, dass sie am besten eigentlich gar nicht vorhanden wäre. Als Überlebensstrategie entwickelte sie den Skriptglauben, dass sie sich eine Lebensberechtigung erarbeiten könne, wenn sie gebraucht würde.

Eine Klientin mit ausgeprägter „Sei-nicht"-Botschaft.

In der Folge sorgte sie nunmehr dafür, in einem Umfeld zu leben, in dem sie massiv gebraucht wurde. Sie unterstützte und deckte über viele Jahre hinweg eine alkoholkranke Chefin, die ohne ihre andauernde Aufopferung längst ihren Job verloren hätte. Sie suchte sich einen Mann, der ebenfalls Gelegenheitstrinker war und immer wieder seine Abstürze erlebte, und sie entwickelte sich zu einer überfürsorglichen Mutter, die das Kind von früh bis spät umsorgte, während sie sich selbst, auch rein äußerlich, eher vernachlässigte.

Dabei war sie jedoch beruflich sehr erfolgreich, denn es gehörte ebenfalls zu ihrem Skriptglauben, sich mit Leistung ihre Daseinsberechtigung verdienen zu müssen. Dass das Kind mit circa elf Jahren noch immer Bettnässer war und Schwierigkeiten in der Schule hatte, war letztlich der Auslöser für sie, ein IntrovisionCoaching zu machen.

Beim IntrovisionCoaching wird als wesentlicher Bestandteil der Arbeit der Alarm auslösende Satz ermittelt – denn um einen Alarm löschen zu können, muss er zunächst durchlebt werden. Jedoch ohne sich den auftauchenden Emotionen und Gedanken hinzugeben, und auch ohne sie verändern oder weghaben zu wollen, sondern in beobachtender Art und Weise. Nachdem sie auf die im IntrovisionCoaching unabdingbare Form der weit gestellten Wahrnehmung vorbereitet worden war und sie geübt hatte, diese Haltung einzunehmen, arbeitete sie mit dem Satz „Es kann sein, dass ich nicht mehr gebraucht werde". Sie sollte sich mit diesem Satz innerlich konfrontieren und einfach nur wahrnehmen, was er alles bei ihr auslöste.

Die Klientin skaliert die Höhe ihres inneren Alarms.

Zur Methode gehört dazu, dass der Klient die Höhe des Alarms, der sich nach dem Satz einstellt, auf einer Skala von eins bis zehn bewertet. Bei dieser Klientin lag der Alarm, wie sie nach dem ersten Setting sagte, gefühlt etwa bei fünfzehn. Sie bekam heftiges Herzklopfen, ihr Hals schnürte sich zu, es kamen ihr die Tränen. Das entsprach genau jenen Reaktionen, die sie durchlitt, wenn sie in ihrem Leben die Befürchtung hatte, nicht gebraucht zu werden – es ging ihr enorm schlecht.

Ein Setting im IntrovisionCoaching dauert etwa zehn Minuten, sofern der Klient es schafft, seine beobachtende, weit gestellte Wahrnehmung so lange beizubehalten. Das Setting wird früher abgebrochen, wenn der Klient merkt, dass er nicht in der beobachtenden Haltung bleiben kann. Nach dem Setting sprechen Coach und Klient über das Erlebte und darüber, ob und wie sich der Alarm verändert hat. In aller Regel kommt es zu einer Verringerung des Alarms. An das erste Setting schließt sich meist gleich ein zweites an und spätestens dabei verringert sich der Alarm spürbar.

Die Anleitung, die der Klient vom Coach während des Settings erhalten hat, wird aufgenommen und dem Klienten mit nach Hause gegeben, damit er allein weiter üben kann, entweder bis zur nächsten Coachingsitzung oder bis der Alarm bei Null angekommen ist. Das gehört nämlich ebenfalls zur Arbeit mit IntrovisionCoaching dazu: Der Klient muss zwingend weiter üben, bis der Alarm bei Null ist, das heißt, bis er den Alarm auslösenden Satz hören kann, ohne dass es bei ihm zu irgendeiner negativen Reaktion kommt. Es genügt nicht, wenn der Alarm sich einfach nur „bessert" oder „viel weniger" wird. Dann ist immer noch ein Restalarm vorhanden, der sich bei genügend großer Intensität des Reizes wieder zur ursprünglichen Größe aufbauen kann. Erst wenn der Alarm bei Null ist, ist er tatsächlich ein für alle Mal gelöscht. Auch das lässt sich dank neuer hirnphysiologischer Methoden auf der Zellebene nachweisen.

Wichtig: Solange üben, bis der innere Alarm komplett verschwunden ist.

Im Falle der Klientin aus dem obigen Beispiel war der Alarm nach der zweiten Coachingsitzung gelöscht, was bei ihr zu etlichen Lebensveränderungen führte. Sie entwickelte ein ganz neues Verhältnis zu ihrem Kind, das daraufhin aufhörte, Bettnässer zu sein, und keine Schulprobleme mehr hatte. Sie grenzte sich klar gegen ihre Chefin ab und weigerte sich in der Folge, deren Fehler und Versäumnisse weiterhin zu decken. Selbst als die Chefin daraufhin berechtigterweise ihren Job verlor, blieb sie bei ihrer selbstbewussten Haltung und ließ sich nicht emotional erpressen. All ihre existenziellen Ängste, die früher ihr Verhalten bestimmt hatten, waren wie weggeblasen.

> Mehr zum Thema Introvision finden Interessierte auf dem Blog www.introvisioncoaching.de

Kapitel 4

Psychologische Spiele

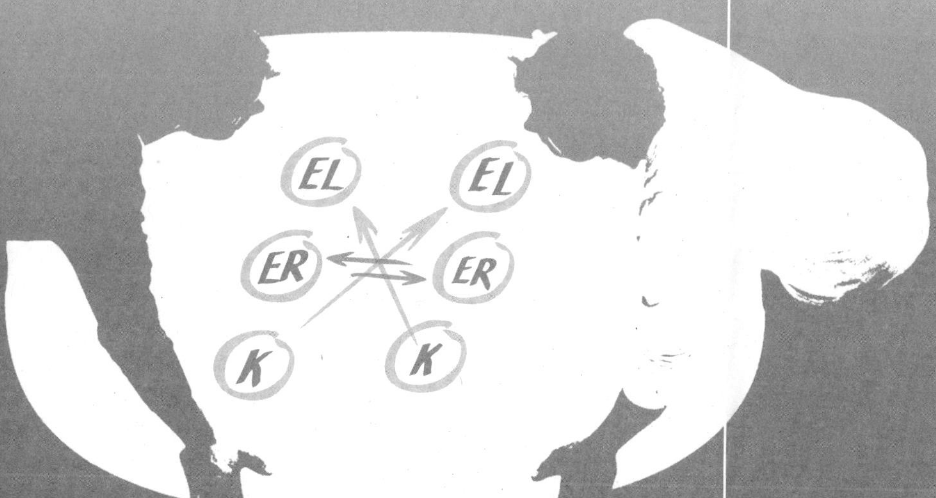

Im vierten Kapitel lesen Sie:

▶ **Zum Wesen Psychologischer Spiele:** Warum misslingt Kommunikation immer wieder auf die gleiche Art und Weise? Psychologische „Spiel"-Regeln bestimmen den zwischenmenschlichen Kontakt. Wie Psychologische Spiele ablaufen und wie sie eskalieren. Das Drama-Dreieck als typische Konstellation in Konfliktszenarien: Wie man in Rollen gerät und wieder herauskommt – und welche Grundhaltungen das Drama antreiben. In welchen Situationen ist jemand bereit, aktiv Psychologische Spiele zu spielen? .... S. 209

▶ **Psychologische Spiele im Coaching:** Woran zeigt sich, wenn ein Klient versucht, Psychologische Spiele mit dem Coach zu spielen? Wie können Psychologische Spiele des Coachs selbst das Coaching prägen? Wie können Klienten damit umgehen, wenn sie an ihrem Arbeitsplatz immer wieder in Psychologische Spiele hineingezogen werden? Und wie der Coach damit umgeht, wenn sich herausstellt, dass das Coaching selbst Teil eines großen Spiels ist. .... S. 235

▶ **Der Ausstieg aus den Rollen:** Wie der Ausstieg aus dem „Drama-Dreieck" gelingt .... S. 253

Zum Wesen Psychologischer Spiele

Folgt der zwischenmenschliche Kontakt festen psychologischen Regeln?

Mit dem Konzept der „Psychologischen Spiele“ hat sich Eric Berne weit von seinem ursprünglich psychoanalytisch ausgerichteten Denken entfernt. Die Psychoanalyse hat sich in ihren Anfängen hauptsächlich um das intra-psychische Geschehen gekümmert. Berne war einer der ersten Therapeuten, der darüber hinausgegangen ist. Er hat mithilfe der Transaktionen untersucht, was zwischen Menschen passiert und welche *psychologischen Regeln* im zwischenmenschlichen Kontakt herrschen. Nachdem er das Modell des Skripts entwickelt hatte, interessierte ihn, wie es sich im Alltag ausdrückt. Vor allen Dingen wollte er verstehen, woran es liegt, wenn Kommunikation immer wieder auf die gleiche Art und Weise misslingt.

Dass sich dabei immer wiederkehrende Muster erkennen lassen, brachte ihn auch auf den Begriff des „Spiels“. Ein Spiel besitzt ebenfalls einen festgelegten Ablauf, ein bestimmtes Spiel wird immer auf die gleiche Art und Weise gespielt. Es macht zwar individuelle Spielstrategien möglich, folgt aber festgelegten Regeln. Diesem Gedanken Rechnung tragend, hat Berne manche der Psychologischen Spiele wie eine Spielanleitung beschrieben: Weiß eröffnet mit dem ersten Zug und macht x, daraufhin zieht Schwarz mit dem zweiten Zug nach und macht y und so weiter. Grob vereinfacht, lassen sich die Regeln für ein Psychologisches Spiel so beschreiben:

- Der erste Spieler macht ein Spielangebot, indem er einen „Köder“ anbietet.
- Der zweite Spieler schluckt diesen Köder, das heißt, er geht auf das Spielangebot ein.
- Es folgt eine Reihe von Spielzügen in Form verdeckter Transaktionen.
- Einer von beiden beendet mit einer überraschenden Wendung das Spiel.

- Beide nehmen ihren „Spielgewinn" in Form schlechter Gefühle in Empfang.

Auf diese Regeln gehen wir später noch ausführlich ein. Bernes Spielekonzept weist gewisse Ähnlichkeiten mit dem „Wiederholungszwang" auf, den Freud postuliert hatte. Es ist jedoch ausgefeilter, denn es beschreibt genau, wie es zu diesen Wiederholungen kommt. Berne schildert detailliert, mit welcher Art von Transaktionen sich Menschen immer wieder in die gleichen Situationen hineinmanövrieren können, obwohl sie unangenehme Gefühle zurücklassen. Mit diesen Erkenntnissen ist Berne weit über das intra-psychische Modell der Psychoanalyse hinausgegangen und hat damit eigentlich auch die ersten Grundlagen für systemisches Denken in zwischenmenschlichen Beziehungen gelegt.

Die Gründe für Psychologische Spiele.

Berne war überzeugt davon, dass Psychologische Spiele hauptsächlich aus einem Grund gespielt werden, nämlich um das eigene Skript und die eigenen Skript-Glaubenssätze zu bestätigen oder zu verstärken. Nach mehreren Jahrzehnten Arbeit mit den Konzepten der Transaktionsanalyse und der Psychologischen Spiele wird das heute etwas differenzierter gesehen. Für manche der Psychologischen Spiele trifft es sicherlich zu, dass sie gespielt werden, um dem Spieler seine Sicht auf sich und die Welt zu bestätigen. Für den Spieler ist diese Bestätigung wichtig, denn obwohl diese Sicht negativ ist, vermittelt sie ihm doch eine gewisse Sicherheit: die Gewissheit, dass die Welt – und vor allen Dingen er selbst – genau so ist, wie er es immer schon geglaubt hat. Das ist insofern beruhigend, als alles Neue, Ungewohnte erst einmal mit Angst verbunden ist.

Das Bedürfnis, sich auf diese Art die trügerische Sicherheit zu verschaffen, dass das eigene Welt- und Selbstbild zu Recht besteht, erklärt jedoch gewiss nicht jedes Spiel. Ein Grund, weshalb jemand ein Psychologisches Spiel mitspielt, ist zum Beispiel Hilflosigkeit einem Spielangebot gegenüber aus Mangel an Verhaltensalternativen. Oder ein eigenes Spiel wird deswegen gespielt, weil es die beste Möglichkeit ist, sich gegen die Spiele eines anderen zu wehren.

! Psychologische Spiele werden aus einer inneren „Notlage" heraus gespielt.

Berne postulierte seinerzeit, dass Psychologische Spiele immer zu Zwecken der Manipulation gespielt würden. Auch das wird heute nicht mehr mit derselben Ausschließlichkeit vertreten. Zwar haben Psychologische Spiele tatsächlich einen manipulativen Charakter, aber wenn davon ausgegangen wird, dass ein Spieler nichts anderes im Sinn hat, als einen anderen zu manipulieren, so wird durch diesen Ansatz die Sicht auf das eigentliche Problem verstellt. Das eigentliche Problem besteht darin, dass der aktive Spieler aufgrund seines Skripts in diesem Moment keine andere Wahl hat, als auf Spielzüge zurückzugreifen. Er befindet sich in einer psychischen „Notlage", auch wenn das von außen nicht so scheinen mag. Wenn im Psychologischen Spiel des anderen ausschließlich ein Versuch der Manipulation gesehen wird, passiert es schnell, dass der Betroffene sich darüber ärgert. Und über diesen Ärger wird er selbst empfänglich dafür, das Psychologische Spiel mitzuspielen.

Fallbeispiel: Der Klient spielt mit dem Coach das „Ja-aber"-Spiel.

Ein Beispiel für diesen Fall wäre etwa ein Coach, der mit dem Klienten immer wieder neue Möglichkeiten entwickelt, wie dieser besser mit seiner Situation umgehen könnte, die jedoch durchweg vom Klienten mit dem berüchtigten „Ja, aber ..." abgeschmettert werden – ein klassisches Spiel. Der Coach fühlt sich herausgefordert und macht mehr und mehr Vorschläge. Schließlich regt sich Ärger in ihm, weil der „renitente" Klient ihm das Leben so schwer macht. Dieser Ärger kann dazu führen, dass er seinem Klienten böse Absichten unterstellt und selbst in das Spiel einsteigt, etwa indem er auf der verdeckten Ebene den Klienten für seine „Passivität" oder seine „Entschlusslosigkeit" kritisiert.

Psychologische Spiele sind dem, der sie spielt, nicht bewusst.

In der Transaktionsanalyse geht man davon aus, dass Psychologische Spiele *immer unbewusst* gespielt werden. Bei bewusst eingesetzten Manipulationen spricht man von „Manövern". Man macht also einen klaren Unterschied zwischen unbewussten und bewussten Manipulationsversuchen. Wer bewusst etwas „vorspielt" und z.B. einen Wutausbruch oder ein armes Opfer zu sein vortäuscht, weil er weiß, dass er damit beim anderen etwas erreicht, oder wer gekonnt eine Intrige anzettelt, um einem anderen zu schaden, der führt ein Manöver durch. Bei unbewussten Spielen jedoch *fühlen* sich die Spieler in diesem Moment tatsächlich traurig, verletzt, wütend oder was auch immer – sie sind mit ihren Gefühlen identifiziert. Deshalb nützt es auch herzlich wenig, ihnen klarmachen zu wollen, dass sie gerade ein

Psychologisches Spiel spielen – das würden sie immer abstreiten –, sie erleben ja innerlich, was als Verhalten nach außen kommt.

Wenn man nur die manipulative Seite eines Psychologischen Spiels betrachtet, vergisst man darüber, dass es der Ausdruck einer inneren Not ist. Wer ein Psychologisches Spiel spielt, glaubt, sich in einer Situation zu befinden, in der er mit offener, direkter Kommunikation nicht klarkommt. Oder aber diese Person hält ihre verdeckten Transaktionen für „offene Kommunikation". Die Gründe dafür können ganz unterschiedliche sein, wichtig ist jedoch festzuhalten, dass sie sich im Moment wirklich nicht anders zu helfen weiß: *Das Psychologische Spiel ist ein Notprogramm!*

Welches ist die innere Not, die den anderen zu diesem Verhalten bringt?

Diese Sicht auf Psychologische Spiele eröffnet die Möglichkeit, ganz anders mit ihnen umzugehen. Der Fokus liegt nicht mehr auf dem Gedanken: „In welche Richtung will mich der andere manipulieren?", sondern darauf, zu verstehen: „Welches ist die innere Not, die den anderen zu diesem Verhalten bringt?" Und daran kann sich die Frage anschließen: „Habe ich die Möglichkeit, diese Not zu lindern oder aufzuheben, sodass wir beide gut aus diesem Spiel aussteigen können?" Dabei liegt dir Betonung auf „gut", denn es gibt natürlich durchaus auch die Möglichkeit, hart aus einem Spiel auszusteigen. Da für die frühen Transaktionsanalytiker das unumstößliche Credo galt: „Unterstütze niemals ein Spiel, denn es ist Teil der Pathologie", gab es Therapeuten, die berüchtigt dafür waren, Psychologische Spiele – oder was sie dafür hielten – sehr hart zu unterbrechen. Zum Beispiel mit einer gnadenlosen Konfrontation verbunden mit der Weigerung, über diesen Punkt weiter zu sprechen.

Gut aus Psychologischen Spielen aussteigen.

Dass das jedoch nur in seltenen Fällen die betroffene Person dazu bewegte, sich zu öffnen, scheint verständlich. Wesentlich öfter kam es dazu, dass einfach der Therapeut gewechselt wurde. Für den Klienten ist nichts Neues passiert und wirklich konstruktiv war die Strategie auch nicht. Wenn man jedoch die innere Not des Klienten versteht, kann man vielleicht auch Wege finden, diese innere Not zu lindern. Dann gibt es einen Ausstieg aus dem Psychologischen Spiel, der positiv ist, der nicht einfach nur bei beiden Beteiligten Frustration hinterlässt, sondern einen konstruktiven Umgang ermöglicht. Wenn man Psychologische Spiele als Notprogramm betrachtet, erkennt man auch, dass sie keineswegs nur gespielt werden, um das eigene Skript zu bestätigen.

Das Spiel kann auch in Gang kommen, weil es an Verhaltensalternativen fehlt. Jemand geht auf ein Spielangebot ein, weil er keine vernünftige Form kennt, um damit umzugehen. Man gerät durch die Art der Kommunikation des anderen in Not und steigt in das Psychologische Spiel ein, um nicht ganz unterzugehen.

Wer aus dem Rechtfertigungszwang aussteigt, beendet das Spiel.

Das passiert zum Beispiel relativ leicht, wenn jemand ein Bild von einer Person entwirft, das diese auf gar keinen Fall akzeptieren kann. Die Folge ist, dass sie versucht, dieses Bild zu korrigieren, in Verteidigungshaltung geht und damit womöglich schon im Netz eines Spiels gefangen ist. Weil der andere dann nämlich – durch die selbstverständlich unausgesprochene Botschaft – erkennen lässt: „Ich korrigiere dieses Bild von dir erst dann, wenn du tust, was ich will!" Ein Ausstieg aus dieser Dynamik ist nur möglich, indem die betroffene Person eines Tages sagt: „Welches Bild du von mir hast, ist mir egal! Ich akzeptiere, dass du mich so siehst." Dann lässt sie sich durch den Vorwurf, so oder so zu sein, nicht mehr in irgendeine Rechtfertigungsposition drängen. Wenn sie sich durch das Druckmittel eines falschen Bildes – „Ich hätte dich nicht für so illoyal gehalten", „Ich hätte nicht gedacht, dass Sie so autoritär sind", „Sie sind also doch kein Kämpfer, wie ich immer geglaubt habe" – nicht mehr erpressen lässt, hat der andere auch keine Möglichkeit mehr, das für sich auszunutzen, und das Spiel ist zu Ende.

Im Coaching ist es wichtig, dass der Coach dem Klienten diesen Mechanismus bewusst machen kann. Wenn der Klient im Rollenspiel erlebt, dass er durch bestimmte Zuschreibungen leicht manipulierbar ist, kann er auch lernen, solche Zuschreibungen zu akzeptieren und damit dem anderen den Wind aus den Segeln zu nehmen. Mitgehen mit solchen Behauptungen ist in solchen Fällen immer besser als dagegen anzugehen, denn das würde dem Druck des anderen nur mehr Kraft verleihen.

Rituale bewusst durchbrechen.

Da Spiele nach festen Regeln ablaufen, sind sie auch vorhersehbar: Wer das Spiel Skat kennt und drei Menschen mit zehn Spielkarten in der Hand sieht, während zwei Karten in der Mitte des Tisches liegen, der weiß, dass, wenn einer der drei „achtzehn" gesagt hat, der nächste nicht „sechsundsechzig" sagen wird und auch nicht „Mau Mau", sondern „zwanzig". Er kennt den Ablauf des Spiels. Gerade weil der Spielablauf so ritualisiert ist, ist er aber auch mit etwas Kreativität leicht aus dem Tritt zu bringen.

Obwohl Psychologische Spiele sicherlich eine schwierige Situation darstellen, gibt es auch einfache Wege, mit ihnen umzugehen.

Die Spielformel

Um den Ablauf eines Psychologischen Spiels zu beschreiben, hat Berne eine eigene „Spielformel" entwickelt:

!

C + G = R – S – X – P
Es handelt sich dabei um die Abkürzungen für die amerikanischen Begriffe: C = Con; G = Gimmick; R = Response oder Reaction; S = Switch; X = Cross up; P = Pay off

Der erste Schritt: Etwas wird ausgeblendet oder verzerrt.

„Con" ist der erste Schritt im Spiel, er wird vom ersten Spieler gemacht und besteht darin, dass ein „Köder" ausgelegt wird. Dieser Köder besitzt immer die Charakteristik, dass etwas Wesentliches *ausgeblendet* oder *verzerrt* wird. Das *Ausblenden* kann auf drei verschiedenen Ebenen geschehen:

- Der Spieler blendet entweder **bei sich selbst** etwas aus, zum Beispiel eigene Lösungsfertigkeiten, wenn er behauptet: „Ich kann das nicht, ich weiß nicht, wie das geht." Oder er blendet eigene Stärken bei Aufgaben oder Situationen aus, die durchaus von ihm zu bewältigen wären: „Ich bin dazu nicht in der Lage."

- Er kann aber auch etwas **beim anderen** ausblenden, zum Beispiel Dinge, die der andere gesagt hat. Oder er kann ausblenden, in welcher Verfassung sich der andere gerade befindet, beispielsweise indem er jemanden bedrängt, ihm zu helfen, obwohl der offensichtlich krank ist. Auch ein Chef, der sich immer wieder auf die „Hilferufe" eines Mitarbeiters einlässt, obwohl der längst können müsste, was er vorgibt, nicht zu beherrschen, blendet ebenso wie der Mitarbeiter selbst dessen Fähigkeiten aus.

- Die dritte Möglichkeit ist, Dinge, die **die Situation** betreffen, auszublenden. Wer in einer verrufenen Spelunke in einer finsteren Gegend ein Bündel Hunderter aus der Tasche zieht und sich hinterher wundert, dass er beraubt wird, hat ausgeblendet, in welcher Umgebung er sich befand.

Verzerrungen der Realität können darin bestehen, dass Dinge sehr viel größer oder kleiner gemacht werden, als sie tatsächlich sind. Ein kleines unangenehmes Ereignis wird zur Tragödie stilisiert: Man hat zum Beispiel kurz vor Feierabend noch eine zusätzliche Aufgabe bekommen, die eine halbe Stunde mehr in Anspruch nehmen wird, jammert aber darüber, als müsse man eine Nachtschicht einlegen. Oder sehr deutliche Hinweise werden als praktisch nicht wahrnehmbar deklariert. Beispielsweise wenn der Mitarbeiter nicht bemerkt haben will, wie sehr sein Chef in Eile ist, obwohl der hastig seine Unterlagen zusammenpackt und dauernd verzweifelt auf die Uhr schaut. Eine weitere Möglichkeit, die Realität zu verzerren, besteht darin, eine Verhaltensweise oder einen Wesenszug eines anderen entweder überdimensional aufzuplustern oder als nicht existent darzustellen.

Es gibt einen weiteren Köder, mit dem Coaching-Klienten häufiger konfrontiert sind. Man versucht, sie in ein Spiel hineinzumanövrieren, indem man sie mit einem Bild konfrontiert, dem sie keinesfalls entsprechen wollen. Führungskräfte etwa, die vom Team-Mitglied aufgestiegen sind zum neuen Team-Leiter, sollen manchmal unpopuläre Entscheidungen durchsetzen. Gerade wenn sie den Anspruch an sich haben, gute Vorgesetzte zu sein, sind sie in Gefahr, manipuliert zu werden durch Aussagen wie: „Du brauchst jetzt nicht so den Chef raushängen zu lassen, nur weil du befördert worden bist. Du entwickelst dich ja zu einem richtig autoritären Kerl!" Als „autoritär" will man keinesfalls gesehen werden, also beginnt man, sich zu rechtfertigen und zurückzuweichen. Doch ist die beste Antwort auf eine solche verzerrende Unterstellung ehr zuzustimmen als dagegen zu gehen: „Ja, mag dir vielleicht autoritär vorkommen, aber manchmal muss das eben so sein."

Fallbeispiel

Im Coaching wurde von einem Klienten zur Sprache gebracht, dass er einen sehr schwierigen Mitarbeiter habe, der sich immer abgelehnt und zu schlecht beurteilt fühlte, ganz egal, was man zu ihm sagte. Als Beispiel führte der Klient das letzte Mitarbeiter-Beurteilungsgespräch an, bei dem er dem Mann folgende Rückmeldungen gab: „Ich bin sehr zufrieden mit Ihrer Zuverlässigkeit, ich weiß, dass ich mich blind darauf verlassen kann, dass Sie Ihre Aufgaben rechtzeitig und gut erledigen. Ich finde Ihr Fachwissen beeindruckend und Sie denken bei Problemen aufmerksam mit. Es gibt nur einen kleinen Punkt, den ich gern mit Ihnen besprechen würde: Ich weiß, dass es Kollegen gibt, die sich von

Ihnen manchmal etwas alleingelassen fühlen, wenn sie mit Fragen zu Ihnen kommen. Man hat den Eindruck, dass Sie manchmal nur ungern bereit sind, mit Ihrem Fachwissen auszuhelfen." Daraufhin brach der Mitarbeiter in Gejammer aus: „Ich wusste ja gleich, dass Sie mit mir nicht zufrieden sind. Ich kann mich noch so sehr anstrengen, Ihnen kann ich es nie recht machen!" Daraufhin wurde der Chef ärgerlich, weil er sich missverstanden fühlte, und konterte mit: „Jetzt hören Sie doch mal auf, solchen Unsinn zu reden!", was den Mitarbeiter natürlich in seinem Glauben bestärkte, vom Chef abgelehnt zu werden.

Im Coaching lernte der Chef etwas über Psychologische Spiele, Ausblendungen und Verzerrungen. Im Rollenspiel trainierte er mit dem Coach, die überaus positiven Feedbacks, die der Mitarbeiter ausgeblendet hatte, wieder einzublenden – und zwar ohne ärgerlich zu werden. Das kann er erreichen, indem er zum Beispiel die Frage stellt: „Was haben Sie denn gehört von meinem Feedback?" Das zwingt den Mitarbeiter, sich auch das Positive wieder zu vergegenwärtigen, selbst wenn es in harten Fällen manchmal zwei oder drei Anläufe braucht, bis er bereit ist, sich von dem einen erwähnten Kritikpunkt zu lösen und sich zu „erinnern", dass vom Chef noch wesentlich mehr gesagt wurde. Und sobald er so weit ist, kann er seine beleidigte Position nicht mehr aufrechterhalten.

Der Köder wirkt nur, wenn er auf eine offene Flanke trifft.

Der Köder mit seinen Ausblendungen oder Verzerrungen der Realität ist der übliche Spieleinstieg, der erste Zug im Spiel. Er funktioniert jedoch auch nur, wenn der „Gimmick" bei der angesprochenen Person vorhanden ist, in Form eines „wunden Punktes", auf den der Köder trifft. „Wunder Punkt" bedeutet in diesem Zusammenhang, dass der zweite Spieler in irgendeiner Weise ein Interesse an diesem Köder haben muss, sodass er darauf anspringt. Einen gertenschlanken Menschen kann man mit der süffisanten Frage: „Hast du im Urlaub vielleicht ein bisschen üppig gegessen?" kaum ködern, jemanden, der dauernd verzweifelt mit seinen Kilos kämpft, schon.

Der erwähnte Mitarbeiter, der einen gänzlich ungünstigen Zeitpunkt wählt, um wegen einer ungeliebten Aufgabe Grundsatzgespräche mit seinem Chef zu führen, könnte mit seinem Spielangebot, seinem Köder, einfach ins Leere laufen. Würde der Chef darauf sofort antworten: „Tut mir leid, Herr Meier, aber das ist gerade ein sehr ungünstiger Zeitpunkt, um ein solches Gespräch zu führen. Kommen Sie doch morgen um vier zu mir!", würde kein Spiel stattfinden. Es sei denn, dass bei seinem Chef ein wunder Punkt in Form eines schlechten Gewissens vorhanden wäre, dass er immer viel zu wenig Zeit für seine Mitarbeiter hat. Wenn der wunde Punkt vorhanden ist, weil der oft umherreisende Chef sich selbst dauernd sagt, dass er eigentlich viel mehr Zeit für seine Mitarbeiter aufbringen müsste, dann ist der Köder, dass jemand seine Zeit einfordert, natürlich für ihn interessant. Also lässt er sich halbherzig auf die Diskussion ein, weil er hofft, damit sein schlechtes Gewissen beschwichtigen zu können.

Hat der Köder getroffen, treiben Reaktionen von beiden Seiten das Spiel weiter.

Wenn diese beiden Komponenten zusammengekommen sind, Köder und wunder Punkt, dann beginnt das eigentliche Psychologische Spiel in Form der „Responses" oder „Reactions". Das bedeutet – um im obigen Beispiel zu bleiben –, der Chef versucht, „in aller Kürze" auf die Dinge einzugehen, die sein Mitarbeiter vorbringt. Somit würde zunächst auf der verdeckten Ebene abgehandelt, dass er im Moment eigentlich gar keine Zeit für solche Fragen hat. Da er trotzdem antwortet, tut er jedoch so, als hätte er diese Zeit. Er blendet damit die gleichen Dinge aus wie der Mitarbeiter, von dem das Spielangebot kam. Das ist ein wichtiger Punkt, der im Auge zu behalten ist: In einem solchen Fall spielen beide! Egal, wer angefangen hat, es tragen beide die Verantwortung für das Spiel. Bei einem Spiel, an dem mehrere Personen beteiligt sind (es gibt auch sogenannte einhändige Spiele, die man mit sich selbst spielt), ist keiner nur „das arme Opfer", denn jeder hat jederzeit auch die Möglichkeit, aus dem Spiel auszusteigen.

Ein abrupter Wechsel tritt ein, der für Verstimmung sorgt.

Da der Chef wirklich in Eile ist, funktioniert das „Gespräch" natürlich nicht, es muss abgebrochen werden. Das ist in der Terminologie der Spieleformel der „Switch", der Wechsel, der eintreten muss. Wahrscheinlich wählt der Chef den Weg, wütend abzudampfen mit den Worten: „Sie kommen aber auch immer zum ungünstigsten Zeitpunkt. Merken Sie denn nicht, dass Sie mich unnötig aufhalten!" Darauf folgt das X, der „Cross-up", der immer aus einem Moment der Verblüffung besteht. Der Mitarbeiter, der eben noch dachte, man könne miteinander reden, bleibt enttäuscht und verärgert zurück.

Das P oder „Pay-off", die Auszahlung, die am Ende des Psychologischen Spiels steht, könnte für den Mitarbeiter zum Beispiel

Was die Spielenden aus diesem Spiel mitnehmen.

darin bestehen, dass er Verantwortung für seine Aufgabe abgeschoben hat – er hat dem Chef schließlich mitgeteilt, dass er damit nicht klarkommt. Verantwortung zu verschieben ist im Berufsleben die häufigste Art der Auszahlung. Der Pay-off könnte für den Mitarbeiter aber auch darin bestehen, dass es ihm gelungen ist, mal wieder eine Zeit lang die Aufmerksamkeit seines Chefs zu ergattern. Aufmerksamkeit ist Zuwendung, und selbst wenn sie am Schluss negativ war, hat sie seinen Wunsch nach Zuwendung erst einmal befriedigt. Es kann natürlich aber auch sein, dass er tatsächlich seine Skript-Glaubenssätze bestätigt hat: „Ich bin eben nicht gut/interessant/wichtig genug, als dass der Chef sich die Zeit nehmen würde, sich mit mir zu beschäftigen. Keiner interessiert sich für mich, keiner gibt sich Mühe, mir mal was zu erklären, ich soll immer alles gleich können, aber mit mir kann man es ja machen." Das sind alles ganz typische Skript-Glaubenssätze, und obwohl sie ihm sicher nicht guttun, bestätigen sie ihm doch immerhin, dass die Welt so ist, wie er schon immer gedacht hat, und dass vor allen Dingen er so ist, wie er schon immer gedacht hat. Insofern braucht er den Pay-off, um ihm Sicherheit zu geben.

Der Pay-off des Chefs könnte darin bestehen, dass er sich sagen kann, dass er sich doch immer so viel Mühe gibt, sich aufreibt für die Firma, aber keiner es ihm dankt – die Welt ist schlecht! Was auch immer der Pay-off ist: Wohl fühlt sich keiner von beiden damit. Zwar mag der Mitarbeiter eine ungeliebte Aufgabe losgeworden sein, doch hängenbleiben wird das schlechte Gefühl eines – mal wieder – miserablen Gesprächs mit dem Chef. Und der Chef kann sich zwar sagen, dass der Mitarbeiter grundsätzlich immer so einen ungünstigen Augenblick auswählen muss, aber bei ihm wird trotzdem mal wieder das schlechte Gewissen aktiviert, dass er nie Zeit für seine Leute hat.

! Wer den Köder nicht schluckt, gerät auch nicht ins Spiel.

Aus dem Wissen über Köder und wie sie zusammengesetzt sind, ergibt sich die einfachste Art, es gar nicht erst zu einem Psychologischen Spiel kommen zu lassen. Sie besteht darin, den Köder entweder ganz und gar links liegen zu lassen, oder das wieder einzublenden, was der andere gerade ausgeblendet hat, beziehungsweise das gerade zu rücken, was er verzerrt hat. Dazu ist es nötig, sehr wach und aufmerksam zu sein. Mit einer schnellen Reaktion kann das, worauf das Spiel aufbaut, entkräftet werden. Ein Charakteristikum, an dem sich Köder meist gut erkennen lassen, ist die Verwendung von Absolutbegriffen. „*Immer* muss ich die unangenehmen Sachen erledigen"; „*Nie* haben Sie Zeit, wenn man mal eine Frage hat"; „*Alle* werden befördert, nur meine Leistung erkennt keiner an"; „Bei mir läuft *alles* schief"; „Ihnen kann man auch *überhaupt gar nichts* Recht machen" – wann immer etwas absolut gesetzt wird, sollten schon alle Warnlämpchen blinken, denn solche Übertreibungen sind per se eine Verzerrung der Realität.

Auf Absolutbegriffe achten, sie sind ein Anzeichen für Köder.

Wer den ausgelegten Köder links liegen lässt, muss aber auch damit rechnen, dass der andere zunächst versuchen wird, sein Spiel zu eskalieren, so schnell will er schließlich nicht aufgeben. Wie ein Angler, der ja auch nicht einfach einpackt und nach Hause geht, wenn er mit seinem Köder keinen Erfolg hat, sondern es mit verschiedenen anderen Ködern probiert, wird auch der Spieler versuchen, ob er den anderen nicht doch noch an den Haken bekommt, wenn er den Köder verändert. Spieler haben für gewöhnlich die Erfahrung gemacht, dass sie den anderen doch noch in das Spiel ziehen können, wenn sie den Druck erhöhen. Also legen sie noch einen drauf. Es ist wirklich nicht leicht, einem solchen Spiel zu widerstehen, denn der Köder ist ja absichtlich so gewählt, dass er verlockend ist. Wer jedoch entschlossen ist, sich auf kein Spiel einzulassen, der darf sich nicht davon erschüttern lassen, dass der Spieler in irgendeiner Form sein Angebot eskaliert und zum Beispiel noch „hilfloser" wird oder noch mehr „leidet". Wer auf die Eskalation gefasst ist, hat größere Chance, nicht doch noch „anzubeißen". Er kann sich stattdessen vielleicht innerlich beglückwünschen, dass er das vorhergesehen hat – und sich nicht davon erwischen ließ.

Wer versucht auszusteigen, wird mit stärkeren Ködern konfrontiert.

Ein Kollege versucht zum Beispiel, eine ihm unangenehme Aufgabe loszuwerden. Statt ganz konkret eine Bitte um Hilfe auszusprechen, der man entsprechen oder die man ablehnen könnte, jammert er: „Ausgerechnet heute, wo ich schon so viel zu tun habe, soll ich auch noch diesen Bericht schreiben. Ich weiß echt nicht, wie ich das noch schaffen soll!" Der Kollege reagiert jedoch nicht in der erhofften Form, sondern sagt bloß: „Oh je, das tut mir leid!" Der andere insistiert: „Immer kriege

Fallbeispiel: Ein Kollege will eine unangenehme Aufgabe loswerden und verstärkt den Köder.

ich diesen unangenehmen Kram zugeschoben. Du hast doch nie so viel Bürokratie zu erledigen wie ich. Ich weiß schon gar nicht mehr, wo mir der Kopf steht. Immer trifft es mich." Leider zeigt auch das noch nicht die gewünschte Wirkung, denn der Kollege kontert mit: „Meine Liste an Dingen, die ich noch abzuarbeiten habe, ist auch noch ziemlich lang!" Also schiebt der Erste noch etwas nach: „Du warst ja noch nie besonders hilfsbereit. Immer lässt du einen hängen, wenn man dich mal braucht." Wäre das der wunde Punkt des anderen, würde er spätestens jetzt den Köder schlucken. Aus der Erfahrung heraus, dass das meistens gut funktioniert, hat der Spieler den Druck auf den anderen erhöht. Doch wenn man den Mechanismus durchschaut hat, kann man auch dem höheren Druck standhalten.

Um Ködern zu widerstehen, ist es wichtig, eigene wunde Punkte zu kennen.

Um Spiele zu vermeiden, ist es hilfreich, sich bewusst zu machen, mit wem häufig Spiele stattfinden und wie man in die Spiele hineingeraten ist. Subjektiv herrscht natürlich meist der Eindruck vor, es sei die „Schuld" des anderen, wenn es zu einem Spiel kommt. Tatsächlich ist es jedoch so – es sei noch einmal wiederholt –, dass jemand sich als „Zweiter" ebenfalls aktiv beteiligt. Tut er es nicht, gibt es auch kein Spiel! Wer sich bewusst macht, welche Köder er gern schluckt und welches die eigenen wunden Punkte sind, kann lernen, aus Spielen auszusteigen, auch wenn das unter Umständen nicht leicht ist und ein bisschen Übung erfordert. Wunde Punkte betreffen im Managerleben sehr häufig die eigene Kompetenz. Spitzen, die sich gegen die Kompetenz oder die Leistungsfähigkeit richten, können in deutschen Büros von den wenigsten mit einem souveränen Schulterzucken hingenommen werden. Aber außer der Kompetenz gibt es natürlich noch eine Vielzahl von wunden Punkten.

Die Reaktion auf den Köder erfolgt automatisiert, deswegen ist das Üben im Rollenspiel besonders wichtig.

Wenn der Coach erkennt, dass sein Klient in der Firma ziemlich häufig in Psychologische Spiele mit Kollegen verwickelt ist, sollte er ihm bewusst machen, worin sein eigenes aktives Zutun besteht, also welche Spielangebote er annimmt. Im Rollenspiel kann der Coach mit dem Klienten daran arbeiten, Köder abzulehnen, auch wenn sie noch so verführerisch sind. Der Klient kann im Rollenspiel üben, anders als bisher üblich auf die Köder zu reagieren. Das Rollenspiel ist wichtig, weil der Mechanismus bei einem Psychologischen Spiel so stark ist, dass der „Reiz" auch sofort die „Reaktion" auslöst. Man muss es wirklich üben, nicht automatisiert nach dem Köder zu schnappen

– und selbst, wenn man es trainiert hat, erfordert es viel Bewusstheit, auf einen Köder nicht zu reagieren. Doch wenn man es geschafft hat, sind die Erfolgserlebnisse groß. Gespräche, die bislang nur frustrierend waren, bekommen plötzlich eine völlig andere Qualität, sie werden konstruktiv. Und wer merkt, dass seine Köder nicht mehr geschluckt werden, verliert bald die Lust daran, welche auszulegen – zumindest dieser Person gegenüber.

Die Eskalationsstufen bei Psychologischen Spielen

Psychologische Spiele ersten Grades werden normalerweise leicht verwunden.

Eric Berne hat die Psychologischen Spiele in drei verschiedene Eskalationsstufen unterteilt. Zwischen den Eskalationsstufen kann es fließende Übergänge von leichteren zu härteren Spielegraden geben. Die erste dieser Stufen bezeichnet die „harmloseste" Art von Psychologischen Spielen. Sie ist dadurch gekennzeichnet, dass man sie auch mit Menschen, die man nicht kennt, und in aller Öffentlichkeit spielen kann. Zum Beispiel wenn jemand sich ungefragt in etwas einmischt und daraus ein Psychologisches Spiel entsteht oder wenn es ein kurzes verbales Gerangel um die Reihenfolge in der Warteschlange oder um einen Parkplatz gibt. Das sind Situationen, in denen jeder Beteiligte sich ärgert, aber man wird sich vermutlich nie wieder begegnen, also wird der Ärger sich über kurz oder lang auch wieder in Luft auflösen. Im Moment ist es unangenehm, aber nicht weiter schlimm – es bleiben keine anhaltenden Verletzungen zurück. Solche harmlosen Spiele werden natürlich auch immer wieder mit Bekannten gespielt, am Arbeitsplatz zum Beispiel, wo es regelmäßig Ärger um Kleinigkeiten gibt, aber eben ohne dass es in gnadenlosen Konkurrenzkampf oder handfeste Intrigen ausartet. Spiele ersten Grades kommen und gehen, sie gehören praktisch zum Alltag dazu und werden normalerweise leicht verwunden.

Psychologische Spiele zweiten Grades beschäftigen die Gedanken.

Psychologische Spiele zweiten Grades werden schon mit deutlich härteren Bandagen gespielt. Sie werden für gewöhnlich auch nicht mit Fremden gespielt, sondern mit Menschen, die man gut kennt – Familie, Freunde, näheres Umfeld am Arbeitsplatz. Bei Spielen zweiten Grades ist die Intensität der Verletzungen, die gegenseitig zufügt werden, bereits viel höher als bei Spielen ersten Grades. Das liegt daran, dass die Beziehungen zwischen den Beteiligten intensiver sind: Sich abgelehnt zu fühlen von einem Menschen, der einem wichtig ist, der einem etwas bedeutet, oder sich von demjenigen nicht ernst genommen zu fühlen, löst eine ganz andere Verletzung aus, als wenn das durch einen völlig Fremden passiert, mit dem man nie wieder etwas zu tun haben wird.

Oft rühren die Verletzungen bei Psychologischen Spielen zweiten Grades auch an alte Wunden. Wenn schmerzhafte alte Themen anklingen, entwickelt sich eine hohe Emotionalität. Sie hat vielleicht mit dem aktuellen „Spielpartner" gar nicht so viel zu tun, sondern ist den alten Mustern geschuldet, die durch das Spiel wieder aufgerufen wurden. Und weil die Beziehung zu diesem Spielpartner wichtig ist, kochen die Emotionen und Ängste hoch, was dazu führt, dass alles, was gesagt wird, als viel verletzender empfunden wird. Folglich beschäftigen Psychologische Spiele zweiten Grades die Beteiligten oft noch tagelang. Sie lassen sich solche Gespräche wieder und wieder durch den Kopf gehen, um dem Gegner in der Fantasie noch einmal ordentlich die Meinung zu sagen, oder sie überlegen sich, wie man Rache nehmen und den anderen niedermachen kann. Die Wirkung ist um einiges stärker als bei Spielen ersten Grades, bleibt aber letztlich auf der verbalen beziehungsweise gedanklichen Ebene.

Psychologische Spiele dritten Grades führen zur Eskalation.

Bei Psychologischen Spielen dritten Grades eskaliert der Schlagabtausch bis hin zur physischen Gewalt. Berne sagte, diese Spiele enden entweder vor Gericht, im Krankenhaus oder auf dem Friedhof. Selbst im Arbeitsleben kann es zu Spielen dritten Grades kommen, entweder auf der körperlichen Ebene von der Handgreiflichkeit bis hin zum Mord oder Amoklauf oder, und das ist die weitaus häufigere Variante, in Form von heftigen gerichtlichen Auseinandersetzungen. Auch viele Fälle von Wirtschaftskriminalität sind Psychologische Spiele dritten Grades, etwa wenn von gekündigten Mitarbeitern wichtige Daten gelöscht, Unterlagen unbrauchbar gemacht oder Betriebsgeheimnisse entwendet werden.

Der Grad der Psychologischen Spiele kann sich schrittweise bis zum Äußersten steigern.

Psychologische Spiele können auch über all diese Stufen ablaufen. Sie beginnen eigentlich ganz harmlos und eskalieren, entweder ganz allmählich oder auch blitzartig, zu einem Ausbruch der Gewalt. Das kann sogar zwischen Fremden vorkommen. Solche Geschichten sind gelegentlich in der Zeitung zu lesen, etwa dass zwei Autofahrer, die sich um einen Parkplatz streiten, schließlich mit blutenden Nasen in der Notaufnahme des Krankenhauses landen. Der Grund für solche schnellen Eskalationen ist meistens, dass derjenige, der so aufbrausend und gewalttätig reagiert, vorher bereits in jede Menge anderer Spiele verwickelt und von daher schon sehr gereizt und geladen war. Dann genügt eben schon eine Kleinigkeit, um dieses Pulverfass zur Explosion zu bringen.

Häufiger passieren solche Eskalationen jedoch im näheren Umfeld eines Menschen. Bei Familientragödien mit Vätern oder Müttern, die ihre gesamte Familie auslöschen, ist sicher, dass in der Zeit davor jede Menge Spiele zweiten Grades stattgefunden haben, die tiefgreifende Verletzungen hinterließen, bevor es zur endgültigen Tat kam. Auch Trennungen oder Ehescheidungen lösen manchmal ein Spiel dritten Grades aus, vor allem, wenn es davor viele Jahre Spiele zweiten Grades gab.

Psychologische Spiele als Thema im Coaching.

Im Coaching werden für gewöhnlich Psychologische Spiele ersten oder zweiten Grades thematisiert. Es sei denn, es liegt der Fall der klassischen Intrige vor, die jedoch, wie gesagt, kein echtes Psychologisches Spiel ist, sondern wohlüberlegt angezettelt wird und die manchmal auch eine kriminelle Qualität erlangen kann. Auch Mitarbeiter, die sich ungerecht behandelt fühlen oder denen es, zu Recht oder zu Unrecht, an Wertschätzung mangelt, lassen sich manchmal zu kriminellen Handlungen hinreißen. Ihr Spiel dritten Grades besteht dann zum Beispiel darin, in der Firma Dinge mitgehen zu lassen, einem verhassten Vorgesetzten die Autoreifen aufzuschlitzen oder Ähnliches. Auch das kann schnell vor Gericht enden, ist im Coaching aber zum Glück selten ein Thema.

Häufiger geht es um Spiele ersten Grades, die durch die vorhandenen Vorverletzungen oder die Ähnlichkeiten, die in der Geschichte der betroffenen Person zu finden sind, zu Spielen zweiten Grades mit tieferen Gefühlen der Verletztheit werden. Führungskräfte sind gelegentlich mit der schwierigen Situation konfrontiert, dass in ihrem Team Spiele zweiten Grades gespielt werden. Oft fühlen sie sich dann hilflos und wissen nicht, was sie dagegen unternehmen sollen.

In dieser Kommunikationssituation ist die Unterstützung eines Coachs hilfreich, denn die Gefahr ist groß, dass die Führungskraft mit in das Spiel einsteigt, weil auch sie innerlich in Not gerät, nicht weiß, wie sie reagieren soll und deshalb auf eigenes Spielverhalten zurückgreift. Zum Beispiel, indem sie ihre übliche Rolle im folgend erörterten Drama-Dreieck einnimmt, um dadurch das Spiel zu beeinflussen.

Das Drama-Dreieck

Eine andere und – wie es für die Transaktionsanalyse charakteristisch ist – leichte wie einleuchtende Möglichkeit, Spiele zu analysieren, bietet das Modell des Drama-Dreiecks. Der Name ist nicht von ungefähr aus der Welt des Theaters entlehnt. In jedem Theaterstück gibt es drei Rollen, die das Stück erst zu einem aufregenden Drama machen: Opfer, Retter und Verfolger (siehe Abb. 18).

Abb. 18: Drama-Dreieck

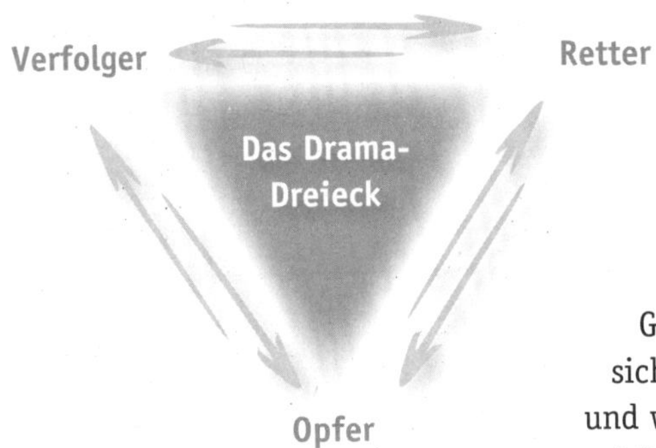

Genau diese Konstellation findet sich auch in Psychologischen Spielen und wie im Theater können sich, wie geschildert, hochemotionale Szenarien dabei entfalten. Es gibt ein armes *Opfer*, das irgendwie unfähig ist: Es kann leider nicht, was von ihm verlangt wird, denn es ist ja so schwach und hilflos, oder es wird von einem anderen angegriffen. Diese Rolle übernimmt der *Verfolger*, der sich dominant und aggressiv durchsetzt, weil er gelernt hat, dass er damit Erfolg hat. Und damit die Geschichte spannend wird, gibt es auch noch einen *Retter*, der vermeintlich selbstlos eingreift, um das Opfer aus seiner misslichen Lage zu befreien.

Das Drama entwickelt sich, weil typische Rollen besetzt werden.

Plötzliche Rollenwechsel sorgen für Emotionen und Dynamik.

Aber im Theater, man kennt das, gibt es Überraschungen: Der vermeintlich edle Prinz entpuppt sich als der eigentliche Bösewicht, der fiese Angreifer stellt sich als Angstbeißer heraus und ist in Wirklichkeit ein armes Schwein, das hilfsbedürftige Opfer zeigt plötzlich Zähne und offenbart sein wahres Wesen. Genau solche Rollenwechsel machen Psychologische Spiele so emotionsgeladen – nur dass die Emotionen, die am Ende übrigbleiben, bei keinem der Beteiligten von der angenehmen Sorte sind. Bei diesem Theater fühlen sich am Ende alle irgendwie mies, egal welche Rolle einer innehatte.

Es kann zwar vorkommen, dass jemand hauptsächlich eine einzige Rolle einnimmt, doch für gewöhnlich kommt es im Verlauf des Psychologischen Spiels zu einem Rollenwechsel. Wenn ein Opfer zum Beispiel den Eindruck hat, dass sein Retter sich nicht mehr genügend ins Zeug legt, kann es durchaus blitzartig zum Verfolger werden. Da genügt manchmal ein bissiger Halbsatz, um dem Retter klarzumachen, dass er die Streicheleinheiten durch das Opfer nicht für nichts bekommt. Wenn es zuerst hieß: „Sie machen das so fantastisch, ich bin wirklich dankbar für Ihre Unterstützung. Ich wüsste gar nicht, was ich ohne Sie täte", kann das, wenn der Retter langsam die Lust oder die Geduld verliert, plötzlich so klingen: „Ich weiß Ihre Hilfe schon zu schätzen, aber besonders viel gebracht hat es bis jetzt ja nicht. Da hätte ich mir mehr erwartet, Sie gelten doch als Experte. Vielleicht weiß Herr Mayer besser, was zu tun ist." Damit wird der Druck auf den Retter erhöht, sich jetzt aber mal ordentlich anzustrengen, um nicht als Versager dazustehen.

Auch aus dem Retter kann ein Verfolger werden, wenn ihm beispielsweise dämmert, dass all seine Rettungsversuche für die Katz sind und er deswegen auf sein gewünschtes Erfolgserlebnis – dass er mal wieder sich und der Welt beweisen konnte, was für ein Held er ist – verzichten muss. Also konfrontiert er das Opfer mit seinem Ärger: „Herrgott noch mal, Sie kapieren aber auch gar nichts. Ich hab's satt, Ihnen das wieder und wieder zu erklären!"

Und selbst der Verfolger kann jederzeit die Rolle wechseln, meist wird er zum Opfer. Es gibt zum Beispiel Menschen, die sich mit jedem im Team anlegen, um, wenn sie schließlich noch den Friedfertigsten gegen sich aufgebracht haben, bitterlich zu jammern, dass es ihnen doch nur um die Sache ginge und sie gar nicht verstehen könnten, weshalb alle so gemein zu ihnen sind und nur auf ihnen herumhacken. Und es entspricht zwar einem Klischee, ist aber trotzdem oder vor allem deshalb häufig zu beobachten: Gerade wer am meisten austeilt, ist ein extremes Sensibelchen, wenn es um das Einstecken geht. Verfolger wechseln dann auch manchmal ruckartig in die Opferrolle, wenn sie sich bei der Auswahl ihres Opfers vertan haben. Wenn sie merken, dass das vermeintliche Opfer stärker ist als sie selbst, kuschen sie ganz schnell.

Die schnellen Rollenwechsel bringen ziemlich viel Dynamik in Psychologische Spiele und es wird noch interessanter, wenn es mehr als zwei Beteiligte gibt. Wenn ein halbes Team in ein Spiel verstrickt ist, gibt es immer jemanden, dem noch ein guter Spielzug einfällt, wenn ein anderer sein Pulver bereits verschossen hat. Da tritt vielleicht der Erste als Verfolger auf und beschuldigt einen Zweiten, was einen Dritten dazu veranlasst, als Retter des Zweiten einzuspringen, wodurch sich ein Vierter genötigt sieht, den Ersten zu verteidigen, der sich jetzt lieber die Opferrolle zu eigen macht, nach dem Motto: „Genau! Ich wollte doch nur darauf aufmerksam machen, dass da etwas nicht stimmt!" Das ruft einen weiteren Verfolger auf den Plan, der mit der Aussage: „Ich finde, es sollte schon längst einmal gesagt werden, dass du einen unmöglichen Kommunikationsstil pflegst!" einen neuen Reigen gegenseitiger Beschuldigungen eröffnet. Spiele können auf diese Art und Weise recht heftig werden und ein Team an den Rand der Spaltung bringen.

Das Drama-Dreieck funktioniert auch mit mehr als drei Personen.

! Um Missverständnissen vorzubeugen, sei hier noch einmal betont: Die Spielpositionen Opfer, Retter und Verfolger dürfen nicht verwechselt werden mit Menschen,

- die sich tatsächlich in einer hilflosen Lage befinden und etwa Opfer eines Verbrechens, einer Krankheit oder eines Unfalls sind oder irgendetwas tatsächlich nicht können oder wissen, weil sie es niemals gelernt haben;
- oder mit helfenden Personen, die in einer Notlage genau das tun, was getan werden muss, oder einem anderen, der wirklich gerade ihre Hilfe benötigt, freiwillig beistehen;
- oder mit jemandem, der aus berechtigtem Anlass wütend ist und seinem Ärger angemessen Ausdruck verleiht.

Wann handelt es sich um eine eingenommene Rolle im Sinne des Drama-Dreiecks und wann nicht?

In der Anschaulichkeit der Begriffe Opfer, Retter und Verfolger liegt auch die Gefahr des Modells Drama-Dreieck. Es ist die Neigung, plötzlich überall Psychologische Spiele zu wittern und den Eindruck zu gewinnen, es werde überhaupt nur gespielt. Es ist eben recht verführerisch, ein Modell, das man verstanden hat, universell anzuwenden, deshalb ist aufmerksam zu bleiben wichtig. Nicht jeder, der um Hilfe bittet, ist ein Opfer, nicht jeder, der seine Interessen verteidigt, ist ein Verfolger und nicht jeder, der einem anderen eine hilfreiche Hand leiht, ist ein Retter. Man muss also lernen, zu differenzieren, wann jemand eine Spielposition einnimmt, also zum Beispiel Opfer ist, und wann er einfach Hilfe braucht. Der meist leicht erkennbare Unterschied liegt darin, dass ein Opfer sich selbst kleinmacht, indem es eigene Fähigkeiten ausblendet, während im anderen Fall jemand wirklich nicht die Möglichkeit besitzt, sein Problem selbst zu lösen, weil ihm Kenntnisse, Fähigkeiten oder Befugnisse fehlen.

Ein Hinweis auf die Opferrolle: Zur Hilfe gedrängt fühlen.

Manchmal ist es allerdings tatsächlich schwer zu entscheiden, ob jemand wirklich Hilfe braucht oder ob er ein Spielangebot macht. Eine erste Richtlinie dafür, diese Unterscheidung zu treffen, kann das eigene Gefühl sein. Wenn ein Opfer ein Spielangebot macht, fühlt der andere sich meist gedrängt oder verpflichtet, zu helfen. Es ist nicht so, dass er gern hilft, sondern er hat eher das Gefühl, den „Hilfsbedürftigen" nun nicht hängen lassen zu dürfen, weil er sich wie ein Schwein vorkäme, wenn er den Erwartungen nicht entspricht. Es entsteht ein innerer Druck, mit dem er sich nicht wohlfühlt. Erkennt der Angesprochene hingegen, dass jemand etwas nicht kann, weil er es nicht gelernt hat, oder sieht er, dass jemand in einer echten Notlage ist, fühlt er diese Art Druck nicht, sondern hilft meistens gern. Es ist offensichtlich, dass derjenige nicht allein zu Rande kommt, also greift er ein.

Eine weitere Möglichkeit, ein Spiel zu identifizieren, besteht darin, nachzuprüfen, ob genau diese Art von Kommunikation häufiger vorkommt. Wenn es schon fast die Regel ist, dass ein Mitarbeiter immer wieder mit Fragen kommt, obwohl man ihm die Angelegenheit schon mehrfach erklärt hat, kann der Angesprochene ziemlich sicher sein, dass es sich dabei um ein Spielangebot handelt und der Mitarbeiter keiner realen Hilfe bedarf.

Ein Hinweis auf die Verfolgerrolle: Persönliche Vorwürfe mit Absolutbegriffen und Verallgemeinerungen.

Für die Rolle des Verfolgers gilt das Gleiche. Wenn jemand schon dafür bekannt ist, dass er sich gern aufregt und losschimpft, was bei anderen nur noch dazu führt, dass sie hinter seinem Rücken die Augen verdrehen, ist klar, was seine Lieblingsrolle ist. Aber nicht immer, wenn jemand kritisiert wird, geschieht dies aus der Verfolgerrolle. Typisch für die Rolle des Verfolgers sind Übertreibungen, also das Einflechten von Absolutbegriffen wie „immer", „nie", „alle", „keiner" in die Kritik: „Sie machen dauernd nur Fehler!" oder „Nie bekomme ich von Ihnen Unterlagen, die in Ordnung sind!". Außerdem greift der Verfolger meist die Person selbst an: „Sie sind absolut unzuverlässig!", statt ein ganz konkretes Verhalten zu konfrontieren: „In den vergangenen drei Wochen habe ich dreimal fehlerhafte Unterlagen von Ihnen erhalten." Wenn eine Kritik angemessen ist, keine Übertreibungen enthält und die Person des Kritisierten nicht infrage stellt, sondern nur sein Verhalten in einem gegebenen Moment, ist das kein Verfolgerspiel.

Ein Retter rettet ungefragt und um sich überlegen zu fühlen.

Entsprechend gilt natürlich, dass nicht automatisch jeder, der etwas für einen anderen tut, ein Retter ist. Der Retter ist charakterisiert dadurch, dass er den anderen klein macht. Er braucht es, dass der andere unfähig und inkompetent ist, damit sein eigenes Licht umso heller leuchtet. Wer einem anderen hilft oder ihm etwas Gutes tut, ist einfach ein netter Mensch. Ein wirklicher „Helfer" greift im Gegensatz zum Retter meist auch nicht ungefragt ein, sondern klärt erst einmal, ob seine Hilfe benötigt wird oder überhaupt erwünscht ist. Manchmal wirkt es zwar so, als käme jemand nicht allein zurecht, aber derjenige will vielleicht gerade so lange kämpfen, bis er es allein gepackt hat. Diesen Willen, sich allein durch eine Schwierigkeit zu beißen, würde ein Retter gar nicht akzeptieren, sondern gnadenlos „helfen". Wer einem anderen ständig Aufgaben abnimmt, nur weil der jammert und sie sich nicht zutraut, obwohl er sie eigentlich bewältigen können müsste, der hilft jedoch nicht, der rettet.

Das Wissen um das Drama-Dreieck hilft, Psychologischen Spielen zu entgehen.

Wenn jemand die nötige Unterscheidung zwischen Psychologischem Spiel und Nichtspiel treffen kann, ist das Drama-Dreieck ein hilfreiches Modell, weil es sehr schnell erkennen lässt, was eigentlich gespielt wird. Wenn jemand allerdings einem Freund, den er vom Bahnhof abholt, den Koffer nicht mehr abnimmt, weil er ihn nicht „retten" will, hat er das Konzept überzogen. Von diesen Übertreibungen im Umgang mit dem Modell im Alltag abgesehen, erweist es sich als gut alltagstauglich. Merkt jemand zum Beispiel, dass er sich in einer Kommunikation unwohl fühlt – und dieses Gefühl ist ja der häufigste Indikator für ein Psychologisches Spiel –, kann er sich fragen: „Welche Rolle im Spiel wird mir eigentlich gerade angeboten? Welche ist für mich vorgesehen? Welche Rolle nimmt der Gesprächspartner gerade ein?"

Die vorgesehene Rolle zu vermeiden, ist eine probate Möglichkeit, nicht in ein Psychologisches Spiel hineinzurutschen. Das bedeutet, sich bei Angriffen, wenn es etwa heißt: „Was haben Sie sich nur dabei gedacht? Ausgerechnet Sie hätten doch wissen müssen, dass das so nicht geht! Aber heutzutage ist ja auf niemanden mehr Verlass!", nicht zu rechtfertigen und die dadurch angebotene Opferrolle anzunehmen, sondern im Erwachsenen-Ich zu bleiben. Und auch nicht den Retter zu spielen, wenn die vermeintliche Notlage gar keine ist: „Könnten Sie mir nicht noch ein einziges Mal mit diesem Formular helfen? Ich weiß schon wieder nicht mehr genau, was ich da machen muss, und Sie können das so prima!" Und auch nicht den Verfolger zu geben, wenn ein Opfer anklagend fragt: „Finden Sie nicht auch, dass der Kollege sich schändlich benommen hat? Sie als Vorgesetzter sollten ihm mal was dazu sagen!"

Ich bin nicht o.k. und du bist es auch nicht – die Grundhaltungen im Spiel

Die Spielpositionen Opfer, Retter und Verfolger sind verknüpft mit unterschiedlichen *Haltungen*. In der Transaktionsanalyse bezeichnet eine Grundhaltung die generelle Haltung, die ein Mensch sich selbst und anderen Menschen gegenüber einnimmt. „Ich bin o.k. – du bist o.k." war der Titel eines Buches von Thomas Harris, eines der bekanntesten Bücher über Transaktionsanalyse, und dieser Satz ist wie kein zweiter mit der Transaktionsanalyse verbunden. „Ich bin o.k., du bist o.k." ist jedoch als Grundhaltung das genaue Gegenteil einer Position im Psychologischen Spiel. Für die drei Rollen des Drama-Dreiecks sind die o.k.-Haltungen immer nur „Pseudo-o.k.-Haltungen", denn sie sind immer an Bedingungen geknüpft und können leicht in ihr Gegenteil kippen.

Die Haltungen der einzelnen Spielpositionen sind:

- **Beim Verfolger:** *Ich bin o.k., aber die anderen sind es nicht und das werde ich ihnen sehr deutlich zeigen.* Der Verfolger nimmt immer eine aggressive Position ein, auch wenn sie manchmal nur verdeckt gezeigt wird, etwa durch Ironie oder Sarkasmus. Seine o.k.-Haltung hält er nur dadurch aufrecht, dass er die anderen niedermacht.

- **Beim Retter:** *Ich bin o.k., die anderen sind nicht o.k., denn sie sind klein, unfähig und hilflos.* Seine Haltung geht in die Richtung: „Weil die anderen nicht o.k. sind, muss ich ganz viel für sie tun und regelnd eingreifen, denn ohne mich schaffen sie es nicht." Er hat ein großes Interesse daran, die anderen klein zu halten, um seine Grundhaltung zu stabilisieren, denn wenn sie ihn nicht mehr brauchen, fühlt er sich ganz schnell überflüssig und wertlos.

- **Beim Opfer:** *Ich bin nicht o.k., denn ich kann es nicht oder ich bin unfähig oder zu klein, zu schwach, zu bedeutungslos, die anderen sind o.k.,* ***aber*** *dafür müssen sie einiges für mich tun.* Diese Haltung beinhaltet den Nachsatz: *Und wehe, sie hören auf damit. Dann werde ich ihnen sehr schnell zeigen, dass sie eigentlich auch nicht o.k. sind.*

Die Grundhaltung des Verfolgers.

Die Grundhaltung des Verfolgers „Ich bin o.k., du bist es nicht und das wirst du auch sehr schnell merken" kann unterschiedliche Ursachen haben. Es kann sein, dass der Verfolger einfach sehr früh in seiner Laufbahn gelernt hat, dass er mit Aggression am schnellsten seine Ziele erreicht, und dann hat sich das Verhalten irgendwann verselbstständigt. Er poltert, weil er so daran gewöhnt ist zu poltern. Und wenn alle anderen schnell kuschen, hat er auch keinen Grund, sich das Poltern abzugewöhnen. Doch oft steckt hinter dem Wunsch, die anderen deutlich spüren zu lassen, dass man ihnen überlegen ist, auch eine gewisse Angst. Die will er selbst nicht spüren, die anderen sollen sie erst recht nicht wahrnehmen, also bläst er zum Angriff. Und je fragiler das „Ich bin o.k."-Gefühl ist, desto lauter muss er blasen.

Der Umgang mit der Verfolgerrolle im Coaching.

Die Position des Verfolgers ist auch nicht immer zwangsläufig eine starke Position. Im Coaching musste zum Beispiel ein Filialleiter lernen, sein Verfolgergehabe abzulegen, weil er im Kreise seiner Kollegen überhaupt nicht mehr ernst genommen wurde. Die ließen bei Gruppenbesprechungen seine verbalen Parforceritte über sich ergehen, rollten stumm mit den Augen und gingen dann zur Tagesordnung über – ohne seine an und für sich berechtigten Anliegen überhaupt zur Kenntnis zu nehmen. Sie waren so daran gewöhnt, dass er eben losdonnerte, dass sie davon keine Notiz mehr nahmen. Erst als er lernte, sich zu mäßigen und auf Erwachsenen-Ich-Ebene zu argumentieren, wurde ihm wieder Gehör geschenkt.

Die Grundhaltung des Retters.

Die Grundhaltung des Opfers „Du bist nur o.k., wenn du das tust, was ich von dir erwarte" trifft auf den wunden Punkt des Retters. Denn dessen vermeintliche Grundhaltung „Ich bin o.k." ist keine echte o.k.-Haltung. Darunter lauert die tatsächliche Nicht-o.k.-Position, das heißt, im Innersten fühlt er sich gar nicht bedingungslos akzeptiert, wichtig, gut und in Ordnung. Sich so zu fühlen, gelingt ihm nur, wenn er gebraucht wird. Da diese Haltung nur von außen erzeugt wird, hält sie nie lange an. Um sich selbst stabil zu fühlen, hat er deshalb dauernd andere nötig, die er retten kann, die ihn brauchen, die ihm dadurch, dass sie klein sind, beweisen, dass er groß ist. Sein wunder Punkt, andere zu brauchen, um sich selbst zu erhöhen, passt zu seiner Grundhaltung „Ich bin o.k. – du bist nicht o.k.", denn durch sein Verhalten signalisiert er dem Opfer deutlich: „Du sagst es nicht nur selbst, auch ich halte dich für völlig unfähig." Damit trägt er dazu bei, das Opfer in seiner Opferposition festzuhalten.

Der Umgang mit der Retterrolle im Coaching.

Findet der Retter keinen „Freiwilligen", den er retten könnte, kann es passieren, dass er sehr schnell selbst in Not gerät. Er fühlt sich überflüssig, nicht gebraucht, wertlos. Das kann so weit gehen, dass er sich notfalls seine Opfer selbst „macht". Einem Vorgesetzten gelingt das zum Beispiel damit, dass er seinen Mitarbeitern bestimmte Dinge einfach nicht zutraut und deswegen überflüssigerweise immer wieder in Arbeitsprozesse eingreift. Es gibt Vorgesetzte, die eine große Vorliebe dafür besitzen, bereits delegierte Aufgaben wieder an sich zu reißen. Wenn sich im Coaching eine solche Problematik herausstellt, ist es wichtig, mit dem Klienten diese Retterrolle zu beleuchten und dabei auch deutlich herauszuarbeiten, dass er mit seinem Verhalten das Opfer kleinhält, dass er aktiv dazu beiträgt, dass sich das Opfer nicht entwickeln kann.

Coach und Klient müssen gemeinsam daran arbeiten, den Anteil des Klienten an einem Retterspiel zu identifizieren: dass er das Gefühl braucht, von den Mitarbeitern gebraucht zu werden, um sich selbst nicht schlecht zu fühlen. Aus diesem Grund sorgt er dafür, dass die Mitarbeiter nicht lernen, ihre Probleme selbst zu lösen. Das geschieht selbstverständlich alles nicht bewusst. Bewusst sind dem Klienten aber vermutlich seine Glaubenssätze, die für gewöhnlich lauten: „Ich muss immer für meine Mitarbeiter da sein" und „Mitarbeiterförderung ist einer meiner höchsten beruflichen Werte". Ihn damit zu konfrontieren, dass er durch sein Retterspiel gegen seine eigenen Werte agiert, ist meist eine gute Strategie, um ihn zu einer Änderung seines Verhaltens zu motivieren.

Das Verhältnis zwischen Retter und Opfer.

Wer sich häufig in der Retterposition wiederfindet, dem fehlt für gewöhnlich das innere Repertoire dafür, sich selbst Anerkennung zu geben. Darum ist er auf die Dankbarkeit eines Opfers angewiesen. Es bestätigt ihm, dass er in Ordnung ist, mehr noch: Meist signalisiert das Opfer ja sogar übertriebene Bewunderung. Das Opfer zahlt für die erbrachte Leistung des Retters also mit Anerkennung. In diesem Preis sind aber leider noch „Zusatzkosten" versteckt. Der Preis, den das Opfer zahlt, beinhaltet nämlich auch, dass sein eigenes Selbstwertgefühl leidet, wenn es sich für unfähig erklärt.

Der Umgang mit der Opferrolle.

Aus diesem Grund sollte Opferverhalten auch nicht unterstützt werden: Es tut dem Opfer nicht wirklich gut, gerettet zu werden, es stabilisiert nur seine Nicht-o.k.-Grundhaltung. Als Opfer verschafft es sich zwar den einen oder anderen Vorteil, weil es keine Verantwortung zu übernehmen braucht und sich um manche beschwerliche Tätigkeit drücken kann, doch neben Selbstvertrauen verliert es auch zunehmend die eigene Handlungsfähigkeit. Opfer profitieren am meisten davon, wenn sie herausgefordert werden, wenn ihnen die Unfähigkeit nicht abgenommen wird und wenn genau das von ihnen erwartet wird, was sie sich selbst nicht zutrauen.

Spiele und das Egogramm

Am Egogramm kann man ablesen, zu welcher Art Spielen ein Mensch neigt. Denn es besteht ein enger Zusammenhang zwischen den Strukturen, die im Egogramm einer Person deutlich werden, und den Psychologischen Spielen, die sie spielt. Wie im Kapitel über die Ich-Zustände erläutert wurde, werden für die erfolgreiche Bewältigung der unterschiedlichen Alltagssituationen alle Ich-Zustände gebraucht, denn je nach Gegebenheit ist ein anderer Ich-Zustand der geeignete.

!

Zu niedrige Ich-Zustände im Egogramm zeigen an, in welchen Situationen jemand bereit ist, aktiv Psychologische Spiele zu spielen.

Ist bei jemandem ein Ich-Zustand so schwach ausgeprägt, dass er ihn nicht einsetzen kann, obwohl es nötig wäre, braucht er dafür einen Ersatz. Jemand, dem das kontrollierende Eltern-Ich im Egogramm fehlt, kann sich nur schwer durchsetzen. Er ist kaum fähig, sich beispielsweise gegen Kollegen zu wehren, die unangenehme Aufgaben bei ihm abladen wollen. Entsteht für ihn eine solche Situation, in der er eigentlich das kontrollierende Eltern-Ich bräuchte, muss er einen Ersatz für den fehlenden Ich-Zustand suchen. Er wird dabei als Erstes auf die bei ihm hoch ausgeprägten Ich-Zustände zurückgreifen. Wenn das jedoch nichts fruchtet, wird er aktiv ein Psychologisches Spiel beginnen. Das geschieht in allen Situationen, die ihn in Bedrängnis bringen, weil ihm der gefragte Ich-Zustand fehlt.

Schwach ausgeprägte Ich-Zustände können zu bestimmten, typischen Vorgesetztenspielen führen.

Ein Beispiel wäre ein Chef, der sein Team konfrontieren muss, weil die Leute sich nicht mehr an vereinbarte Regeln halten und sich zu viele Freiheiten herausgenommen haben. Weil er sie mit Vernunftargumenten, also seinem Erwachsenen-Ich, nicht zur Räson bringt, wählt er als Ausweg die Opferposition. Also jammert er darüber, dass er Schwierigkeiten bekommt, weil die Mitarbeiter sich nicht an die Regeln halten. Auf diese Art und Weise versucht er, moralischen Druck auszuüben, um die Mitarbeiter zu bewegen, ihr Verhalten zu verändern.

Ein Vorgesetzter mit viel kontrollierendem und sehr wenig fürsorglichem Eltern-Ich wird mit einem anderen Spiel versuchen, sich um Dinge zu drücken, die ihm aufgrund seines Egogramms nicht liegen. Sich um Mitarbeiter zu kümmern und zum Beispiel so etwas wie einen Krankenbesuch zu machen, ist einfach nicht seine Baustelle, auch wenn es von ihm erwartet wird. Also wird er „dummerweise" vergessen, dass er ins Krankenhaus gehen wollte und einen ganz, ganz wichtigen Termin vereinbaren, bei dem er unabkömmlich ist, sodass nun leider, leider sein Stellvertreter seine herzlichen Grüße und sein aufrichtiges Bedauern dem armen Kranken übermitteln muss.

Jemand, der sehr wenig freies Kind-Ich in sich hat und der sich auf fröhlichen Festen herzlich unwohl fühlt, wird lieber mit seinem Partner jedes Mal vor einer Party einen Streit vom Zaun brechen. Damit hat er einen Grund, zu Hause zu bleiben, und muss sich nicht der unangenehmen Situation aussetzen, irgendwo herumzusitzen oder zu stehen und nicht zu wissen, was er da soll – ganz zu schweigen davon, dass er alle anderen Gästen doof findet, so wie die immer herumalbern.

!

Ein Ich-Zustand, der überproportional hoch ausgeprägt ist, ist ein Anzeichen dafür, dass derjenige sich leicht in Psychologische Spiele verwickeln lässt, wenn dieser Ich-Zustand angesprochen wird.

Ein stark ausgeprägtes Erwachsenen-Ich lässt sich nicht in Psychologische Spiele hineinziehen.

Er zettelt die Spiele zwar nicht aktiv an, doch passiv ist er sehr empfänglich dafür und in dieser Hinsicht manipulierbar. Jemand mit einem hohen fürsorglichen Eltern-Ich zum Beispiel lässt sich leicht von einem Opfer in ein Psychologisches Spiel ziehen, um die Retterrolle zu besetzen. Und wer ein sehr ausgeprägtes kontrollierendes Eltern-Ich hat, ist prädestiniert für die Verfolgerrolle: Der kleinste Versuch, ihn auf die Palme zu bringen, ist erfolgreich. So bekommt man ihn auch schnell dazu, zum Beispiel in ein „Gerichtssaal-Spiel" einzusteigen, bei dem es darum geht, einen „Schuldigen" zu verurteilen. Eine Ausnahme zu dieser Regel bildet nur das Erwachsenen-Ich – das ist zu analytisch und zu wenig emotional für Psychologische Spiele.

Psychologische Spiele im Coaching

Das Konzept der Psychologischen Spiele spielt im Coaching auf drei Ebenen eine Rolle:

- Coach und Klient sind in ein Psychologisches Spiel miteinander verstrickt.
- Der Klient ist in seiner Firma in Psychologische Spiele verwickelt und fühlt sich hilflos im Umgang damit.
- Das Coaching selbst ist bereits Teil eines Psychologischen Spiels.

Spiele des Klienten

Dass ein Klient versucht, aktiv ein Psychologisches Spiel mit dem Coach zu spielen, geschieht zwar eher selten. Doch es gibt zwei Varianten von Psychologischen Spielen des Klienten, die vermutlich keinem Coach fremd sind: „Ich armes Opfer" und „Ja, aber ...".

Anzeichen für das Spiel der Opferrolle im Coaching.

Es kommt immer wieder vor, dass ein Klient sich zunächst ausschließlich als Opfer von Umständen sieht. Er benutzt eine passive Sprache, die schon anzeigt, dass er sich nur als Opfer fühlt und nicht als jemand, der die Umstände beeinflusst. Äußerungen, die darauf einen Hinweis geben, lauten zum Beispiel: „*Es* passiert mir immer wieder..." oder „*Es* ist schlecht gelaufen" oder „*Es* hat sich ungünstig ergeben". Dieser Sprachgebrauch zeigt implizit an, dass der Klient sich in seinem inneren Bezugsrahmen nicht als jemanden erlebt, der damit aktiv etwas zu tun hat. Die ganze Macht des Geschehens lag bei einem ominösen „Es", er war nur der Leidtragende.

Die Aufgabe des Coachs ist es in diesem Fall, dem Klienten diese Sprachwahl zu Bewusstsein zu bringen. Besser als die direkte Konfrontation: „Fällt Ihnen auf, dass Sie sich selbst gar nicht als Han-

Wie der Coach mit dem Opferrollenspiel umgehen kann.

delnden sehen?" wirkt es meist, wenn der Coach seine Fragen indirekt so formuliert, dass damit die Aktivität des Klienten ins Gespräch kommt. Statt also zu fragen: „Was hält Sie davon ab, mit Ihrem Kollegen über die Angelegenheit zu sprechen?", kann der Coach die Formulierung wählen: „Wie halten Sie sich davon ab, mit Ihrem Kollegen zu sprechen?" oder „Wie bringen Sie sich dazu, sich nicht gegen diese Übergriffe zu wehren?".

Das „Ach, wie schrecklich"-Spiel – wenn der Coach als Verbündeter des Opfers gewonnen werden soll.

Eine Variante dieses Opferspiels erlebt man, wenn der Klient in erster Linie ins Coaching kommt, um sich über seinen Chef zu beklagen und dabei einen Verbündeten im Coach haben will. Der Klient wird sich lang und breit über die mannigfaltigen Führungsfehler seines Chefs auslassen und versucht, dafür vom Coach die Bestätigung zu bekommen: „Sie sehen das doch sicherlich auch als Führungsfehler an, wenn man in dieser Situation zu solchen Maßnahmen greift?" Seine Antwort auf diese Frage sollte sich der Coach gut überlegen. Das Spiel, das hier angezettelt werden soll, hat in der Transaktionsanalyse den schönen Namen „Ach, wie schrecklich". Wer dieses Spiel spielt, dem geht es nicht darum, irgendeine Lösung zu finden oder etwas zu verändern. Es geht ihm nur darum, zu jammern und sich auf diese Weise Aufmerksamkeit und Zuwendung zu verschaffen.

Mit welcher Haltung der Coach dem Köder widerstehen kann.

Den angebotenen Köder, sich als Experten in Führungsfragen in Szene zu setzen, sollte der Coach daher besser ablehnen und stattdessen den Coaching-Prozess als solchen ansprechen. Er könnte zum Beispiel sagen: „Mir fällt auf, dass Sie in den letzten beiden Sitzungen ganz viel über Ihren Chef geklagt haben. Sie leiden also ganz offensichtlich unter seinem Verhalten. Mir ist aber auch aufgefallen, dass Sie sich selbst immer als völlig hilflos demgegenüber darstellen, so als hätten Sie keinerlei Einfluss auf die Situation und auch keinerlei Anteil daran. Bei mir als Coach löst das den Impuls aus, Ihnen helfen zu wollen. Mein professionelles Ich weiß aber ganz genau, dass das nicht hilfreich ist. Wirklich hilfreich wäre, wenn Sie sich aus dieser Opferposition, in der Sie sich als ganz hilflos erleben, einmal lösen und mit mir gemeinsam untersuchen, was eigentlich Ihr Anteil daran ist, dass die Dinge so laufen. Was tun Sie unbewusst dafür, dass Ihr Chef sich immer wieder so verhält? Wie laden Sie ihn dazu ein, sich auf diese Art zu verhalten? Wie verhalten sich Ihre Kollegen in der Situation? Und was würde es für Sie bedeuten, wenn Sie die Opferposition aufgeben? Was würde es für Sie heißen, zu erkennen, dass Sie aktiv an dem Geschehen beteiligt sind? Was hieße das in Bezug auf Ihren Chef und in Bezug auf unsere Arbeit hier im Coaching?"

Das „Ach, wie schrecklich"-Spiel als Versuch des Klienten, die eigene Verantwortung zu negieren ...

Auch wenn Klienten geschickt worden sind, dient das „Ach, wie schrecklich"-Spiel manchmal nur dazu, ein wirkliches Coaching zu vermeiden. Die eigentliche Botschaft lautet: „Mein Chef ist inkompetent, die Kollegen sind schwierig und die Mitarbeiter sind alles Nichtskönner. Was soll ich armer Mensch da ausrichten? Ich bin doch nicht das Problem, das Problem sind die anderen!" Der Klient will in diesem Moment keine Lösungen, sondern er will bedauert werden. Eine Möglichkeit, wie der Coach damit umgehen kann, ist die Konfrontation. Er könnte also ganz ruhig, freundlich und gelassen fragen, ob der Klient außer zu jammern schon einmal etwas anderes versucht hat, um seine schwierige Situation zu verändern. Das trübt zwar in diesem Moment die Stimmung merklich, rüttelt den Klienten für gewöhnlich aber auf. Wenn er dann aufmerksam geworden ist, kann man ihm zeigen, dass er gerade alle Schuld nur außen sucht, bei sich selbst aber überhaupt nicht hinschauen will, was denn vielleicht sein Anteil an den Problemen ist. Und dann kann der Coach ihm klarmachen, dass er nur eine Möglichkeit hat, etwas zu verändern – nämlich bei sich selbst, da er weder seinen Chef noch seine Mitarbeiter umkrempeln kann. Weshalb der Coach ihm anbietet, gemeinsam zu untersuchen, worin sein eigener Anteil besteht und welche Änderungsoptionen er somit hat.

... und wie der Coach durch Konfrontation interveniert.

Die Konfrontation als kritischer Moment im Coaching.

Solche Konfrontationen sind kritische Momente im Coaching, weil sie eine Belastung für die Beziehung darstellen, deshalb scheuen Coachs auch manchmal davor zurück. Doch gelegentlich braucht es solch ein klares Feedback. Wenn der Coach Sorge hat, dass die Beziehung eine direkte Konfrontation nicht verkraften würde, kann er den Weg der Zitat-Technik wählen. Das heißt, er legt das, was er dem Klienten mitteilen möchte, einem anderen in den Mund. Der Coach könnte also zum Beispiel sagen: „Wissen Sie, was mein früherer Chef gesagt hätte, wenn er Ihnen zugehört hätte? Er hätte gesagt, jemanden wie Sie, der einem den lieben langen Tag immer nur die Ohren volljammert, den kann ich nicht gebrauchen!" Mit der Zitat-Technik kann eine Konfrontation noch deutlich härter formuliert werden, als wenn direkt konfrontiert wird, denn „man sagt es ja nicht selbst, es sagt ja ein anderer." Der Coach kann das Zitat elegant abschwächen, indem er hinzufügt: „Mein Chef war auch wirklich ein ganz harter Hund. Der hat kein Blatt vor den Mund genommen." Die Botschaft an den Klienten „Du jammerst nur und tust nichts!" kommt trotzdem an – und er wird sich notgedrungen damit auseinandersetzen.

Wenn der Klient das „Ach, wie schrecklich"-Spiel vor allem mit sich selbst spielt.

Auch das zunächst „einhändig" gespielte „Ach, wie schrecklich"-Spiel ist eine Form des Opferspiels, das einem im Coaching begegnen kann. Dieses Spiel kann zum Beispiel damit beginnen, dass jemand einen Fehler macht, was seinen inneren Verfolger auf den Plan ruft. Der Betreffende macht sich selbst mit Vorwürfen nieder: „Wie kann man nur dermaßen blöd sein! Das ist mal wieder typisch für mich! So bescheuert kann auch nur ich sein!" Das angepasste Kind wird dadurch mit viel Energie versorgt, was dazu führt, dass der Mensch mehr und mehr in die Opferrolle rutscht. Er fühlt sich mies, in Gedanken wird der gemachte Fehler zur immer größeren Katastrophe, der eigentlich gar nicht so schlimme Fehler weitet sich zur erlebten Krise aus.

Das große Gejammer ruft schließlich irgendwann den inneren Retter auf den Plan, der ihm empfiehlt, sich zum Trost entweder ein Besäufnis oder eine Shoppingtour oder beides zu gönnen. Manchmal gelingt es, sich auf diese Weise aus dem desolaten Zustand herauszuholen. Manchmal kommt es aber auch vor, dass jemand dieses „einhändige" Spiel in ein „zweihändiges" überführen will. Er will nicht nur still vor sich hin jammern und leiden, sondern er will Publikum dafür haben und da trifft es eben manchmal den Coach.

Das „Sie sind wunderbar, Herr Professor!"-Spiel – wenn das Opfer den Coach für seine Interessen einspannen will.

Eine weitere Variante des Opferspiels ist der gelegentlich von Klienten unternommene Versuch, den Coach zur Wahrnehmung ihrer Interessen einzuspannen. „Mein Chef hält so viel von Ihnen und Ihrer Kompetenz, können Sie ihm das Problem nicht einmal klar machen? Auf mich hört er ja nicht, aber auf Sie, mit all Ihrem Wissen und Ihrer Erfahrung, hört er bestimmt!" In der Transaktionsanalyse hat sich für dieses Spielangebot der äußerst treffende Name „Sie sind wunderbar, Herr Professor!" eingebürgert. Wann immer man über den grünen Klee gelobt wird, sollten alle Alarmglocken Sturm läuten. Da der Sinn eines Coachings nicht darin besteht, dass der Coach die Aufgaben des Klienten erledigt, darf er sich nicht instrumentalisieren lassen, um anstehende Probleme zu lösen. Diese Retterrolle wird der Coach also auf jeden Fall ablehnen und mit dem Klienten daran arbeiten, wie er selbst ein Gespräch mit seinem Chef gestalten kann.

Das „Ja, aber"-Spiel

Das „Ja, aber"-Spiel kommt im Coaching meistens dann vor, wenn es beim Klienten eine Ambivalenz gibt: Er hat ein Problem, das er sicherlich auch gern lösen möchte – *aber* er hat Angst vor dem, was diese Lösung mit sich bringen könnte. Entweder er scheut damit einhergehende Veränderungen oder er befürchtet, dass er es nicht packt, dass es ihm zu viel abverlangt, dieses Problem zu lösen. Also beantwortet er jede Anregung des Coachs mit dem berüchtigten „Ja, aber ...".

Wie der Coach damit umgeht, wenn der Klient immer neue Einwände vorbringt.

Der Coach hat nun die Möglichkeit, diesen Prozess offenzulegen und den Klienten damit zu konfrontieren, dass er gegen jeden Lösungsweg Einwände hat. Er kann aber auch einen anderen Weg einschlagen. Er kann das Spiel sehr bewusst mitspielen. Das bedeutet, munter so viele Ideen zu produzieren, bis die eigene Kreativität restlos erschöpft ist, und dem immer wieder Einwände findenden Klienten schließlich zu sagen: „Sie haben mich davon überzeugt, dass Ihr Problem wirklich nicht lösbar ist. Nun haben wir so viele verschiedene Möglichkeiten gedanklich durchgespielt und Sie haben mir nachgewiesen, dass nichts davon funktioniert, also müssen wir uns damit einrichten, dass Sie dieses Problem niemals lösen werden und wir nur einen Weg suchen können, wie Sie einigermaßen damit klarkommen. Es wird nie richtig gut werden, aber damit müssen wir leben." Diese ergreifenden Worte des Coachs haben eigentlich immer den gleichen Effekt: Der Klient ist schockiert – jedenfalls wenn er tatsächlich ambivalent ist und nicht eigentlich innerlich entschieden, das Problem Problem sein zu lassen. Plötzlich soll er völlig auf sich selbst zurückgeworfen sein, mit einem unlösbaren Problem am Hals?

Der Teil des Klienten, der Angst vor Veränderung hat, braucht sich nun nicht mehr gegen Veränderungsvorschläge zur Wehr zu setzen. Denn der Coach, der bislang auf der Seite der Veränderung stand, weshalb er in Schach gehalten werden musste, hat die Seite gewechselt. Ist der Klient wirklich ambivalent, so gibt es aber auch einen Teil in ihm, der etwas verändern möchte. Dieser Teil wird jetzt herausgekitzelt, der Klient kann seinen eigenen Wunsch nach Veränderung deutlicher an die Oberfläche kommen lassen. Er kann nicht fassen, dass das schöne Spiel nicht mehr funktioniert: „Es kann doch nicht sein, dass es gar keinen Weg gibt, wie man dieses Problem lösen kann?!" Jetzt darf der Coach natürlich nicht umschwenken und zugeben: „Na ja, wenn Sie wirklich wollen, gäbe es schon eine Möglichkeit!", sondern er muss zunächst eisern dabei bleiben, dass der Klient ihn mit seinen guten Gründen davon überzeugt hat, dass keine Idee, was man anders machen könnte, etwas taugt. Wenn der Coach auf die Bremse tritt, kann der Klient ein bisschen Gas geben.

In der Folge wird also der Klient dem Coach die Argumente liefern, weshalb und wie man das Problem in Angriff nehmen kann. Davon darf sich der Coach aber keinesfalls zu schnell „überzeugen" lassen, das würde den Klienten nur schlagartig wieder in die alte Position zurückbringen. Wenn der Coach konsequent die Seite der Nichtveränderung vertritt, wird der Klient vermutlich versuchen, dem Coach zu beweisen, dass es doch einen Weg gibt, den er gehen kann.

Fallbeispiel: Als Chef auf das „Ja, aber"-Spiel eines Mitarbeiters reagieren.

Was passieren kann, wenn man nicht mehr auf der Seite der Veränderung steht, illustriert das Beispiel einer Abteilungsleiterin, die im Coaching folgenden Fall einbrachte: Sie war drauf und dran, schweren Herzens einem an und für sich von ihr sehr geschätzten jungen Mitarbeiter zu kündigen, weil er sich konsequent weigerte, irgendwelche Fortbildungsmaßnahmen wahrzunehmen, die sie für unerlässlich hielt. Sie schlug ihm alles Mögliche vor und gab sich wirklich Mühe damit, aber er war nicht interessiert oder er vergaß, sich anzumelden, oder er meldete sich zwar an, aber im letzten Moment kam ihm etwas dazwischen – er spielte quasi ein „Ja, aber"-Spiel mit anderen Mitteln. Im Coaching besprach die Abteilungsleiterin, wie sie ein letztes „Experiment" mit ihm durchführen konnte.

Sie ließ den jungen Mann zu sich kommen und sagte ihm: „Sie haben mich davon überzeugt, dass Fortbildung wirklich absolut nichts für Sie ist. Ich gebe es also auf, irgendetwas Passendes für Sie zu suchen." Der junge Mann reagierte ziemlich verdattert. So hatte er sich das offenbar nicht vorgestellt, denn er führte sofort an, dass er doch aber Fortbildung brauche. Darauf erwiderte seine Chefin: „Das habe ich bisher ja auch gedacht, aber Sie haben mir das Gegenteil bewiesen. Ich habe mehr zu tun, als mich um Ihre Fortbildung zu kümmern, deshalb gebe ich auf." Die überraschende Folge war, dass der Mitarbeiter bereits am nächsten Tag mit einem von ihm selbst ausgearbeiteten Fortbildungsplan an ihre Tür klopfte. Doch die Abteilungsleiterin, die sich im Coaching ja fit gemacht hatte, ließ sich so schnell nicht erweichen und meinte dazu nur: „Papier ist geduldig! Sie vergessen ja wahrscheinlich, sich anzumelden, oder haben nachher gute Gründe, die Veranstaltung abzusagen. Ich glaube noch nicht daran, dass Sie das wirklich machen." Was blieb ihm anderes übrig, als sich sofort anzumelden? Bereits ein halbes Jahr später hatte er eine ganze Reihe von Fortbildungen besucht und war einer der besten Leute in ihrem Team geworden.

Spiele, die der Coach spielt

Ein Coach, der selbst Erfolgserlebnisse sucht, kann den Klienten unter massiven Druck setzen.

Zu Psychologischen Spielen kann es im Coaching auch kommen, weil der Coach ein Spiel initiiert – es muss nicht immer der Klient sein. Fühlt sich ein Coach zum Beispiel noch nicht so hundertprozentig sattelfest, besteht ein relativ großer Wunsch nach Erfolgserlebnissen. Er ist angewiesen auf Erfolgserlebnisse, um sich sicher zu fühlen mit dem, was er tut. Das kann dazu führen, dass er einen subtilen Druck zur Veränderung auf seinen Klienten ausübt, was beim Klienten jedoch eher ein Bremsmanöver in Gang setzt. Dass der Klient sich gerade nicht weiterbewegt, veranlasst den Coach, noch mehr Gas zu geben, woraufhin der Klient noch mehr auf die Bremse tritt – dieser Mechanismus wurde bereits beschrieben.

Diese Dynamik des vorgeblichen „Widerstands" des Klienten lässt sich nun aber auch unter Spiel-Gesichtspunkten analysieren. Und da stellt es sich so dar, dass der Coach eine Retter-Position eingenommen hat. Er versucht, den Klienten zu retten – aber, wie immer bei Rettern, eigentlich nur um seiner selbst willen. Er braucht die Bestätigung, dass er gute Arbeit leistet. Wenn er diese Bestätigung aufgrund des „Widerstands" des Klienten nicht bekommt, wird dem Klienten eben unterstellt: „Er will sich gar nicht verändern." Und damit ist der Coach aus dem Schneider.

Die Gefahr eines Retterspiels von Seiten des Coachs besteht zum Beispiel auch dann, wenn der Klient „geschickt" wurde und sich zunächst eher reserviert verhält. Ein erfahrener Coach weiß, dass diese anfängliche Reserviertheit kein Problem darstellt. Dass der Klient überhaupt gekommen ist, beweist schon, dass er Interesse am Coaching hat. Wer wirklich nicht will, der kommt gar nicht erst. Wenn jemand dem Coach also schon gegenübersitzt, dann hat er zumindest einen Teil in sich, der das Coaching auch will. Das gilt auch dann, wenn dieser Klient vielleicht erst einmal Mühe hat, sich vorzustellen, was das für ihn heißt, oder er Angst vor Veränderungen hat, die womöglich auf ihn zukommen. Ein Coach mit weniger Erfahrung ist in dieser Situation in Gefahr, den Klienten von den Segnungen eines Coachings überzeugen zu wollen – und stürzt sich mit viel Energie in die Retterrolle.

Der Coach muss sich seiner eigenen Anfälligkeit für Psychologische Spiele bewusst sein.

Aber gleichgültig, ob das Psychologische Spiel vom Coach oder vom Klienten ausgeht: Da Psychologische Spiele eine schwierige Angelegenheit sind, die ein Coaching unmöglich machen, ist es für den Coach wichtig, genau über seine eigene Anfälligkeit für Spiele Bescheid zu wissen. Er sollte wissen, welches seine beiden bevorzugten Rollen sind und auf welche Köder er leicht reagiert. Niemand – da bildet auch ein Coach keine Ausnahme – lebt ganz und gar „spielfrei". Alle Menschen haben irgendwann gelernt, Psychologische Spiele zu spielen. Es wird also auch für den Coach Situationen geben, in denen er besonders gefährdet ist, in das alte Verhaltensmuster des Spiels zu verfallen. Da das im Kontext eines Coachings jedoch besonders hinderlich ist, braucht der Coach ein großes Maß an Selbstreflexion, um nicht unversehens in einem Spiel zu landen.

Es gibt Spieler, die so geschickt darin sind, ihre Köder auszuwerfen, dass der andere in einem Spiel ist, noch bevor er recht weiß, wie ihm geschieht. Genau das kann passiert sein, wenn ein Coaching plötzlich zäh wie Gummi wird, wenn sich nichts bewegt und sich beim Coach ein Gefühl der Unzufriedenheit breitmacht. Wenn der Coach allein zu keiner Lösung kommt, ist Supervision hilfreich – davon kann auch der erfahrenste Coach profitieren. Dabei kommt vielleicht zutage, dass er mit dem Klienten in ein Spiel verstrickt ist, sodass gar kein wirkliches Coaching mehr stattfindet.

Je besser der Coach über sich selbst Bescheid weiß, desto besser kennt er auch die Rollen, die er gern besetzt. Und desto klarer ist ihm, welche Situationen geeignet sind, bei ihm das „Notprogramm" Psychologische Spiele in Gang zu setzen. Wenn der Coach zum Beispiel weiß, dass er dazu neigt, in die Retterrolle zu schlüpfen, sollte er sich und den Coaching-Prozess aufmerksam beobachten. Er kann so sofort registrieren, wenn er anfängt, viel für den Klienten zu tun, und im Gespräch immer aktiver wird. Dann ist es höchste Zeit, das Erwachsenen-Ich einzuschalten und sich zu fragen, was da eigentlich im Moment passiert. Und wenn er zu dem Schluss kommt, dass er gerade in ein Spiel eingestiegen ist, kann er daraus auch sofort wieder aussteigen. Denn diese Möglichkeit besteht immer. Auch wenn er schon eine gewisse Zeit lang mitgespielt hat, so kann er doch jederzeit aussteigen. Wenn der Coach erkennt, dass im Coaching gerade eine ungünstige Energieverteilung vorherrscht – die gesamte Veränderungsenergie ist beim Coach, die gesamte Beharrungsenergie ist beim Klienten –, sollte er innehalten und sofort aus der Retterrolle aussteigen.

Spiele am Arbeitsplatz des Klienten

Dem Klienten den Mechanismus Psychologischer Spiele verdeutlichen, um ihn dagegen zu wappnen.

Für die Psychologischen Spiele, die der Klient an seinem Arbeitsplatz erlebt, ist es häufig schon von großem Vorteil ist, wenn der Klient versteht, was da eigentlich passiert. Deshalb ist es wichtig, dass der Coach dieses Konzept beherrscht und dem Klienten aufzeigen kann, welche Dynamik in Spielen abläuft und welche Muster und Wiederholungen sich finden lassen. Außerdem kann der Coach gemeinsam mit dem Klienten Strategien erarbeiten, wie er den Spielzügen der anderen anders begegnen kann oder wie er aus Spielen aussteigt. Dabei muss sich der Coach im Klaren darüber sein, dass es keineswegs immer möglich ist, dass der Klient so elegant aus diesen Spielen aussteigt wie zum Beispiel aus dem „Gerichtssaal-Spiel", das im Folgenden geschildert wird.

Das „Gerichtssaal-Spiel": Der Streit zwischen zwei Parteien drängt Führungskräfte in die Richterrolle.

Mit folgendem Problem haben Führungskräfte häufiger zu kämpfen: Es gibt zwei Mitarbeiter oder gar zwei Lager im Team, die sich partout nicht verstehen und die ständig in Konflikte miteinander verstrickt sind. Sie binden die Führungskraft immer wieder in diese Konflikte ein, indem sie von ihr erwarten, den Streit zu schlichten und ein Urteil zu fällen. Die Führungskraft, die es irrtümlich für ihren Job hält, solche Konflikte aus der Welt zu schaffen, lässt sich immer wieder dazu verleiten, diese Richterrolle anzunehmen – allerdings mit dem niederschmetternden Ergebnis, dadurch immer wieder den Grundstock für neue Konflikte zu legen. Denn wenn ein Urteil gesprochen wurde, gibt es auch einen Verurteilten, der den „Prozess" verloren hat. Und der macht genau das, was bei Gerichtsprozessen üblich ist: Er strengt eine neue Verhandlung an. Er sammelt Beweise, er führt Präzedenzfälle an, er schart Zeugen um sich – und bald ist es wieder soweit: Dem Chef wird wieder die Richterrobe angetragen. Lösung des Problems gleich Null, aber dafür ist die Situation unter Umständen nach dem Urteil schlimmer als vorher. Denn wer sich ungerecht behandelt fühlt, hatte vorher nur ein Problem mit einem Kollegen, jetzt hat er auch noch eines mit seinem Chef – was der Chef zu spüren bekommt, der hat jetzt auch ein Problem. Das nennt man Problemverlagerung.

! In einem Konflikt zu moderieren ist besser, als die Richterrolle zu übernehmen.

Wie der Coach eine Führungskraft gegen das „Gerichtssaal-Spiel" wappnen kann.

Der Coach wird der Führungskraft zunächst die Dynamik dieses Spiels aufzeigen. Dann wird er mit ihr erarbeiten, mit welchen Mitteln sie sich dagegen wehren kann, in diesem Spiel eine Rolle zu spielen. Statt bei einem Gerichtssaal-Spiel den Vorsitz zu übernehmen, ist es einer anhaltenden Lösung eines Konfliktes dienlicher, wenn der Chef die Aufgabe eines Moderators übernimmt. Dazu muss er natürlich zunächst die Kontrahenten befragen, ob sie eine Konfliktmoderation wünschen. Wenn sich einer oder beide dagegen sperren, ist die Moderation für die Katz. Sollte es wirklich passieren, dass einer von beiden eine Moderation ablehnt, weil er eine sofortige Entscheidung will, kann seine Kooperationsbereitschaft zur Not dadurch erhöht werden, dass ihm gesagt wird, dass in diesem Fall gegen ihn entschieden wird. Doch wenn beide Lager zustimmen, was ja für gewöhnlich der Fall ist, wird der Vorgesetzte damit beginnen, seine Rolle neu zu definieren. Er wird den Konfliktpartnern sagen, dass er sich in erster Linie dafür verantwortlich fühlt, das Gespräch zwischen beiden konstruktiv zu gestalten, ohne zu Inhalten Stellung zu nehmen oder Entscheidungen zu treffen. Je nachdem, wie emotionsgeladen der Konflikt bisher ausgetragen wurde, kann es nötig sein, vor der eigentlichen Moderation Regeln zu vereinbaren.

Regeln für die Konfliktmoderation der Führungskraft.

Die Regeln, die am häufigsten gebraucht werden, lauten: sich gegenseitig ausreden lassen, keine Spitzen gegenseitig ins Feld führen und keine Abwertungen äußern. Wenn die emotionalen Wellen noch höher schlagen sollten, kann die Zusatzregel eingeführt werden, dass nach jedem Beitrag der andere kurz zusammenfassen muss, was er gehört hat, und sich das vom anderen als korrekt bestätigen lassen muss, bevor er seinerseits darauf antworten darf. Das stimuliert ungemein das Erwachsenen-Ich und verhindert, dass nur noch auf rote Tücher reagiert wird, ohne sich wirklich zuzuhören. Für den konstruktiven Verlauf eines Gesprächs ist es jedoch wichtig, dass alles gehört wird, was der andere sagt, und dann erst reagiert wird.

Die Moderation des Gesprächs in Richtung Lösung lenken.

Die Moderation beginnt damit, dass einem von beiden das Wort erteilt wird, der seine Sicht der Dinge darstellen kann. Hat er geendet, darf der Moderator jedoch nicht einfach den Nächsten bitten, nun seine Version vorzutragen. Lässt die Moderation nur im Raum stehen, was der Erste zu sagen hatte, hat der Zweite nur dessen Auffassung im Ohr, die er ja nicht teilt, und geht wie gewohnt dagegen an. Es ergibt sich sofort wieder eine unfruchtbare Diskussion darüber, „wie es wirklich war". Das ist jedoch gar nicht hilfreich, denn „wie es wirklich war", ist Vergangenheit, was gebraucht wird, ist eine Lösung für die Zukunft. Deswegen muss der Moderator nach der Schilderung, wie der Konflikt wahrgenommen wurde, immer fragen: „Wie sieht denn jetzt aus Ihrer Sicht eine konstruktive Lösung aus?"

Nun ist jedes Wort wichtig, denn es geht nur um konstruktive Lösungen, also solche, die die Interessen beider Parteien berücksichtigen. Sollte der Erste als Lösung etwas vorschlagen, was nur ihn begünstigt, kann der Moderator erwidern: „Das ist einer der Vorschläge, mit denen Sie schon bisher nicht weitergekommen sind. Mich würde aber interessieren, wie aus Ihrer Sicht eine konstruktive Lösung aussieht?" Erst wenn solch ein Vorschlag von Seiten des Ersten gemacht wurde, hat der Zweite Gelegenheit, seine Sicht darzulegen. Er muss im Anschluss die gleiche Frage nach seiner konstruktiven Lösungsidee beantworten und auch gleich dazu sagen, wie er die Lösung seines Konfliktpartners beurteilt.

Der Moderator muss damit rechnen, dass er im Verlauf des Gesprächs immer wieder aufgefordert wird, jetzt doch auch einmal etwas dazu zu sagen. Das sollte er allerdings ausschließlich dann tun, wenn die beiden Gesprächspartner zum Beispiel auf die geniale Idee kommen, dass ihr Problem ganz einfach gelöst wäre, wenn eine zusätzliche Arbeitskraft einstellt würde oder etwas ähnliches. Um eine völlig nutzlose Diskussion zu beenden, sollte der Moderator kurz die Rolle wechseln und das auch sehr deutlich zum Ausdruck bringen. Etwa indem er ihnen sagt, dass er jetzt als Chef spricht, der das für überhaupt keine konstruktive Lösung hält, weshalb sie sich, bitteschön, etwas anderes einfallen lassen sollen. Und dann kehrt er zur Moderatorenrolle zurück.

Der Gesprächsverlauf bei einem moderierten Konflikt.

Am Anfang einer solchen Moderation gestaltet sich das Gespräch häufig so, dass der Moderator mit Konfliktpartner A kommuniziert, dann mit Konfliktpartner B, dann wieder mit A usw. So sollte es jedoch nicht bleiben. Ziel ist, dass beide miteinander in ein Gespräch kommen. Je konstruktiver sich das Gespräch entwickelt, desto stärker kann sich der Moderator zurückziehen. Hilfreich für den Verlauf einer Diskussion kann es sein, dass der Moderator einzelne Etappen zusammenfasst und festhält, was bis jetzt geklärt wurde und welche Punkte noch offenstehen. So beginnt die Diskussion nicht immer wieder von vorn.

Das Ergebnis der Moderation.

Am Ende einer Moderation sollten klare Vereinbarungen getroffen worden sein, die am besten auch schriftlich festgehalten werden. Es sollte für beide Konfliktpartner klar sein, wie sie in Zukunft verhindern werden, dass dieses Problem wieder auftaucht. Wenn sich herausstellt, dass auch Vorgesetzte oder die Firma etwas tun müssen, so sollte auch das klar definiert sein. Wenn es um Verhaltensänderungen der beiden Gesprächspartner geht, ist eine Klausel empfehlenswert, mit der in den Vereinbarungen geregelt wird, was geschehen soll, wenn einer von beiden sich nicht an die vereinbarten Veränderungen hält. In altes Verhalten zurückzurutschen, passiert leicht. Deshalb sollte man mit dieser Möglichkeit rechnen, damit das nicht unversehens der Anlass einer neuen Eskalation wird. Eine solche Klausel könnte zum Beispiel darin bestehen, dass Feedback gegeben wird, wenn einer von beiden versehentlich das alte Verhaltensmuster zeigt. Denn ein kurzes Feedback reicht meistens aus.

Ein Konfliktgespräch zwischen Mitarbeitern so zu moderieren, klingt zunächst nach sehr viel Zeiteinsatz. Doch hat der Klient bereits die Erfahrung gemacht, wie unendlich viel Zeit ihn die wiederkehrenden Einsätze als Richter kosten, ist er wahrscheinlich nur zu bereit, diese Methode auszuprobieren. Und wenn sich bei seinen Mitarbeitern erst einmal herumgesprochen hat, dass von ihm ein Mitspielen im Gerichtssaal-Spiel nicht zu erwarten ist, werden sie ihn auch immer weniger damit behelligen.

Natürlich wäre es wünschenswert, mit Klienten immer dahingehend arbeiten zu können, kreative Lösungen zu finden, damit sie aus

Wenn der Klient in Psychologischen Spielen mitspielen muss.

allen Psychologischen Spielen so gut aussteigen können wie aus dem Gerichtssaal-Spiel. Doch je nach Position, die der Klient im Unternehmen bekleidet, und je weiter oben er in der Hierarchie steht, desto öfter bleibt ihm gar nichts anderes übrig, als gekonnt mitzuspielen. Vor allem in Unternehmen, in denen mit harten Bandagen um Macht und Einfluss gekämpft wird, ist ein einfaches Ausklinken nicht möglich – jedenfalls nicht, wenn der Klient im Unternehmen bleiben will. In diesem Fall besteht die Aufgabe des Coachs darin, dem Klienten zu erklären, wie Psychologische Spiele grundsätzlich funktionieren, wie dieses spezielle Spiel, in das der Klient verstrickt ist, gespielt wird, mit welchen Spielzügen seiner Mitstreiter er rechnen muss und welche er selbst machen kann, die (hoffentlich) konstruktiver und kreativer sind als die bisherigen.

Fallbeispiel: Auf ein Psychologisches Spiel eingehen, wenn die direkte Konfrontation unmöglich ist.

Ein Beispiel dafür ist der Fall eines neuen Bereichsleiters, der im Coaching schilderte, dass sein für ihn zuständiger Vorstand ihn über einen recht ungeheuerlichen Vorfall ins Bild gesetzt hatte. Er hatte von diesem Vorstand erfahren, was sein eigener Mitarbeiter, einer seiner Abteilungsleiter, über ihn berichtete. Dieser Mitarbeiter erzählte in einem Treffen mit den Vorständen Geschichten darüber, was er, der Bereichsleiter, angeblich über die einzelnen Vorstände dachte und zum Besten gegeben habe. An diesen Geschichten war natürlich kein Wort wahr, der Abteilungsleiter hatte ganz offenbar eine Intrige im Sinn, um den Bereichsleiter um seinen Stuhl zu bringen. Im Coaching stellte er nun die Frage, wie er mit dieser Situation umgehen sollte? Die erste Idee, dem Abteilungsleiter wegen erwiesener Illoyalität zu kündigen, musste aus verschiedenen Gründen verworfen werden. Klar war jedoch, dass dem Abteilungsleiter unmissverständlich seine Grenzen gezeigt werden mussten. Ihn direkt zu konfrontieren, verbot sich, denn das hätte einen solchen Gesichtsverlust bewirkt, dass an eine weitere Zusammenarbeit auch nicht zu denken gewesen wäre.

Also musste der Bereichsleiter in das Spiel einsteigen – nur besser als sein Widersacher. Im Coaching wurde folgende Strategie entwickelt, die sich nachher in der Praxis auch bewährte: Der Bereichsleiter bat den Abteilungsleiter zu einem vertraulichen Gespräch, bei dem er ihm mitteilte, ihm sei ein unglaublich blödes Gerücht zu Ohren gekommen. Er habe doch tatsächlich zugetragen bekommen, er, der Abteilungsleiter, hätte sich bei einer Vorstandssitzung erlaubt, ihn, den Bereichsleiter, schlecht zu machen. Aber, so sagte der Bereichsleiter weiter, selbstverständlich habe er kein Wort davon geglaubt: „Sie wissen ja, auch bei uns blüht der Tratsch, es ist mir also vollkommen klar, dass dieses Gerücht jeder Grundlage entbehrt. So blöd kann ja auch gar niemand sein, so etwas mit dem eigenen Chef machen zu wollen, Sie schon gar nicht. Denn wenn das stimmen würde, müsste ich Sie ja direkt rausschmeißen. Also, Sie brauchen jetzt gar nichts dazu zu sagen. Ich wollte nur, dass Sie wissen, dass ich über dieses Gerede Bescheid weiß und dass mir völlig klar ist, dass Sie daran unschuldig sind!"

Der Abteilungsleiter, der während des Gesprächs abwechselnd bleich und rot wurde, wollte sich verteidigen, wurde jedoch vom Bereichsleiter mit den Worten unterbrochen: „Es ist schon in Ordnung. Sie brauchen gar nichts zu sagen. Ich wollte Sie ja nur informieren, dass mir diese Gerüchte bekannt sind und ich weiß, dass Sie so etwas niemals tun würden, schließlich wollen Sie Ihren Job behalten!" Damit hatte er auf der verdeckten Ebene seine Botschaft sehr effizient an den Mann gebracht und von Stund an Ruhe vor dessen intriganten Machenschaften. Denn der Abteilungsleiter verstand natürlich sehr genau, dass der Bereichsleiter Bescheid wusste.

Machtspiele als Belastung für den Klienten.

Für manche Klienten ist es mehr als ernüchternd, wenn sie feststellen müssen, dass sie nach ihrem beruflichen Aufstieg mehr mit Politik beschäftigt sind als mit sachlicher Arbeit. Sie fühlen sich gestresst, frustriert und ausgelaugt vom politischen Ränkespiel. Im Coaching muss dann geklärt werden, ob dieser Job überhaupt der richtige für sie ist oder ob sie nicht woanders besser aufgehoben wären. Wenn jemandem die politischen Machtspiele, die in oberen Etagen häufig gespielt werden, so ganz und gar nicht liegen, wenn er es gar verabscheut, in einem solchen Umfeld tätig zu sein, dann verlässt er es tatsächlich besser, denn es würde ihn auf Dauer nur unglücklich machen. Wer merkt, dass diese Welt wirklich nicht die seine ist, entschließt sich im Coaching manchmal dazu, lieber in seine alte Stellung zurückzukehren, in der er erfolgreich war und sich wohlgefühlt hat.

Klienten beibringen, mitzuspielen.

Andere lernen, mit diesen Gegebenheiten umzugehen. Dabei kann der Coach sie unterstützen. Nicht indem er dem Klienten beibringt, wie er aus einem Spiel aussteigt, sondern wie er es mitspielt. Natürlich wäre es am besten, gar keine Spiele zu spielen – aber dieser hehre Anspruch lässt sich eben nicht immer verwirklichen. Manchmal bliebe da als einziger Ausweg, die Firma zu verlassen. Wenn der Klient das nicht will, muss er lernen, wie Psychologische Spiele funktionieren, da die Chancen eher schlecht stehen, dass er den anderen die Lust auf ihre Machtspiele abgewöhnen kann. Er muss lernen, vorherzusehen, welche Spielzüge als nächste wohl folgen werden, und kann dann vielleicht auch Spaß daran entwickeln, sich selbst kreative Spielzüge einfallen zu lassen. Mit dieser Haltung kommt er in einem Umfeld, in dem viele Machtspiele stattfinden, ganz gut zurecht, auch wenn er es sich anders wünschen würde. Er lässt die Spielzüge der anderen nicht so nah an sich heran, fühlt sich nicht persönlich getroffen, wenn er die Mechanik der Psychologischen Spiele durchschaut hat, und nimmt das Ganze selbst vielleicht „spielerischer".

Psychologische Spiele sowie Manöver und Intrigen laufen bei Machtkämpfen nach ähnlichen Regeln ab.

Am Anfang des Kapitels über die Psychologischen Spiele wurde der Unterschied angesprochen zwischen einem Spiel, das immer unbewusst gespielt wird, und einem Manöver oder einer Intrige, die ganz bewusst angezettelt werden. Bei dem, was sich in den Top-Etagen etlicher Firmen abspielt, dürfte es sich wahrscheinlich oftmals um ganz bewusst inszenierte Machtkämpfe handeln, doch da diese Manöver im Grunde nach den gleichen Regeln ablaufen wie die Spiele, ist die Unterscheidung in diesem Zusammenhang nicht so wichtig. Wichtig ist nur, dass der Klient erkennt, dass sein Gegenspieler zum Beispiel eine ganz bestimmte Rolle einnimmt, um etwas zu erreichen, und dass er lernt, wie er damit umgehen kann.

Schwierige Klienten können im Coach eine ablehnende Wertung hervorrufen, was das Coaching zunichte macht.

Psychologische Spiele, die am Arbeitsplatz gespielt werden, können sich in gewisser Hinsicht auch negativ auf ein Coaching auswirken. Tritt jemand zu massiv, zu dominant, zu autoritär auf, zettelt er also klassische Verfolgerspiele an seinem Arbeitsplatz an, wird ihm vielleicht ein Coaching nahegelegt. Eine so schwierige Persönlichkeit stellt manchmal auch für den Coach eine Herausforderung dar. Wer gegenüber Mitarbeitern, Kollegen oder auch Vorgesetzten gern in die Angreiferrolle schlüpft, macht sich keine Freunde. Da auch ein Coach in aller Regel kein Freund eines solchen Verhaltens ist, treten schnell innere Vorbehalte gegen diesen Klienten auf den Plan. Doch sobald eine Wertung vorgenommen wurde, teilt sie sich auch mit, ob gewollt oder nicht. Dieser Grundsatz der Kommunikation gilt auch für einen Coach. Wenn im Wertesystem des Coachs die Verhaltensweisen, die der Verfolger zeigt, nicht o.k. sind, und wenn er sich nicht ganz bewusst einer inneren Wertung enthalten kann, wird sich diese Wertung dem Klienten mitteilen. Wenn der Klient jedoch eine gewisse Form von Ablehnung oder Entrüstung seitens des Coachs spürt, wird er sich nicht angenommen fühlen. Dann kann er gar nicht offen sein für einen konstruktiven Dialog.

Auch hinter negativen Auswirkungen können gute Absichten stehen.

Um diese schlechte Ausgangsbedingung für ein Coaching zu vermeiden, ist es hilfreich, wenn der Coach eine Trennung vornimmt zwischen der *Absicht* des Klienten und den *Auswirkungen*, die er mit seinem Verhalten erreicht – wie das im Kapitel über das Egogramm erwähnt wurde (siehe S. 71 ff.). Denn auch Führungskräfte, die ziemlich harsch mit ihren Mitarbeitern umgehen, vielleicht sogar verletzend ihnen gegenüber sind, haben letztlich meist nur das Ziel, mit ihnen gute Arbeit zu leisten. Sie besitzen häufig kein anderes Modell, als auf die Mitarbeiter Druck auszuüben, sie schlecht zu behandeln, sie vor versammelter Mannschaft niederzumachen und was der schlimmen Dinge mehr sind, um sie zu guten Leistungen anzuspornen, um mit ihnen erfolgreich zu sein.

Zwischen Absicht und Auswirkung zu unterscheiden, erleichtert dem Coach, sich der inneren Wertung zu enthalten.

Dass hinter der Verfolgerrolle eine gute Absicht steckt, bestätigt sich bei näherem Hinsehen fast immer. Wenn der Coach eine Trennung vornimmt zwischen Absicht und Verhalten, kann er anerkennend sein für die Absicht oder das Motiv. Und er kann mit dem Klienten gemeinsam daran arbeiten, wie er diese Absicht besser in die Tat umsetzen kann, um das zu erreichen, was sein eigentliches Ziel ist: Erfolg mit seinen Mitarbeitern. Der Coach kann den Klienten danach fragen, ob er mit seinem bisherigen Weg wirklich erreicht hat, was er beabsichtigt. Oder ob es nicht so ist, dass er mit seinem Verhalten etwas vollkommen anderes ausgelöst hat, als das, was er sich davon erwartete. Auch dies wird der Klient meist bestätigen.

Wenn er spürt, dass der Coach ihm gegenüber anerkennend und offen ist, kann er sich auch selbst öffnen, um einen Weg kennenzulernen, mit einem veränderten Verhalten sein Ziel besser zu erreichen. So kann der Coach langsam mit dem Klienten daran arbeiten, sich einen neuen Führungsstil anzueignen, ohne dass der Klient sich als Person in Frage gestellt sieht.

! Coaching und Werturteile, das passt nicht gut zusammen!

Ein Coach muss es schaffen, ganz auf innere Bewertungen zu verzichten. Denn nur dann bleibt seine eigene Kommunikation so offen, dass auch der Klient sich öffnen kann und zugänglich wird für andere Sichtweisen. Er coacht dann am besten, wenn es ihm gelingt, sich ohne zu werten einfach nur anzuhören, was der Klient zu sagen hat. Wenn er dabei Wertschätzung für die Person entwickelt und dies auch vermittelt. Um dann zu schauen, wie er diese Person darin unterstützen kann, das Verhalten, das nicht zielführend ist, abzulegen und dafür etwas Erfolgreiches aufzubauen. Das ist eine große Herausforderung, denn jeder ist daran gewöhnt, sofort alles zu bewerten. Diese Verhaltensweise erweist sich im Alltagsleben ja auch als durchaus hilfreich, im Kontext eines Coachings ist sie allerdings kontraproduktiv, denn der Klient muss sich als Person angenommen fühlen. Wenn sich jemand als Person angenommen fühlt, ist seine „innere Not" am geringsten und damit auch die Chance am größten, dass er sich weder verteidigen noch seinerseits angreifen muss. Das heißt, dass er keine Psychologischen Spiele spielen muss.

Sich jeglicher Wertung zu enthalten, ist für den Coach eine Herausforderung.

Coaching als Teil des Spiels

Die Situation, dass das Coaching selbst ein Spielzug in einem Psychologischen Spiel ist, tritt dann auf, wenn eine Führungskraft eigentlich nicht mehr mit einem bestimmten Mitarbeiter weiterarbeiten will. Wenn sie ihm innerlich bereits gekündigt hat, aber noch auf der Suche nach Argumenten ist, um ihn hinauszuwerfen. Manchmal kommt einer dann auf die zündende Idee, jetzt einen Coach einzuschalten, damit er anschließend sagen kann: „Wir haben wirklich alles probiert, aber es geht nun einmal nicht." Die Führungskraft ist von vornherein entschlossen, dass dieses Coaching ihres Mitarbeiters scheitern wird. Dagegen ist der beste Coach machtlos. Wenn ein Coach schon bei der Auftragsvergabe viele Signale dafür erhält, dass der Auftraggeber mit dem künftigen Klienten eigentlich gar nicht mehr arbeiten will und auch gar nicht daran glaubt, dass sich an dieser Ausgangslage noch etwas ändern lässt, sollte er den Auftrag besser ablehnen. Das ist zwar nicht leicht, denn jeder Coach freut sich über Aufträge, aber ein Coaching, dessen verdecktes Ziel das Scheitern sein soll, ist im besten Fall frustrierend und im schlimmsten Fall rufschädigend. Würde der Coach zustimmen, dieses Coaching zu machen,

Das Coaching als Teil des Spiels gegen einen Mitarbeiter.

würde er in das Spiel einsteigen und ausblenden, was die anderen Beteiligten ausblenden: dass es nämlich gar keine Chance auf erfolgreiche Veränderung gibt. Lässt sich der Coach gar zwei, drei Mal auf solche Aufträge in einer Firma ein, hat er schnell den Ruf weg, dass es gefährlich ist, mit ihm ein Coaching zu machen – da sieht man sich am besten gleich nach einem neuen Job um.

Wider besseres Wissen des Umsatzes wegen einen solchen Auftrag anzunehmen, ist auch in anderer Hinsicht nicht lohnenswert: Das Coaching ist eine so zähe und mühsame Angelegenheit, dass das Honorar als Schmerzensgeld aufgefasst werden kann. Denn der Coach kann sich noch nicht einmal mit dem Argument retten, der Mitarbeiter könne ja auf jeden Fall durch das Coaching eine Entwicklungschance wahrnehmen. Wenn ein Chef fest entschlossen ist, nur die Dinge zu sehen, die nicht funktionieren, die sich nicht ändern, die unbefriedigend sind, wenn er seinen Mitarbeiter deshalb immer wieder entmutigt und auf das festlegt, was nicht gut ist, kommt zwischen den beiden ein Prozess in Gang, bei dem auch der beste Coach für gewöhnlich keine Chance hat, irgendwie gegenzusteuern. Klarheit und Konfrontation des Spiels bringt auf jeden Fall mehr.

Wird der Coach offensichtlich Teil eines psychologischen Spiels, muss er dies offensiv ansprechen.

Wenn der Coach den Eindruck hat, in ein solches Spiel verwickelt zu werden, und keine echte Chance für ein erfolgreiches Coaching sieht, sollte er das direkt ansprechen, denn das ist der beste Weg, damit umzugehen. Er kann zum Beispiel den Auftraggeber fragen: „Warum wollen Sie dieses Coaching denn überhaupt? Warum trennen Sie sich nicht direkt von diesem Mitarbeiter?“ Dann kommt meist sehr schnell auf den Tisch, dass die Führungskraft genau das eigentlich tun will, aber einfach noch nicht genügend Argumente dafür gesammelt hat. In diesem Fall sollte der Coach klarmachen, dass ein Coaching dafür die falsche Methode ist. Vielleicht wäre eher ein Coaching mit dem Vorgesetzten hilfreich – entweder wie er seine Schwierigkeiten mit dem Mitarbeiter doch noch auf die Reihe bringt oder wie er seine Personalabteilung davon überzeugt, dass eine Weiterbeschäftigung des Mitarbeiters keinen Sinn hat.

Der Ausstieg aus den Rollen

Aus Spielen auszusteigen oder gern eingenommene Rollen abzulegen, erfordert manchmal zwar ein bisschen Übung, ist aber letzten Endes nur eine Frage des Entschlusses. Wer die Mechanik des Psychologischen Spiels erst einmal verstanden hat, wem klar geworden ist, was da abläuft, der kann einen neuen Weg der Kommunikation einschlagen. Und wenn jemand deswegen in Spiele hineingerät, weil der andere ihn mit seinen Spielzügen in Schwierigkeiten bringt, so kann er im Coaching Verhaltensalternativen lernen und gegebenenfalls einüben. Man kann mit Klienten darüber sprechen, welches die Köder sind, auf die sie gern anspringen, sodass sich bei ihnen ein Bewusstsein dafür entwickelt, wann sie dazu neigen „anzubeißen", und man kann mit ihnen trainieren, angebotene Rollen zu erkennen und abzulehnen. Wenn jemand so gegen Spiele gewappnet ist, tappt er nicht mehr so schnell blind in die Falle, denn er gerät nicht mehr in die innere Not, keine Wahlmöglichkeiten zu haben, was sein Verhalten betrifft. Er kann sein Erwachsenen-Ich benutzen, um zu erkennen, was da „gerade gespielt wird", und sich dann bewusst entscheiden, wie er darauf reagieren will.

Erkennen, „was da gerade gespielt wird".

Führungskräften, die gern in die Retterrolle schlüpfen, fällt der Ausstieg leichter, wenn der Coach ihnen klarmachen kann, dass das, was sie scheinbar für ihre Mitarbeiter tun, keine echte Hilfe ist. Wenn dem Klienten im Coaching klar wurde, dass das Gefühl, gebraucht zu werden und unersetzlich zu sein, hinter seinem Verhalten steckt, und er an seiner Selbstakzeptanz gearbeitet hat, hat er schon einen großen Schritt dahin getan, keine Retterspiele mehr zu spielen. Der Coach kann auch mit ihm daran arbeiten, ein „Frühwarnsystem" dafür zu entwickeln, wann er in Gefahr ist, wieder jemanden retten zu wollen. Wenn er zum Beispiel merkt, dass er für seinen Mitarbeiter denkt, ihm die Lösungen vorschlägt, die die-

Der Ausstieg aus der Retterrolle.

„Frühwarnsystem" für die Retterrolle.

ser selbst bringen sollte, viel zu aktiv wird, wo andere aktiv werden sollten, dann sollte er bewusst sein Erwachsenen-Ich einschalten und sich fragen, was da gerade läuft.

Der Ausstieg aus der Verfolgerrolle.

Wenn der Verfolger aus seiner Rolle aussteigen will, kann die erste Frage dazu im Coaching sein, was der Klient durch sein schnelles und häufiges Angreifen vermeidet und welche Auswirkungen er damit erzielt. Eine der Auswirkungen ist in aller Regel, dass seine Umgebung Angst vor ihm bekommt, vor allem, wenn er der Chef ist. Im Coaching ist es hilfreich, sich genau anzuschauen, weshalb der Klient das nötig hat. Denn häufig ist der Hintergrund, dass der Verfolger sich eigentlich hilflos fühlt, sich dieses Gefühl aber nicht erlauben darf. Seinem Team beispielsweise einfach zu sagen: „Im Moment weiß ich auch nicht weiter. Wir müssen über diese Situation erst einmal nachdenken und dann darüber sprechen", ist ihm ein Ding der Unmöglichkeit, so etwas kommt in seinem Bezugsrahmen einfach nicht vor. Bevor er dieses Gefühl der Hilflosigkeit zulässt, schlägt er lieber kräftig auf den Tisch, damit das Team sich mit diesem Ausbruch beschäftigt – und nicht merkt, dass er auch keine Ahnung hat, wie es jetzt weitergehen könnte oder was nun zu tun ist.

Wenn der Klient einmal spürt, dass er durch sein Auftreten nur seine Hilflosigkeit vermeidet, kann er lernen, neue Wege einzuschlagen. Manchmal ist es für ihn auch wichtig, lebensgeschichtliche Zusammenhänge herzustellen, um sich darüber klar zu werden, wann und warum er dieses Notprogramm gelernt hat. Vielleicht weil es in der damaligen Situation für ihn wirklich schlimm war, Hilflosigkeit zu erleben. Manchmal gab es in seinem Leben vielleicht aber auch vermeintliche Vorbilder, die hilflos waren und dann ebenfalls die Verfolgerrolle statt der Opferrolle gewählt haben. Dann kann es für den Klienten wichtig sein, zu erkennen, dass man Vater, Mutter, Lehrern oder früheren Chefs, die man in dieser Rolle gehasst hat, ähnlicher geworden ist, als ihm lieb ist.

Das „Frühwarnsystem" für die Verfolgerrolle.

Auch für ihn ist das „Frühwarnsystem" hilfreich: Wenn er merkt, dass er zu laut und zu aggressiv wird, sollte er ganz bewusst sein Erwachsenen-Ich aktivieren und sich fragen, ob er sich im Moment noch fair verhält. Ob es ihm noch um die Sache geht oder nur um den Angriff. Wer gern in die Verfolgerrolle schlüpft, kann im Coaching mittels Rollenspiel trainieren, wie man einen anderen angemessen kritisieren kann, wie man ein klares Feedback gibt, ohne verletzend zu sein, und wie man mit Ich-Botschaften kommuniziert.

Die Reaktionen der Umwelt auf den Rollenausstieg.

Wer aus Rollen aussteigen will, kann das niemals tun, ohne dadurch auch Reaktionen seiner Umwelt auszulösen und Veränderungen im sozialen Umgang zu erleben – wer sein eigenes Verhalten ändert, ändert automatisch auch das Verhalten seiner Mitmenschen. Sicherlich positiv werden die Reaktionen ausfallen, wenn jemand seine Verfolgerrolle aufgibt. Die Umgebung unterstützt das vermutlich sofort, denn die meisten werden aufatmen, wenn der Haudrauf umgänglicher wird. Die Zusammenarbeit wird wesentlich angenehmer, wenn der Ton nicht mehr so rau ist und auch das Zusammenleben im Privaten gestaltet sich freundlicher. Wer sich vom Verfolgerdasein verabschiedet, wird also viele positive Signale bekommen, die ihn noch weiter bestärken.

Ähnlich gut wird es von der Umwelt aufgenommen, wenn ein Opfer aufhört, ständig zu jammern. Es wird beglückwünscht, dass es sein Leben jetzt offenbar besser im Griff hat und die Zeit der ewigen Klagen vorbei ist. Seine Umwelt wird vermutlich lieber mit ihm zusammen sein, denn er kostet nicht mehr so viel Energie – auch das ist alles Ermutigung dafür, das Opfergehabe zu begraben.

Anders kann das aussehen, wenn ein Retter seine Rolle ablegen will. Der Retter war für viele in seiner Umgebung im Großen und Ganzen doch sehr bequem. Er hat zwar den einen oder anderen genervt, aber er war eben auch sehr nützlich, denn auf ihn war immer Verlass. Erkennt der Retter aber schließlich, dass er immer viel zu viel getan und eigene Bedürfnisse hinten angestellt hat, um für andere da zu sein, die sich eigentlich recht gut selbst hätten helfen können, und steigt er nun aus dieser Rolle aus, dann unternehmen die Leute, die bislang von seiner Selbstlosigkeit profitiert haben, etliche Anstrengungen, um ihn in die alte Rolle zurückzubringen. In einem Team zum Beispiel hatten einige Kollegen schnell gelernt, dass es genügte zu sagen: „Ich habe da ein Problem" – und schon hatte der Retter ihnen die Arbeit abgenommen. Die besorgte Frage „Bist du sicher, dass das Coaching dir gut tut? Du warst früher viel netter!" zählt noch zu den harmlosen Rückmeldungen aus dem Team. „Früher warst du so hilfsbereit, aber jetzt bist du total auf dem Egotrip" kann ein noch nicht ganz stabiles Selbstwertgefühl ebenfalls erschüttern.

Man kann einem Klienten, der so etwas zu hören bekommt, im Coaching nur versichern, dass das eigentlich positive Feedbacks sind. Was könnte besser anzeigen, dass er auf dem richtigen Weg ist? Die wirklich guten Freunde, die Menschen, denen er am Herzen liegt, werden wohl erleichtert sein, dass er nicht mehr bereit ist, überall einzuspringen und jeder Bitte nachzukommen. Sie haben sicher schon länger beobachtet, dass ihm das überhaupt nicht guttut. Die anderen jedoch, die seine „Gutmütigkeit" gern ausgenutzt haben, werden enttäuscht sein, plötzlich selbst Verantwortung tragen und sich selbst um Dinge kümmern zu müssen, die sie früher so bequem abschieben konnten.

Zum Schluss

Das Ziel dieses Buches ist es, einen Überblick darüber zu geben, wie die Transaktionsanalyse mit ihren leicht verständlichen und doch so komplexen Konzepten im Coaching eingesetzt werden kann. Dabei gehen die Autoren selbstverständlich nicht davon aus, dass die Transaktionsanalyse das „alleinseligmachende" Werkzeug ist. Es gibt viele hervorragende Methoden, die man im Coaching einsetzen kann und soll. Doch für die Anwendung dieser Methoden gilt eine Grundvoraussetzung: Sie brauchen eine sichere Problemdiagnose. Und um zu einer belastbaren Problemdiagnose zu kommen, muss verstanden worden sein, was mit dem Klienten, mit dem Individuum, tatsächlich los ist. Das leistet die Transaktionsanalyse wie kein zweites Modell. Die Transaktionsanalyse ist pragmatisch, kann aber trotzdem auch in die Tiefe gehen. Sie erklärt, was sich im Menschen und was sich zwischen Menschen ereignet. Es lassen sich „psycho"-logisch Zusammenhänge ableiten, die erhellen, warum etwas so läuft, wie es läuft und warum es mit der vorhandenen Persönlichkeitsstruktur fast zwangsläufig zu ganz bestimmten Problemen kommen muss.

Die Transaktionsanalyse für eine sichere Problemdiagnose.

Natürlich sind nicht alle Probleme, mit denen es ein Coach zu tun bekommt, individuell zu erklären, weshalb jeder Coach auch gute Kenntnisse systemischer Modelle besitzen muss. Wenn die Grundlage eines Problems systemischer Natur ist, muss ein Coach das erkennen und damit umgehen können. Doch lassen sich eben keineswegs alle Probleme über einen systemischen Kamm scheren. Wer rein systemisch arbeitet, dessen Coaching scheitert oftmals genau daran, dass er gar nicht versteht, was sich in der Person, die vor ihm sitzt, eigentlich abspielt. Man darf nicht vergessen, dass ein „Subsystem" des Systems „Firma" oder „Abteilung" oder „Team" stets das einzelne Individuum ist: das Individuum, das sich aus unterschiedlichen Ich-Zuständen zusammensetzt, die unterschiedlich reagieren. Deshalb ist

Die Transaktionsanalyse nimmt systemischen Modellen nicht ihre Bedeutung.

Die Transaktionsanalyse als notwendige Ergänzung zu systemischen Methoden, um Coachings effektiv gestalten zu können.

die Transaktionsanalyse auch für Coachs, die eine sehr gute Ausbildung in systemischen Methoden haben, eine wichtige und hilfreiche Ergänzung. Ein weiterer Vorteil: Je schneller der Coach versteht, ob es sich um eine systemische oder um eine individuelle Problematik handelt, desto schneller kann er mit sinnvollen Interventionen beginnen – und dadurch die im Coaching oftmals knapp bemessene Zeit optimal nutzen.

Die Transaktionsanalyse kann ihrerseits sehr gut durch andere Methoden ergänzt und bereichert werden, vor allen Dingen durch solche, die stärker an Interventionen orientiert sind. Es gibt aus allen Schulen sehr gute Methoden: Wer sich darüber einen Überblick verschaffen will, sei auf die drei Bände „Coaching-Tools" hingewiesen, die Christopher Rauen als Herausgeber im managerSeminare Verlag veröffentlicht hat. In diesen drei Bänden finden sich unzählige Anleitungen für einzelne Techniken und das praktische Vorgehen damit.

Die Transaktionsanalyse als Diagnose-Tool zwischenmenschlicher Interaktion.

Eine Technik, und sei sie noch so gut, macht aber nur dann Sinn, wenn sie auch fachgerecht angewendet wird, ergo: zu den jeweiligen Themen und Problemstellungen passt. Und um das herauszufinden, braucht man gute Diagnose-Tools. Neben den systemischen sind das die Diagnose-Tools der Transaktionsanalyse, wie etwa unter anderem die Ich-Zustände, die Antreiber, das Skript oder die Spielanalyse. Das vorliegende Buch hat es sich zur Aufgabe gemacht, diesen einen, wesentlichen Teil zu beleuchten, nämlich wie man sein Gegenüber besser verstehen kann. Unter diesem Gesichtspunkt ist die Lektüre vielleicht nicht nur für Coachs interessant, sondern auch für Führungskräfte. Die Erfahrung zeigt jedenfalls, dass auch Führungskräfte von einer tieferen Kenntnis der Transaktionsanalyse stark profitieren, denn sie bekommen dadurch einen neuen Blick auf ihr eigenes Verhalten, auf ihre Rolle und auf ihre Mitarbeiter. Ihr Führungsverhalten verbessert sich, es gibt weniger Konflikte und wenn doch, dann wird ihr Konfliktmanagement professioneller, die Performance des Teams oder der Abteilung steigert sich.

So einfach und einleuchtend die Konzepte der Transaktionsanalyse jedoch sein mögen – auch sie fallen einem nicht im Schlaf zu. Trainieren muss sein, wenn die Diagnosemöglichkeiten voll ausgeschöpft werden sollen. Die gute Nachricht ist jedoch, dass das

Training nicht unbedingt Extra-Zeit erfordert. Der ganz normale Alltag bietet genügend Übungsfelder. Wichtig ist, sich daran zu erinnern, dass man etwas üben möchte, wie zum Beispiel Ich-Zustände zu erkennen. Beim Üben sollte man sich jedoch nicht übernehmen: Es hat sich bewährt, sich jeweils ein oder höchstens zwei Konzepte vorzunehmen, auf die das besondere Augenmerk gerichtet wird. Nützlich ist, sich selbst eine Erinnerungshilfe zu geben, etwa in Form einer kleinen Notiz oben auf dem Schreibblock, mit dem gearbeitet wird: „Ich-Zustände beobachten!" Oder in die To-do-Liste wird als täglich wiederkehrende Aufgabe „Transaktionsanalyse" eingetragen. Es ist auch möglich, sich vorzunehmen, täglich das erste Gespräch, das zu führen ist, als Trainingszeit zu nutzen. Dabei heißt es dann, auf etwas ganz Spezifisches eigener Wahl zu achten – vielleicht „Bezugsrahmen" oder „Antreiber".

Den Alltag als Übungsfeld entdecken und nutzen.

Auch Spielfilme oder Fernsehserien eignen sich häufig recht gut als Trainingsfeld. Meist sind die auftauchenden Charaktere psychologisch stimmig. So kann in aller Ruhe und ohne selbst irgendwie beteiligt zu sein, diagnostiziert werden, welche Ich-Zustände jemand besetzt oder nicht besetzt, welche Einschärfungen und Antreiber die Figur wohl hat. Spätestens, wenn treffende Vorhersagen darüber gemacht werden können, wie ein Charakter als nächstes reagieren wird, ist gewiss, dass ein gutes Verständnis entwickelt wurde. Langweiligen Meetings kann mit diesem Training ein ganz neues, interessantes Leben eingehaucht werden. Statt sich zu ärgern, dass wieder einmal viel Zeit verplempert wird, wird die Fähigkeit vervollkommnet, zu analysieren, welche Rollen im Drama-Dreieck von wem eingenommen werden und wie oft – parallel, gekreuzt oder tangential – kommuniziert wird.

Geschieht das täglich, kommt schnell eine ganze Menge Training zusammen und der Trainierende wird immer perfekter darin, schnell alles Mögliche zu erkennen. Deshalb sei hier zum Schluss noch eine Warnung ausgesprochen: Es hat schon Menschen gegeben, die derart angetan von ihren Fähigkeiten waren, so schnell und treffsicher diagnostizieren zu können, was in ihrem jeweiligen Gegenüber vor sich geht und welche Transaktionsanalyse-Kriterien dem Verhalten der Person zugrunde liegen, dass sie ungefragt jeden damit beglückt haben. Doch das ist des Guten zu viel! Ungefragt allen Leuten zu erklären, in welchem Ich-Zustand sie gerade sind, welche Rolle im Drama-Dreieck sie einnehmen und was für ein Spiel sie gerade spielen, trägt für gewöhnlich nicht zur Verbesserung von Beziehungen bei – im Gegenteil, es sind schon welche daran zerbrochen.

Also: Für sich üben ist prima, aber die Erkenntnisse daraus sollte man für sich behalten, bis man danach gefragt wird oder sie im Coaching gewinnbringend einsetzen kann.

Anhang

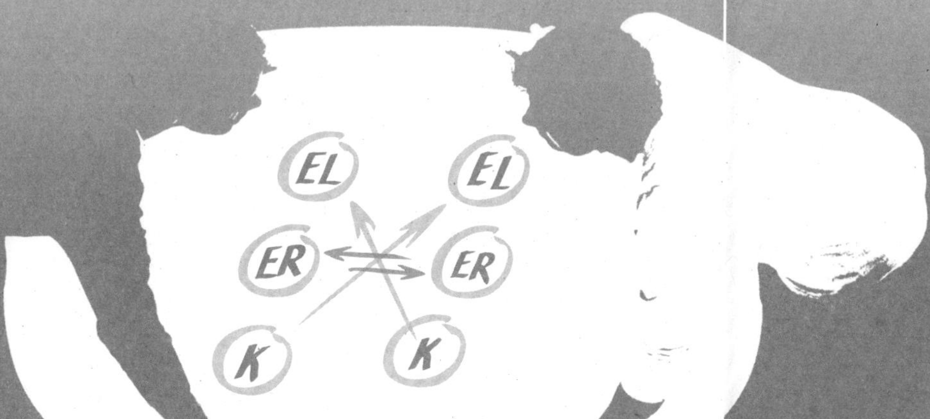

Antreiberfragebogen

Tragen Sie für jede Aussage die Kennzahl in das zugehörige Kästchen ein, die nach Ihrer momentanen Einschätzung zutrifft.

Die Aussage trifft auf mich zu:			
	voll	=	4
	ziemlich	=	3
	etwas	=	2
	kaum	=	1
	nicht	=	0

1. Wenn ich eine Arbeit mache, dann mache ich sie gründlich. 1 ☐
2. Ich fühle mich dafür verantwortlich, dass sich Menschen, die mit mir umgehen, wohlfühlen. 2 ☐
3. Ich bin ständig auf Trab. 3 ☐
4. Anderen gegenüber zeige ich meine Schwächen nicht gerne. 4 ☐
5. Wenn ich raste, dann roste ich. 5 ☐
6. Häufig sage ich etwas wie: „Es ist schwierig, dies wirklich zu beschreiben." 6 ☐
7. Ich sage oft mehr, als eigentlich nötig wäre. 7 ☐
8. Ich habe Mühe, Leute, die nicht genau sind, zu akzeptieren. 8 ☐
9. Es fällt mir schwer, Gefühle zu zeigen. 9 ☐
10. „Nur nicht locker lassen" ist meine Devise. 10 ☐
11. Wenn ich eine Meinung äußere, begründe ich sie auch. 11 ☐

12. Ich liefere einen Bericht erst ab, wenn ich ihn mehrere Male überarbeitet habe. 12 ☐

13. Leute, die „herumtrödeln“, regen mich auf. 13 ☐

14. Es ist für mich wichtig, von den anderen akzeptiert zu werden. 14 ☐

15. Ich habe eher eine harte Schale, aber einen weichen Kern. 15 ☐

16. Ich versuche oft zu spüren, was andere von mir erwarten. 16 ☐

17. Leute, die unbekümmert in den Tag hineinleben, kann ich nur schwer verstehen. 17 ☐

18. Ich löse meine Probleme selber. 18 ☐

19. Aufgaben erledige ich möglichst rasch. 19 ☐

20. Im Umgang mit anderen achte ich auf Distanz. 20 ☐

21. Ich sollte viele Aufgaben noch besser erledigen. 21 ☐

22. Ich kümmere mich persönlich auch um kleinere Details. 22 ☐

23. Erfolge fallen nicht vom Himmel. Ich muss sie hart erarbeiten. 23 ☐

24. Für unnötige Fehler habe ich kein Verständnis. 24 ☐

25. Ich schätze es, wenn andere auf meine Fragen rasch und knapp antworten. 25 ☐

26. Es ist mir wichtig, von anderen zu erfahren, ob ich meine Sache gut gemacht habe. 26 ☐

27. Ich stelle meine Wünsche zu Gunsten anderer zurück. 27 ☐

28. Ich glaube, dass die meisten Dinge nicht so einfach sind, wie viele Leute meinen. 28 ☐

29. Es ist mir unangenehm, andere Leute zu kritisieren. 29 ☐

30. Ich strenge mich an, meine Ziele zu erreichen. 30 ☐

31. Mein Gesichtsausdruck ist eher ernst. 31 ☐

32. Ich bin leicht nervös. 32 ☐

33. Meine Probleme gehen die anderen nicht an. 33 ☐

34. Ich sage oft: „Macht mal vorwärts." 34 ☐

35. Ich sage oft: „Das verstehe ich nicht." 35 ☐

36. Ich sage eher: „Könnten Sie es mal versuchen?" 36 ☐

37. Ich bin diplomatisch. 37 ☐

38. Beim Telefonieren bearbeite ich nebenbei oft noch Akten. 38 ☐

39. „Auf die Zähne beißen" heißt meine Devise. 39 ☐

40. Trotz großer Anstrengung will mir vieles nicht gelingen. 40 ☐

Bitte nehmen Sie jetzt den Auswertungsbogen zur Hand.

Auswertungsbogen

Tragen Sie bitte die Punktzahl der jeweiligen Fragen ein und addieren Sie diese. Die Punktzahlen können dann im unteren Diagramm als Balken eingezeichnet werden.

Sei perfekt	Sei gefällig	Streng Dich an	Beeil Dich	Sei stark
1	2	6	3	4
7	14	10	5	9
8	16	17	13	15
11	26	23	19	18
12	27	28	25	20
21	29	30	32	31
22	36	35	34	33
24	37	40	38	39

Summe:

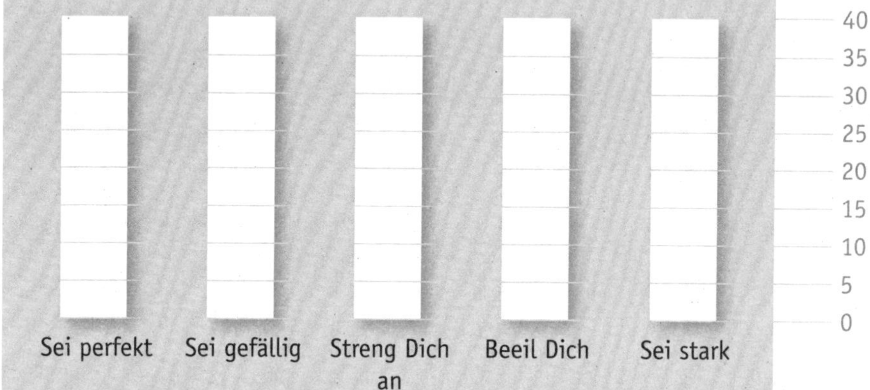

Übung Ich-Zustände

Stellen Sie fest, in welchem Ich-Zustand sich der Sprecher befindet. Benutzen Sie dafür folgende Kennzeichen:

kEL= kontrollierendes Eltern-Ich
fEL = fürsorgliches Eltern-Ich
ER = Erwachsenen-Ich
rK = rebellisches Kind-Ich
aK = angepasstes Kind-Ich
fK = freies Kind-Ich

1. Der Vorgesetzte äußert im freundlichen Ton: „Herr Müller, bringen Sie mir bitte die Statistik vom vergangenen Monat!"
2. Herr Meyer ist für die Bestellung der Büromaterialien in seiner Abteilung zuständig. Er fragt einen Kollegen: „Ich bestelle gerade Büromaterial. Brauchen Sie noch etwas?"
3. Herr Baumann schildert einer Kollegin ein schwieriges Kundengespräch, bei dem der Kunde verärgert aufgehängt hat. Nachdem die Kollegin meinte, er hätte das ganz anders anpacken müssen, sagt er mit Resignation in der Stimme: „Was hätte ich denn antworten sollen?"
4. Herr Müller wirft seinem Techniker vor, dass die Reparatur schlecht ausgeführt wurde. Der antwortet leicht verärgert: „Dann machen Sie mal selbst so eine schwierige Reparatur mit unserer schlechten Ausrüstung."
5. Herr Menninger ist Geschäftsführer, dem sein Buchhalter berichtet: „Herr Menninger, das Betriebsergebnis weist folgende Fakten aus: ..."

6. Herr Schmitz hat gute Ideen entwickelt, aber sein Team lehnt alle Vorschläge ab. Darauf reagiert er leicht gereizt mit: „Welche Alternativen schlagen Sie vor?"

7. Der Lagerleiter fragt seinen Mitarbeiter, ob die Sendung für den Großkunden endlich raus ist. Der meint daraufhin mit leicht erhobener Stimmen: „Mehr als arbeiten kann ich nicht!"

8. Die ganze Abteilung macht seit zehn Tagen jede Menge Überstunden. Nur Frau Schulze geht jeden Tag um 16:30 Uhr. Heute wird wieder ein langer Tag werden. Der Vorgesetzte fragt: „Frau Schulze, haben Sie heute Abend schon was vor?"

9. Frau Krafke hat die Aufgabe, Frau Wanzel einzuarbeiten. Sie selbst hat gerade eine Aufgabe vor sich, bei der sie keine Störung brauchen kann. Sie fragt Frau Wanzel: „Frau Wanzel, kommen Sie allein zurecht? Oder brauchen Sie Unterstützung?"

10. Das vom Vorgesetzten organisierte Betriebsfest war aus Sicht der Mitarbeiter ziemlich langweilig. Am Morgen danach sagt ein Mitarbeiter zum Vorgesetzten: „Das Betriebsfest haben sie ja ganz toll organisiert. War richtig schön!"

11. Der Gruppenleiter erklärt den Kollegen, dass sie heute länger arbeiten müssen. Darauf kommt als Kommentar: „Na ja, mit uns können sie es ja machen."

12. Frau Schulze ist neu in der Abteilung. Einige aus der Abteilung wollen am Abend noch Kegeln gehen. Eine Kollegin fragt: „Frau Schulze, haben Sie heute Abend schon was vor?"

13. Der Verkaufsleiter zu seiner Sekretärin: „Bitte legen Sie mir den Vorgang um 16:00 Uhr vor."

14. Ein Kunde kommt und fragt ganz unsicher: „Wer ist denn hierfür zuständig?"

15. Herr Müller ist eigentlich ständig überlastet, trotzdem meldet er sich wieder für eine neue Aufgabe. Darauf meint der Vorgesetzte: „Lassen Sie das doch einen anderen machen!"

16. Eine Kollegin sagt zur anderen, dass man mit dieser Angelegenheit doch zum Chef gehen müsse. Die Kollegin reagiert mit: „Und genau das mache ich eben nicht!"

17. Der Vorgesetzte beschwert sich, weil er die zugesagten Unterlagen noch nicht erhalten hat. Der Mitarbeiter bringt lange Erklärungen. Der Vorgesetzte unterbricht ihn mit: „Bis morgen liegen die Unterlagen auf meinem Schreibtisch!"

18. Ein Mitarbeiter fragt nach dem Lesen eines Briefes der Geschäftsführung an alle Mitarbeiter: „Von wem stammt denn schon wieder dieser Mist?"

19. Der Mitarbeiter hat offensichtlich hohes Fieber und wird von seinem Chef nach Hause geschickt. Zwei Stunden später trifft dieser ihn im Büro. „Was machen Sie hier?"

20. Ein Kunde kommt und fragt ganz freundlich: „Wer ist denn hierfür zuständig?"

21. Herr Dreier ist bekannt dafür, dass er sich bei der Arbeit gern die Rosinen heraussucht. So auch heute. Daraufhin meint sein Vorgesetzter: „Lassen Sie das doch einen anderen machen!"

22. Ein Kunde kommt und fragt ganz unfreundlich: „Wer ist denn hierfür zuständig?"

Gameplan nach Frank Ernst

Dieser „Gameplan" dient zur Analyse einer Situation, die mit negativen Gefühlen endete:

- Wie hat die Situation angefangen?
- Wie hat sich die Situation verändert?
- Was geschah dann?
- Wie kam es zum Ende?
- Welche Gefühle waren am Ende vorhanden?
- Was haben Sie über sich und über den/die anderen gedacht?

Der *Antreiberfragebogen* inkl. *Auswertungsbogen* sowie die *Übung Ich-Zustände* mit Auflösung stehen Ihnen als PDF-Download im Internet zur Verfügung. Über den Link in der hinteren Umschlagklappe haben Sie kostenlosen Zugriff auf diese Dokumente.

Download

Stichwortverzeichnis

#
180-Grad-Wende ... 115

A
Absicht vs. Verhaltenswirkung ... 54, 86, 107, 173, 250
Absolutbegriffe ... 219, 227
Abwertung der eigenen Person ... 91
Achtsamkeitstechnik ... 201
„Ach, wie schrecklich"-Spiel ... 236
Amygdala ... 196
angepasstes Kind-Ich ... 22
Antreiber ... 173ff., 262
Ärger ... 141
Ausblendung ... 214
autoritärer Führungsstil ... 38
Autorität ... 21, 103, 148, 163

B
Bedürfnisse, eigene ... 94, 138, 144, 161
„Beeil-dich"-Antreiber ... 193
Berne, Eric ... 15, 31, 128, 209
Bewertungen ... 200ff., 251
Beziehungsebene ... 54, 57
Beziehungsgestaltung Coach – Klient ... 54
Bezugsrahmen ... 99, 177, 184
Blumen-Strategie ... 53
Burnout ... 95, 161

C
Check-your-Mind-Methode ... 155

D
„Denk-nicht"-Einschärfung ... 164
Dominanz ... 28, 48, 82, 249
Drama-Dreieck ... 224
Durchsetzungsfähigkeit ... 79, 84, 143, 181
dysfunktionale Bewältigungsstrategien ... 200

E
Egogramm ... 71, 78, 232
Einschärfungen ... 128, 133ff.
Eltern-Ich-Zustand ... 17
Energiefluss ... 42, 46
Energie-Modell ... 37, 41
Erfolgstagebuch ... 83, 152
Erlaubnissätze ... 194
Erleichterungsatmen ... 159
Erstkontakt Coach – Klient ... 7, 15, 21, 26, 46, 56
Erwachsenen-Ich ... 23
Erwachsenen-Ich-Zustand ... 17
Erziehung ... 24, 75, 137
Eskalationsstufen ... 221
Extrem-Training ... 67, 146

F
Fallbeispiele ... 35, 38, 44ff., 59, 63ff., 73, 94, 104, 109, 113, 116, 118, 126, 180, 203, 211, 215, 219, 240, 247
Farelly, Frank ... 119
Feedback geben ... 50, 63, 237
Fehlinterpretation ... 25, 130
freies Kind-Ich ... 22
Freud, Sigmund ...19, 206
„Fühl-nicht"-Einschärfung ... 139, 191
funktionales Modell der Ich-Zustände ... 22
fürsorgliches Eltern-Ich ... 22

G
Gameplan ... 269
Gebote ... 126, 173

Gefühlsebene ... 52
„Gehör-nicht-dazu"-Einschärfung ... 169
gekreuzte Transaktionen ... 43
Gerichtssaal-Spiel ... 243
Glaubenssätze ... 103, 125, 131, 177, 210
Großhirn ... 198
Grundhaltungen ... 37, 229

H
Haltungen ... 229
Hirnareale ... 17
Hirnforschung ... 16
Hobbys ... 135, 189
Hypochonder ... 172
Hypothesenbildung ... 15, 20, 27

I
Ich-Botschaften ... 50
Ich-Instanzen ... 19
„Ich-schaff's-nicht"-Einschärfung ... 129
Ich-Zustände ... 266
Ich-Zustände stärken ... 64, 76
Identität ... 137
Imperativ ... 197ff.
Inhaltsebene ... 54
innere Haltungen ... 30, 32
innere Konflikte ... 196ff.
innere Not ... 212
innerer Alarm ... 197, 198, 204
innerer Dialog ... 37, 90, 151
innerer Erfolgsfilm ... 158
innerer Verfolger ... 238
integriertes Selbst ... 31
Introvision ... 196ff.

J
„Ja-aber"-Spiel ... 211, 239
Job-Wahl ... 88

K
Kind-Ich-Zustand ... 17
kleiner Professor ... 34, 160
Köder ... 209, 214, 216, 219, 236, 242
Kommunikationsmuster ... 30
Kommunikationsregeln ... 41, 60
Konflikteskalation ... 49
Konfliktmoderation ... 244
Konfliktursachen ... 102
Konfrontation ... 69, 237, 247
Kontextebene ... 54
kontrollierendes Eltern-Ich ... 18, 22
Kopfmensch ... 60, 64, 86
Körpersignale ... 195
Körperwahrnehmung ... 192

L
Lebensdrehbuch ... 125
leerer Stuhl ... 83

M
„Mach's-anderen-Recht"-Antreiber ... 180
Manipulation ... 38, 49, 72, 119, 211
Manöver ... 211, 249
mentales Training ... 158
Mindfulness-Based-Stress-Reduction-Programm (MBSR) ... 196

N
Nachfragen ... 52, 99
negative Gedanken ... 155

O
offene Kommunikation ... 50
o.k.-Haltungen ... 229
Opferrolle ... 224, 227, 230, 235

P
parallele Transaktion ... 41
Partnerschaft ... 141, 166
Perfektionismus ... 62, 175
Personalauswahl ... 88
Prioritäten ... 100, 179
Problemanalyse ... 8, 127
Probleme umdefinieren ... 109
Provokation ... 117, 119
Prozess-Ebene ... 30, 55, 65
Prozess-Information ... 59, 65
Prozess-Informationen ... 59
Psychoanalyse ... 19, 128, 209
Psychogramm ... 90
psychologischer Chefsessel ... 148
Psychologische Spiele ... 209, 235, 241, 243, 251

R

Rabattmarken sammeln ... 142
rebellisches Kind-Ich ... 22
Reframing ... 111
Regression ... 35
Respekt ... 85, 148, 185
Retter ... 224, 229
Retterrolle ... 228, 241, 253
Richterrolle ... 243
Rollenausstieg ... 253
Rollenmodelle ... 60, 62, 76, 158
Rollenspiele ... 64, 66, 143, 184, 220
Rollenwechsel ... 224
Rücksichtslosigkeit ... 84

S

„Sei-gefällig"-Antreiber ... 180
„Sei-kein-Kind"-Einschärfung ... 160
„Sei-nicht"-Botschaft ... 133, 203
„Sei-nicht-du"-Einschärfung ... 136
„Sei-nicht"-Einschärfung ... 131
„Sei-nicht-erfolgreich"-Einschärfung ... 149
„Sei-nicht-gesund"-Einschärfung ... 172
„Sei-nicht-nah"-Einschärfung ... 166
„Sei-nicht-wichtig"-Einschärfung ... 144
„Sei-perfekt"-Antreiber ... 174
„Sei-stark"-Antreiber ... 189
Selbstausbeutung ... 95, 187, 190
Selbstbewusstsein stärken ... 70, 82, 91, 109, 143, 150
Selbstbild ... 103, 210
Selbstlosigkeit ... 94
„Sie sind wunderbar, Herr Professor!"-Spiel ... 238
Skript ... 19, 125ff.
Sozialkompetenz ... 64, 86, 140
Spielformel ... 214
Spielregeln ... 209
Stärken-Schwächen-Analyse ... 72
steuerndes Eltern-Ich ... 18
Stimulus ... 42
„Streng-dich-an"-Antreiber ... 186
Stress ... 125, 157, 159, 173, 195ff.
Strukturmodell ... 16
systemische Ansätze ... 10, 257

T

Tangentiale Transaktion ... 51
Transaktion ... 41
Traumata ... 131

U

(Über-)Anpassung ... 29, 33, 69, 144, 181
Übertreibungen ... 68, 146, 219
Unselbstständigkeit ... 38, 73, 106

V

Veränderungen ... 107, 119, 239, 241
Verantwortung übernehmen ... 38, 111, 161
Verbote ... 19, 126, 128, 133
verdeckte Botschaften ... 49
verdeckte Ebene ... 248
verdeckte Transaktionen ... 47, 209
Verfolgerrolle ... 224, 227ff., 249, 254
Verhaltensänderungen ... 77, 108, 246
Verhaltensmuster ... 10, 125
Verhaltensspektrum erweitern ... 68
Vermeidungsstrategien ... 200
Vertrauen ... 108, 117
Verwirrung ... 112
Verzerrung ... 215
Videotraining ... 67, 69, 185
Vorgesetztenspiele ... 233

W

Wagner, Angelika ... 196
Wechsel des Ich-Zustands ... 45
weite Wahrnehmung ... 201
„Werd-nicht-erwachsen"-Einschärfung ... 162
Werte ... 106, 113
wertneutrale Beobachtung ... 202
Wertschätzung ... 54, 151, 180, 247
Wiederholungszwang ... 210
Worthülsen ... 99
Wunder Punkt ... 216

Z

„ZDF"-Manager ... 29, 86
„Zeig-keinen-Ärger"-Einschärfung ... 141
Zitat-Technik ... 237
Zuschreibungen ... 127, 137, 213